绿色食品生产操作规程(二)

陈兆云　张志华　张　宪　主编

中国农业出版社
北　京

图书在版编目(CIP)数据

绿色食品生产操作规程．二/陈兆云,张志华,张宪主编．—北京:中国农业出版社,2021.5
ISBN 978-7-109-27498-3

Ⅰ.①绿… Ⅱ.①陈…②张…③张… Ⅲ.①绿色食品—生产技术—技术操作规程 Ⅳ.①TS2-65

中国版本图书馆 CIP 数据核字(2020)第 205060 号

LÜSE SHIPIN SHENGCHAN CAOZUO GUICHENG(ER)

中国农业出版社出版
地址:北京市朝阳区麦子店街 18 号楼
邮编:100125
责任编辑:廖 宁
版式设计:杜 然 责任校对:刘丽香
印刷:中农印务有限公司
版次:2021 年 5 月第 1 版
印次:2021 年 5 月北京第 1 次印刷
发行:新华书店北京发行所
开本:880mm×1230mm 1/16
印张:27.5
字数:920 千字
定价:178.00 元

本 书 编 委 会

序

    绿色食品标准体系是绿色食品发展理念的技术载体，是绿色食品事业发展的根基。参照国际发达国家和地区食品质量安全的先进标准，结合我国国情、农情，按照"安全与优质并重、先进性与实用性相结合"的原则和全程质量控制技术路线，我们建立了一套特色鲜明、先进实用、科学管用的标准体系，包括产地质量环境标准、生产技术标准、产品质量标准和包装储运标准。截至 2019 年底，经农业农村部发布的现行有效绿色食品标准 140 项，其中，基础通用技术标准 14 项、产品标准 126 项。这些标准的发布实施，为指导绿色食品生产、规范产品标志许可审查和证后监管提供了重要依据。

    绿色食品生产操作规程是绿色食品标准体系的重要组成部分，是落实绿色食品标准化生产的重要手段，是解决标准化生产"最后一公里"问题的关键。2018 年，中国绿色食品发展中心继续推进区域性绿色食品生产操作规程的制定工作，组织部分绿色食品工作机构、相关科研机构、大专院校及农技推广部门，在各地原有相关工作的基础上，结合各地实际，充分融入绿色食品的理念和标准要求，按不同区域、不同作物品种、不同生产模式等生产条件，制定了 54 项绿色食品生产操作规程，包括水稻、小麦、玉米、大豆、青稞、桃、柑橘、葡萄、西瓜、猕猴桃、草莓、茄子、芹菜、萝卜、豇豆、甘蓝、油菜、花生、牦牛、茶叶、大米、小麦粉、挂面、大豆油和菜籽油 25 类产品。所制定的规程内容丰富、科学严谨、务实管用、可操作性强，必将对指导企业和农户按标生产，提升绿色食品标准化生产水平，促进绿色食品事业高质量发展发挥积极作用。

    此书汇总了 2018 年制定的 54 项区域性绿色食品生产操作规程，旨在为相关地区绿色食品生产提供规范指导，为绿色食品标准化生产提供重要依据。此书可作为绿色食品生产企业和农民作业指导书，也可作为各级绿色食品工作机构的工具书，同时可为其他农业企业提供技术参考，助推规程入企进户、落地生根，推动绿色食品事业高质量发展。

中国绿色食品发展中心主任

2020 年 8 月

目　　录

绿 色 食 品 生 产 操 作 规 程

LB/T 051—2020

华 南 地 区
绿色食品水稻生产操作规程

2020-08-20 发布

2020-11-01 实施

中国绿色食品发展中心 发布

前　言

本规程由中国绿色食品发展中心提出并归口。

本规程起草单位:福建省绿色食品发展中心、中国绿色食品发展中心、广东省绿色食品发展中心、广西壮族自治区绿色食品办公室。

本规程主要起草人:王阿隆、陈建民、邱忠润、周乐峰、杨芳、张宪、胡冠华、陆燕。

华南地区绿色食品水稻生产操作规程

1 范围

本规程规定了华南地区绿色食品水稻生产的产地环境、品种选择、培育壮苗、田间管理、综合防治病虫草鼠害、收获、储藏及副产品处理要求、生产废弃物处理、生产档案管理。

本规程适用于福建、广东、广西的绿色食品水稻生产。

2 规范性引用文件

下列文件对于本文件的应用是必不可少的。凡是注日期的引用文件,仅注日期的版本适用于本文件。凡是不注日期的引用文件,其最新版本(包括所有的修改单)适用于本文件。

GB 4404.1　粮食作物种子　第 1 部分:禾谷类

NY/T 391　绿色食品　产地环境条件

NY/T 393　绿色食品　农药使用准则

NY/T 394　绿色食品　肥料使用准则

3 产地环境

产地环境条件应符合 NY/T 391 的要求。水稻田应远离工厂、矿区,排灌方便、旱涝保收。土壤耕层应深厚、肥沃、通透性能好,土壤有机质含量高,保水保肥能力强。历年病虫害发生少、集中连片、便于规模化生产的水田。

4 品种选择

4.1 品种选用的基本原则和要求

水稻品种能满足当地气候条件、茬口要求,米质优,综合抗性好,通过国家级审定或省级审定并在当地示范成功,综合性状表现好,适应规模种植,米质符合品质要求的品种。原则上每 3 年进行 1 次提纯复壮或更换新品种。

4.2 种子质量要求

为了保证绿色食品水稻标准化基地的正常生产,种子质量符合 GB 4404.1 的要求。实行统一购种,统一发放。

4.3 推荐品种

按照"熟期适宜,抗逆性强"的要求,推荐选用福两优 366、广两优 676、泰丰优 656、泰丰优 2098、荟丰优 3301、泰丰优 3301、中浙优 8 号、甬优 17、泸优明占、佳福占、黄华占、粤禾丝苗、五山丝苗、野香优 676、广 8 优 165、美香占 2 号、象牙香占、美香新占、合丰丝苗、华航 31、野香优莉丝、广 8 优 169、桂香占等优质稻新品种。

5 培育壮苗

5.1 育秧方式和秧苗期管理

秧田选择与基肥施用,在已划定的基地水田范围内按秧田与大田比例 1∶(8～10)留足秧田,采用湿润育秧,提倡旱床育秧。旱床育秧应选择背风向阳、通透性好、土壤肥沃疏松、地下水位低、水源灌溉方便的菜园地和旱地。秧田翻耕之前,每亩*施足腐熟的猪牛栏堆粪 1 000 kg 作基肥;整地时每亩用钙镁磷肥 25 kg 作面肥。

5.2 播种期与播种量

早稻:2 月 20 日至 3 月 17 日开始播种,3 月 25 日播种结束;中稻:5 月中下旬播种;晚稻:6 月中下旬播种。播种量:常规稻每亩秧田播 25 kg 种子;杂交稻每亩秧田播 15 kg 种子;以毯状苗机栽,毯状苗育秧的,一般每盘播杂交种子 60 g、常规种子 100 g 左右。移栽苗龄:早稻一般 30 d 左右,最多不超过 35 d;中晚稻 25 d 左右,最多不超过 25 d。

5.3 种子处理

播种前晒种 1 d~2 d,用 1‰石灰水浸种 30 h,再用清水把种子洗净后,催芽至破胸露白即可。

5.4 秧田管理

5.4.1 管水:秧苗 2 叶前,昼灌夜露,晴天平沟水,保持畦田湿润,雨天半沟水;秧苗 2 叶后,放水上畦,养谷水,浅灌溉。

5.4.2 施肥:秧苗 2 叶 1 心时,每亩施用沼液肥 100 kg 拌发酵后的菜籽饼 80 kg 作"断奶肥"。

5.4.3 匀苗:3 叶后间密补稀,除稗。

6 田间管理

6.1 翻耕整地

前茬秋闲田,翻耕前施足基肥,翻深整个耕作层 15 cm,耕耙 2 次,田面平整。前茬紫云英或油菜绿肥田,提早深翻耕,早放水泡田并适当减少基肥施用量。整地时推荐每亩施用钙镁磷肥 25 kg 作面肥。

6.2 适时移栽

早稻移栽要求在 4 月下旬,以晴天为主,中稻 6 月中下旬移栽,晚稻移栽要求在 8 月 1 日前移栽完毕。秧龄 25 d~30 d 为好;密植规格,按"宽行窄株"要求 13.2 cm×26.4 cm,每亩插足 1.8 万蔸,常规稻每蔸插足 3 粒~4 粒谷苗,杂交稻插 1 粒~2 粒谷苗。

6.3 合理灌溉

返青期保持浅水层,分蘖期湿润灌溉,苗数达到预期穗数的 90%时开始露田和晒田,采取多次(2 次~3 次)轻烤,力度逐渐增加,以控制无效分蘖,促进根系下扎和壮秆健株。穗分化后灌水并保持浅水层至抽穗杨花期。灌浆成熟期间间隙灌溉,干湿交替。收获前 7 d 左右断水,切忌断水过早。

6.4 科学施肥

肥料使用应符合 NY/T 394 的要求。提倡多用有机肥,以施农家肥料和绿色食品生资肥料、生物菌肥为主,减量施用化肥。推荐前茬秋分前后亩播种紫云英 2 kg~2.5 kg 作绿肥,增加田块肥力。安全排水期 7 d。移栽后 5 d~7 d,结合人工耘禾,每亩施用生物有机肥 200 kg 或施用尿素 5 kg,均匀撒施;追施穗肥,每亩 3 kg 尿素加 5 kg 氯化钾。

7 综合防治病虫草鼠害

7.1 防治原则

贯彻"预防为主,综合防治"的植保方针,从稻田生态系统的稳定性出发,综合运用"农业防治、物理防治、生物防治、化学防治"等措施,控制有害生物的发生和危害。农药使用应符合 NY/T 393 的规定。合理混用,轮换交替使用不同作用机制或负交互抗性的药剂。尽可能使用植物、动物、微生物来源或矿物来源的农药。安全排水期 5 d~7 d。严格遵守农药使用量及安全间隔期,减少农药残留。

---

* 亩为非法定计量单位,1 亩=1/15hm²≈667 m²。

7.2 防治措施

7.2.1 农业防治

选用抗性强的品种。品种定期轮换,保持品种抗性,减轻病虫害的发生。采用合理耕作制度、轮作换茬、种养(稻鸭、稻鱼、稻蟹等)结合、健身栽培等农艺措施,减少有害生物的发生。

7.2.2 物理防治

采用黑光灯、频振式杀虫灯等物理装置诱杀田间害虫。人工布放鼠夹,防治鼠害。

7.2.3 生物防治

选择对天敌杀伤力小的中、低等毒性农药,避开自然天敌对农药的敏感时期,创造适宜自然天敌繁殖的环境等措施,保护利用天敌控制有害生物的发生。推广以鸭治虫,亩用小鸭10羽左右;利用稻田天敌(青蛙、蜘蛛)防治虫害等。提倡稻田养萍,或在稻苗返青后,及时耘禾2次,结合露田、晒田防治杂草,尽可能采用人工除草的方式。

7.2.4 化学防治

具体病虫害化学用药情况参见附录A。

8 收获、储藏及副产品处理要求

8.1 收割时期

在90%稻粒失水硬化、变成半透明状实粒时应及时收获。双季稻生产茬口紧,早稻要及早收获,配合后茬及早整地沤田。

8.2 收晒环境

绿色食品稻谷生产要与普通稻谷分收、分晒、分藏,禁止在公路或粉尘较重的地方脱粒晒谷。提倡用低温干燥法烘干稻谷,以确保稻米原有的品质风味。

8.3 储藏环境

在避光、低温、干燥或有防潮设施的库内储藏,严禁与有毒、有害、有腐蚀的物质一起混存。仓库若进行消毒熏蒸处理,所用药剂应符合国家有关规定,并按说明使用,严禁超量用药。

8.4 副产品利用

绿色食品水稻生产的副产品包括秸秆、垄糠、米皮糠等要合理利用、综合开发;提倡秸秆粉碎还田;严禁焚烧、乱堆乱放或任意丢弃而污染环境。

9 生产废弃物处理

农药使用后的包装袋应及时收集,集中处理;肥料施用后的包装物应及时回收;严禁任意丢弃而污染环境。

10 生产档案管理

10.1 建立档案

绿色食品稻米生产应建立健全档案,档案应包括生产过程记录、生产地地理环境记录、生产过程气候环境记录、投入物品记录、栽培管理文件等。所有记录应真实、规范、准确,并具有可追溯性。档案记录至少保管3年以上,文件资料应有专人保管。

10.2 记录内容

绿色食品稻米生产全过程应详细记录,记录内容包括土壤、种植、种子、灌溉、施肥、病虫草害防治、收获、储藏和包装等。

附　录　A

（资料性附录）

华南地区绿色食品水稻生产主要病虫草害防治方案

华南地区绿色食品水稻生产主要病虫草害防治方案见表 A.1。

表 A.1　华南地区绿色食品水稻生产主要病虫草害防治方案

防治对象	防治时期	农药名称	使用剂量	使用方法	安全间隔期,d
稻瘟病	发病前或发病初期	6%春雷霉素可湿性粉剂	34 g/亩～37 g/亩	喷雾	21
	发病初期	10%春雷·三环唑可湿性粉剂	115 g/亩～130 g/亩	喷雾	31
	苗瘟:插秧前1周 叶瘟:发病前或发病初期 穗颈瘟:孕穗后期或齐穗期	40%稻瘟灵乳油	75 mL/亩～150 mL/亩	喷雾	28
稻曲病	破口前 5 d～7 d	15.5%井冈·三唑酮可湿性粉剂	100 g/亩～120 g/亩	喷雾	21
稻纹枯病	发病初期	20%井冈霉素可溶粉剂	35 g/亩～50 g/亩	喷雾	14
二化螟	卵孵高峰期	5%氯虫苯甲酰胺悬浮剂	30 mL/亩～40 mL/亩	喷雾	28
	水稻枯鞘初期	40%氯虫·噻虫嗪水分散粒剂	8 g/亩～10 g/亩	喷雾	21
卷叶螟	卵孵高峰期	5%氯虫苯甲酰胺悬浮剂	20 mL/亩～40 mL/亩	喷雾	15
	卵孵化高峰至2龄幼虫期	40%氯虫·噻虫嗪水分散粒剂	6 g/亩～8 g/亩	喷雾	21
稻飞虱	低龄若虫盛发期	1.5%苦参碱可溶液剂	10 mL/亩～13 mL/亩	喷雾	10
	低龄若虫发生时	25%吡蚜酮可湿性粉剂	18 g/亩～20 g/亩	喷雾	14
杂草	杂草 2 叶～4叶期	25 g/L 五氟磺草胺可分散油悬浮剂	60 mL/亩～80 mL/亩	喷雾	每季最多使用 1 次
	水稻移栽返青后,杂草 3 叶～4叶期	25%唑草·双草醚可湿性粉剂	10 g/亩～15 g/亩	喷雾	每季最多使用 1 次

注:农药使用以最新版本 NY/T 393 的规定为准。

绿色食品生产操作规程

LB/T 052—2020

黄淮海中部地区
绿色食品小麦生产操作规程

2020-08-20 发布　　　　　　　　　　2020-11-01 实施

中国绿色食品发展中心 发布

前　　言

本规程由中国绿色食品发展中心提出并归口。

本规程起草单位：河南省绿色食品发展中心、河南省农业科学院小麦研究所、中国绿色食品发展中心、新乡市农产品质量安全检测中心、鹤壁市农产品质量安全检测中心、周口市农产品质量安全检测中心、陕西省农产品质量安全中心、湖北省绿色食品管理办公室。

本规程主要起草人：余新华、曹廷杰、崔敏、张宪、刘珍、李勇、杨玉慧、赵毓群、刘宇、王雪、程晓东、杨远通。

黄淮海中部地区绿色食品小麦生产操作规程

1 范围

本规程规定了黄淮海中部地区绿色食品小麦的产地环境、品种选择、整地播种、田间管理、收获、储藏、包装、运输、生产废弃物处理和生产档案管理。

本规程适用于河南省、湖北省绿色食品小麦生产。

2 规范性引用文件

下列文件对于本文件的应用是必不可少的。凡是注日期的引用文件,仅注日期的版本适用于本文件。凡是不注日期的引用文件,其最新版本(包括所有的修改单)适用于本文件。

GB 1351　小麦

NY/T 391　绿色食品　产地环境质量

NY/T 393　绿色食品　农药使用准则

NY/T 394　绿色食品　肥料使用准则

NY/T 496　肥料合理使用准则　通则

NY/T 658　绿色食品　包装通用准则

NY/T 1056　绿色食品　储藏运输准则

3 产地环境

3.1 生态环境

生产基地应远离工矿区和公路、铁路干线,避开工业和城市污染的影响,选择在无污染、无疫病和生态条件良好的地区。产地环境应符合 NY/T 391 的要求。

在绿色食品和常规生产区域之间设置有效的缓冲带或依托自然屏障。

3.2 土壤条件

基地土壤肥沃,土层深厚,土壤耕层 0 cm～20 cm,有机质含量≥10 g/kg,全氮(N)含量≥0.8 g/kg,有效磷(P_2O_5)含量≥5 mg/kg,速效钾(K_2O)含量≥80 mg/kg。土壤质量应符合 NY/T 391 的要求。

3.3 水质条件

灌溉用水清洁、无污染,水质符合 NY/T 391 的要求。

4 品种选择

4.1 选择原则

选用通过属地省级或全国农作物品种审定委员会审定品种,且适宜黄淮海中部地区种植的高产、稳产、优质、抗逆性强的半冬性或弱春性小麦品种。种子纯度≥99.0%,净度≥99.0%,发芽率≥85%,含水量≤13.0%。

4.2 品种选用

河南省可选用郑麦 366、新麦 26、西农 979、郑麦 7698、郑麦 583 等优质强筋小麦品种,百农 207、周麦 27、百农 AK58、周麦 22、LK198、衡观 35、丰德存麦 1 号等优质中筋小麦品种;湖北省可选用郑麦9023、西农 979、衡观 35、襄麦 55、鄂麦 25、襄麦 35、先麦 8 号、扬麦 158 等高产、稳产、抗逆性强的小麦品种。同时,可参考河南省、湖北省农业行政主管部门当年发布的秋播主要农作物主导品种公告。

4.3 种子处理

播种前对种子进行筛选、晒种、拌种。

4.3.1 筛选

选择籽粒饱满、大小均匀的种子。

4.3.2 晒种

在小麦播种前 10 d～15 d,选择晴好天气连续晒种 2 d～3 d。

4.3.3 拌种

根据不同防治对象确定药剂种类,宜选用吡虫啉悬浮剂或辛硫·三唑酮乳油进行拌种,充分搅拌均匀,晾干后即可播种,当日拌好的种子当日播完。具体用量详见附录 A。

5 整地播种

5.1 整地

5.1.1 整地原则

整地应达到土壤细碎,地面平整,上虚下实。

5.1.2 整地方法

前茬作物收获后,及时灭茬保墒,深耕 25 cm～30 cm,耕后耙细,耙后应及时镇压,达到上虚下实,地块平整,地表无大土块。

前茬为玉米的田块,利用玉米联合收获机械同步秸秆粉碎均匀还田,或用秸秆还田机粉碎 1 遍～2 遍,均匀平铺,秸秆粉碎长度≤5 cm。

前茬为水稻的田块,在水稻收获前 10 d～15 d 断水,起边沟,以利于爽田。水稻收获后,当土壤含水量达田间最大持水量的 70%～80%时适墒耕作。以机械耕翻为主,也可选用旋耕、浅耕或少免耕;对旋耕后的田块应进行一次耙地或镇压作业;多年采取少免耕或旋耕播种的田块,每 3 年～4 年机械耕翻 1 次。

5.2 播种

5.2.1 播种期

黄淮海中部地区最佳播期:半冬性品种 10 月中旬,弱春性品种 10 月中下旬,黄淮海中部偏北和偏南区域小麦播期相应提前或推迟 3 d～5 d。

5.2.2 播种量

适期播种范围内,早茬地种植半冬性品种,每亩播量 8 kg～10 kg,每亩基本苗控制在 15 万株～18 万株;中晚茬地种植弱春性品种,每亩播量 10 kg～12 kg,每亩基本苗控制在 18 万株～20 万株。若播期土壤墒情较差、因灾延误播期或整地质量较差时,可适当增加播种量,但每亩播量最多不能超过 17 kg。

5.2.3 播种方式

可采用机械条播,行距 20 cm～23 cm,播深 2 cm～3 cm。或采用机械撒播或套播的种植方式。也可采用人工撒播,应注意提高整地质量、撒种均匀,并注意播后浅耙盖籽,适当镇压,提高田间出苗率。

6 田间管理

6.1 灌溉

小麦灌溉关键期为播种期、越冬期、拔节期和灌浆期。灌溉推荐采用微喷灌的节水灌溉方式。

6.1.1 播种期灌溉

播种期间,当土壤含水量低于 70%时,应在耕地前 5 d～7 d 进行灌水造墒,每亩灌水量为 40 m³～60 m³;播期晚的年份,可在出苗后浇灌。

6.1.2 越冬期灌溉

科学浇好越冬水。秋冬遇旱应浇足越冬水,冬灌时间以日平均气温3℃左右为宜,昼消夜冻前结束,使土壤耕作层含水量达到田间最大持水量的60%～80%。

6.1.3 拔节期灌溉

在小麦返青期至拔节期,当田间持水量低于60%时,应浇返青拔节水。每亩灌水40 m³～60 m³。浇水时间根据苗情而定,壮苗麦田在拔节期,旺苗麦田在孕穗期,对叶色变淡,小分蘖迅速死亡的麦田,在起身期应结合浇水施肥。

6.1.4 灌浆期灌溉

抽穗至灌浆期,耕层土壤相对含水量低于65%时,每亩灌水50 m³～60 m³,浇水时应选择无风天气,小水慢浇。

6.2 施肥

6.2.1 施肥原则

以农家肥料、有机肥料、微生物肥料等有机肥为主,化学肥料为辅,在实行化肥减控原则的同时,遵循可持续发展和安全优质原则。肥料施用应符合NY/T 394的要求。

6.2.2 施肥方式

基肥采用先撒施,后翻耕的方式掩入土中;追肥条施。

6.2.3 施肥量

根据土壤肥力状况和产量水平,确定施肥量和肥料比例。小麦全生育期总施肥量分别为氮(N)12 kg/亩～14 kg/亩、磷(P₂O₅)4 kg/亩～6 kg/亩和钾(K₂O)5 kg/亩～7 kg/亩。氮肥总量的60%～70%作基肥,30%～40%作追肥。有机肥全部作基肥,一般每亩施充分腐熟的农家肥2 000 kg～4 000 kg,或生物有机肥200 kg～300 kg。追肥在返青期或拔节期施,每亩追施尿素8 kg～10 kg。

6.3 病虫草害防治

6.3.1 防治原则

坚持"预防为主,综合防治"的植保方针,推广绿色防控技术,优先采用农业防控、理化诱控、生态调控、生物防控,结合总体开展化学防控;化学防控药物的选用应符合NY/T 393的规定。

6.3.2 主要病虫草害

主要病害有锈病、白粉病、纹枯病和赤霉病等;害虫有蚜虫、麦蜘蛛、黏虫等;杂草有看麦娘、节节麦、荠菜、播娘蒿、猪殃殃等。

6.3.3 防治措施

6.3.3.1 农业防治

选用抗性强的小麦品种,定期轮换,保持品种抗性,采用合理耕作制度、轮作换茬、中耕除草、清洁田园等农艺措施,减轻病虫害的发生。

6.3.3.2 生物防治

利用天敌控制有害生物的发生;如利用赤眼蜂防治小麦黏虫,利用七星瓢虫和食蚜蝇防治小麦蚜虫。

6.3.3.3 物理防治

利用害虫的趋光性及害虫对色泽的趋性进行诱杀。安装频振式杀虫灯(每50亩架设1台),诱杀金龟子、蝼蛄、灰飞虱等害虫;架设糖醋盆(每5亩～10亩地放1盆,盆高出作物35 cm左右,诱剂保持3.5 cm深左右,白天将盆盖好,晚上开盖,连续15 d～20 d)诱杀黏虫等害虫;每亩悬挂40张～60张黄板诱杀蚜虫。

6.3.3.4 化学防治

农药使用应符合 NY/T 393 的要求。严格按照农药使用说明书的剂量使用。具体防治方法详见附录 A。

6.3.3.5 化学除草

立足春草秋治,注重冬前化学除草;冬前未能及时除草或草害较重的麦田,返青期及时进行化学除草。具体防治方法详见附录 A,具体用药量可根据药剂有效用量折算。

7 收获

在蜡熟末期适时收获。按品种分收,联合收割机收获时,按品种连续作业;换品种时清净机器,防止机械混杂。收获机械、器具应保持洁净、无污染。收获的小麦籽粒应选择无污染的晒场做到单独晒晾,清除杂质。

8 储藏

8.1 入库标准

入库小麦的容重≥790g/L,杂质≤1.0%,含水量≤12.5%,气味正常,质量应符合 GB 1351 的要求。

8.2 粮库质量

粮库应符合 NY/T 1056 的规定,达到屋面不漏雨,地面不返潮,墙体无裂缝,门窗能密闭,具有坚固、防潮、隔热、通风和密闭等性能。

8.3 防虫措施

仓库防虫时,选择符合 NY/T 393 规定的化学防虫剂,每 1 000 kg 小麦宜用 1 kg～2 kg 辣蓼碎段放置粮堆和表面防虫。

8.4 防鼠措施

粮库外围靠墙设置一定数量的鼠饵盒,内放做成蜡块的诱饵,药物成分为法律法规允许使用于食品工厂灭鼠的药物。粮库出入口和窗户设置挡鼠板或挡鼠网。粮库内每隔 15 m 靠墙设置一个鼠笼,鼠笼中的诱饵不得使用易变质食物,要求使用无污染的鼠饵球。根据需要可增设黏鼠板。

8.5 防潮措施

热入仓密闭保管,小麦使用的仓房、器材、工具和压盖物均须事先彻底消毒,充分干燥,做到粮热、仓热、工具和器材热,防止"结露"现象发生。聚热缺氧杀虫过程结束后,将小麦进行自然通风或机械通风充分散热祛湿,经常翻动粮面或开沟,防止后熟期间可能引起的水分分层和上层"结顶"现象。

9 包装与运输

所用包装材料或容器应采用单一材质、方便回收或可生物降解的材料,符合 NY/T 658 的要求。在运输过程中禁止与其他有毒有害、易污染环境等物质一起运输,以防污染。

10 生产废弃物处理

小麦生产的副产品主要包括秸秆、麦糠等,建议加装秸秆切碎喷撒装置,要求粉碎后的麦秸长度≤15 cm,均匀抛撒;或堆制有机肥;或进行秸秆饲料、秸秆气化等综合利用,严禁焚烧、丢弃,防止污染环境。

病虫草害防治过程中使用过的农药瓶、农药袋等包装物不得随便丢弃,应及时回收,统一销毁或二次利用。

11 生产档案管理

建立生产档案,主要包括生产投入品采购、入库、出库、使用记录,农事操作记录,收获记录及储运记录等,生产档案保存 3 年以上。

附　录　A

（资料性附录）

黄淮海中部地区绿色食品小麦生产主要病虫草害防治方案

黄淮海中部地区绿色食品小麦生产主要病虫草害防治方案见表 A.1。

表 A.1　黄淮海中部地区绿色食品小麦生产主要病虫草害防治方案

防治对象	防治时期	防治指标	农药名称	使用剂量	使用方法	安全间隔期,d
白粉病、条锈病	拔节至灌浆期	病叶率 5%～10%或病情指数 15 以上	25%丙环唑乳油	25 mL/亩～35 mL/亩	喷雾	28
			20%三唑酮乳油	40 mL/亩～50 mL/亩	喷雾	20
			25%戊唑醇可湿性粉剂	60 g/亩～70 g/亩	喷雾	40
	播种前		14%辛硫·三唑酮乳油	每 100 kg 种子 42 g～56 g	拌种	—
纹枯病	拔节至灌浆期	病茎率 15%	24%井冈霉素水剂	37.5 mL/亩～50 mL/亩	喷雾	14
			25%丙环唑乳油	25 mL/亩～35 mL/亩	喷雾	28
赤霉病	齐穗至盛花期	遇多雨、连阴雨天气,喷药预防	50%多菌灵可湿性粉剂	120 g/亩～150 g/亩	喷雾	28
			25%戊唑醇可湿性粉剂	60 mL/亩～70 mL/亩	喷雾	40
蚜虫	发生期	苗蚜百株 100 头、穗蚜百茎 500 头	10%吡虫啉可湿性粉剂	20 g/亩～40 g/亩	喷雾	20
			50%抗蚜威可湿性粉剂	15 g/亩～20 g/亩	喷雾	14
地下害虫	播种前		10%苯甲·吡虫啉悬浮剂	每 100 kg 种子 1 429 mL～1 667 mL	拌种	—
麦蜘蛛	发生期	每 33 cm 单行 200 头	25%噻虫嗪悬浮剂	4 mL/亩～8 mL/亩	喷雾	21
播娘蒿、荠菜等阔叶杂草	冬小麦分蘖初至分蘖末期	每平方米 30 株	15%炔草酯可湿性粉剂	16 g/亩～20 g/亩	喷雾	—
看麦娘、节节麦等禾本科杂草	禾本科杂草 2 叶～4 叶期	每平方米 30 株	36%禾草灵乳油	180 mL/亩～200 mL/亩	喷雾	—

注:农药使用以最新版本 NY/T 393 的规定为准。

绿色食品生产操作规程

LB/T 053—2020

长 江 下 游
绿色食品小麦生产操作规程

2020-08-20 发布

2020-11-01 实施

中国绿色食品发展中心 发布

前　言

本规程由中国绿色食品发展中心提出并归口。

本规程起草单位：江苏省绿色食品办公室、江苏省农业技术推广总站、中国绿色食品发展中心、江苏省粮食作物现代产业技术协同创新中心、上海市绿色食品办公室、浙江省绿色食品办公室。

本规程主要起草人：黄宜荣、王红梅、张宪、束林华、王龙俊、郭文善、陈旭、张秋丽、单凌燕。

长江下游绿色食品小麦生产操作规程

1 范围

本规程规定了长江下游绿色食品小麦的产地环境,品种选择,整地、播种,田间管理,收获,生产废弃物处理,运输储藏,生产档案管理。

本规程适用于上海、江苏(淮河以南)、浙江等长江下游麦区的绿色食品小麦生产。

2 规范性引用文件

下列文件对于本文件的应用是必不可少的。凡是注日期的引用文件,仅注日期的版本适用于本文件。凡是不注日期的引用文件,其最新版本(包括所有的修改单)适用于本文件。

NY/T 391 绿色食品 产地环境质量

NY/T 393 绿色食品 农药使用准则

NY/T 394 绿色食品 肥料使用准则

3 产地环境

产地环境应符合 NY/T 391 的要求,生产基地远离水、气等污染物排放源,农田基础设施基本配套,灌排条件相对较好,土壤肥力中上等。

4 品种选择

4.1 选择原则

选用春性、红皮、中熟或早熟小麦品种,品质类型与优势区域相适应,沿江、沿海沙壤土地区以优质弱筋品种为主,其他地区可选择优质中筋品种或强筋品种,统一品种布局,集中连片种植;对赤霉病、白粉病、纹枯病、梭条花叶病等抗性较好,耐穗发芽,穗粒结构协调,抗倒伏,综合丰产性较好。

4.2 品种选用

弱筋品种可选用宁麦 13、扬麦 13、扬麦 15、扬麦 22、扬麦 24 等,中筋品种可选用扬麦 16、扬麦 20、镇麦 10 号、苏麦 188、扬麦 25、镇麦 12、苏麦 11 等,强筋品种可选用扬麦 23、镇麦 168、扬富麦 101 等。

4.3 种子处理

4.3.1 选用合格的商品良种可不经处理,自留种应适当精选处理,提高净度、纯度和发芽率。

4.3.2 播前药剂拌种可选用 6% 戊唑醇悬浮种衣剂 10 mL 加 300 mL 水拌种或包衣 20 kg～25 kg 麦种或 4.8% 苯醚·咯菌腈悬浮种衣剂 20 mL 兑水 180 mL 拌种(包衣)10 kg 麦种防治小麦黑穗病、纹枯病等;30% 噻虫嗪悬浮种衣剂 40 mL 兑水 180 mL 拌种(包衣)10 kg 麦种防治地下害虫、蚜虫等;对上述病虫混发区,可用 27% 苯醚·咯·噻虫悬浮种衣剂 40 mL 兑水 180 mL 拌种或包衣 10 kg 麦种;32% 戊唑·吡虫啉悬浮种衣剂 40 mL 兑水 200 mL 拌种或包衣 10 kg 麦种。采用专用器械拌种(包衣),确保种衣剂(拌种剂)均匀覆盖在种子表面;现拌(包)现用,当日播完。

5 整地、播种

5.1 前茬田管

水稻收获前 10 d 左右开沟排水,创造适播的土壤墒情条件。

5.2 前茬秸秆处理

前茬收获后及时粉碎秸秆,铺撒均匀,秸秆长度控制在 10 cm 以内。采用耕翻或旋耕方式进行秸秆埋草还田,确保秸秆还田深度大于 15 cm,在土壤中分布均匀。

5.3 机械整地

通过耕、旋、耙等方式整地,达到田面平整、土壤细碎、下实上松的要求。

5.4 适期播种

长江与淮河之间地区播种适期 10 月 25 日至 11 月 5 日,沿江两岸地区 10 月 28 日至 11 月 10 日,江南及太湖周边地区 11 月 5～15 日。如前茬晚熟晚收或秋播期间连阴雨导致被迫推迟播种情况下,应通过适当措施晚中争早,并适当提高播种量,努力提高播种质量,以好补晚。

5.5 适量播种

适期播种田块,播种量控制在 8 kg/亩～10 kg/亩,每推迟 1 d 增加 0.5 kg,最多不超过 20 kg/亩。同时,根据秸秆还田、整地质量、土壤地力和墒情等影响出苗成苗的因素适当调节播种量,确保基本苗适宜。

5.6 机械播种

根据土壤适播性能采取适宜的播种方式,土壤墒情适宜情况下采用机械条播,行距 25 cm 左右、播种深度 2 cm～3 cm;土壤湿度偏大的情况下可采用机械撒播、带状条播等方式播种,尽可能做到落籽均匀、深浅一致。在秸秆还田整地的基础上,可采用复式播种机一次性完成施肥、旋耕、播种、盖籽、镇压、开沟等作业程序,节省用工和成本。

5.7 沟系配套

播后及时机械开沟,做到内外三沟相通,确保排水通畅。每 3 m～4 m 开挖一条竖沟,沟宽 20 cm,沟深 20 cm～30 cm;距田两端横埂 2 m～5 m 各挖一条横沟,较长的田块每隔 50 m 增开一条腰沟,沟宽 20 cm,沟深 30 cm～40 cm;田头出水沟宽 25 cm,深 40 cm～50 cm。

6 田间管理

6.1 灌溉

以防止雨水过多或地下水位过高而发生的渍害、湿害为主,遇干旱时可适当灌溉。播种出苗阶段遇到干旱,可在播种后及时浇"蒙头水"或沟灌洇水促进出苗齐苗;防冬季干旱可在封冻前喷灌或沟灌洇水;拔节期干旱可结合拔节肥的施用喷灌或沟灌洇水。

6.2 施肥

6.2.1 施用原则

肥料施用应符合 NY/T 394 的要求。

6.2.2 肥料运筹与施用

在施用农家肥、(商品)有机肥或生物有机肥料或微生物肥料的基础上,减半施用化学肥料。施用的各类有机肥必须深翻入土 20 cm 以上。秸秆全量还田时尽量采用配备切碎装置的大动力机械,有条件的配合使用"三素酶"含量高的秸秆腐熟剂,确保秸秆"还得下,烂得快"。在淮北小麦产区土壤墒情不足或丘陵旱作区,对于有沼液资源的可通过无害化处理后稀释浇灌或喷施。

基肥:亩基施厩肥或堆肥 4 t～5 t(或秸秆全量还田或半量还田,有条件的可配合施用经发酵腐熟的饼肥 40 kg～50 kg)+小麦配方肥 30 kg～40 kg(或缓控释肥 25 kg～35 kg),或亩施用商品有机肥 1 t～2 t+小麦配方肥 30 kg～40 kg(或缓控释肥 25 kg～35 kg);

追肥:拔节期亩施用配方肥 15 kg～20 kg,或尿素 10 kg 左右;孕穗至灌浆期结合"一喷三防",每亩施用含腐殖酸水溶肥料或含氨基酸水溶肥料 100 mL 兑水 50 kg 叶面喷施,或应用磷酸二氢钾 100 g(150 倍液)或 200 g(75 倍液)充分溶解后叶面喷施。根据长势长相和天气情况,在孕穗至灌浆期每隔

7 d～10 d酌情再行叶面喷施。

6.3 病虫草害防治

6.3.1 防治原则

坚持"预防为主、综合防治"的植保方针以及"绿色防控"的植保理念,优先采用农业生态调控、生物防治、理化诱控等环境友好型技术措施,结合化学防治措施,最大限度地减少化学农药使用,保障病虫草害的可持续治理和农业绿色发展。

6.3.2 常见病虫草害

麦田常见病害有:赤霉病、白粉病、纹枯病、锈病、梭条花叶病毒病、光腥黑穗病等;常见虫害有:蚜虫、黏虫、麦蜘蛛等;常见杂草有:日本看麦娘、看麦娘、罔草、硬草、野燕麦、早熟禾、棒头草、猪殃殃、繁缕、牛繁缕、大巢菜、婆婆纳、荠菜、藜等。

6.3.3 防治措施

6.3.3.1 农业防治

种植抗(耐)病良种;秸秆粉碎、深耕灭茬,降低病虫草害发生基数;提高整地质量控草;田间沟渠畅通,避免渍害、降低湿度控病;适期适量播种,平衡施肥,控制无效分蘖和田间群体数量,提高植株抗病虫能力。

6.3.3.2 物理防治

黄板诱杀蚜虫:在有翅蚜迁入麦田初期,每亩插挂20块～30块黄板,黄板高度高于小麦20 cm～30 cm,并定期更换,直至有翅蚜迁入结束后停止插挂黄板。

理化诱杀黏虫。在黏虫成虫迁入期,草把诱集黏虫卵,每亩插稻草把20把～30把诱集成虫产卵,人工集中消灭草把上的卵块;或者灯光诱杀成虫,每20亩～30亩安装频振式杀虫灯1盏,晚间开灯诱杀成虫;或每亩安装3个～5个黏虫性诱杀装置,诱杀迁入成虫。

6.3.3.3 生物防治

选用生物农药。如防治纹枯病,亩用20%井冈霉素可溶粉剂43.8 g～56.3 g,或井冈蜡芽菌悬浮剂(2%井冈霉素+8亿个孢子/g蜡质芽孢杆菌)200 mL～260 mL,手动喷雾或高压担架机喷雾;防治白粉病,亩用1%蛇床子素水乳剂200 mL,兑水30 kg～40 kg手动、机动喷雾或兑水20 kg～30 kg用自走式喷杆喷雾机喷雾。

人工释放异色瓢虫控制蚜虫。当麦田百株蚜量达到500头以上时,每亩人工释放异色瓢虫卵500粒或幼虫400头,间隔10 d连续释放2次～3次。插花种植油菜,油菜是小麦天敌载体植物,油菜蚜虫不危害小麦,油菜蚜虫和油菜花粉是草蛉、食蚜蝇、异色瓢虫等天敌的轮换食物,从而涵养增殖天敌、控制害虫。

控制菊酯类及有机磷类等广谱性农药使用,保护、利用异色瓢虫、草蛉、食蚜蝇等天敌。

6.3.3.4 化学防治

在施用生物农药的基础上,科学使用化学农药。坚持达标防治,选用高效安全、环境友好型农药,严格按规定用量和安全间隔期用药,采用高效植保机械,开展统防统治,提高农药利用率和防治效果。

播后苗前化学除草。异丙隆或者异丙隆的复配剂,具体用量用法参见附录A。

冬后早期补治杂草。在小麦拔节前、日平均气温上升到8℃左右时化学除草。以看麦娘等禾本科杂草为主的,可用炔草酯、异丙隆等;以猪殃殃、繁缕等阔叶杂草为主的,可用氯氟吡氧乙酸异辛酯、双氟磺草胺等。具体用量用法参见附录A。

拔节初期防治纹枯病。纹枯病病株率达10%左右时,药剂防治。可用井冈霉素、井冈·蜡芽。具体用量用法参见附录A。

拔节孕穗期。根据情况防治锈病、白粉病。白粉病在拔节孕穗期病株率达15%或病叶率5%～10%时防治,可用三唑酮、嘧菌酯、吡唑醚菌酯等。条锈病平均病叶率达到1%或叶锈病病叶率达5%～

10%时防治,可用氟环唑、丙环唑,具体用量用法参见附录A。

抽穗扬花期。防治赤霉病、白粉病、蚜虫等,打好以赤霉病为主攻对象、兼顾白粉病、蚜虫等病虫的"一喷三防"总体战。对小麦赤霉病,坚持"预防为主、适期防治"的防治策略,掌握在小麦扬花初期(扬花株率10%左右),使用自走式喷杆喷雾机、静电喷雾器、机动弥雾机等施药;重发田块,第一次药后隔5 d~7 d再防治1次。防治药种可用甲硫·戊唑醇等。对蚜虫,有蚜穗率达10%时或百株蚜量达800头~1 000头、益害比(天敌:蚜虫)低于1∶150时,需开展防治,防治农药可用吡蚜酮、抗蚜威等,具体用量用法参见附录A。

6.4 其他管理措施

如小麦分蘖至返青期长势偏旺群体偏大,可进行适度镇压,也可用5%烯效唑可湿性粉剂30 g~60 g兑水50 kg叶面喷施,控旺促壮。冬春季节要做好清沟理墒,防止雨水较多产生渍害。

7 收获

小麦蜡熟期籽粒呈蜡质状红黄色、含水量在18%以下时,抢晴天机械收获。收获后如籽粒含水量高于12.5%,要通过曝晒、烘干等方式将含水量降至12.5%以下,并通过风选、机选等方式除去灰尘、颖壳、秸秆、不饱满籽粒等杂质。

8 生产废弃物处理

小麦秸秆粉碎还田,或机械收集打捆后离田用于生物质能源发电等;农药、肥料包装袋等应统一回收并集中处理。

9 运输储藏

小麦运输过程中要防止雨淋受潮和有害物质混入,做到分品种分产地收购、运输、储藏、销售。小麦储藏要严格控制籽粒含水量在12.5%以下,禁止采用化学储存法。

高温密闭储存:利用夏季高温季节曝晒小麦,按迟出早收、薄摊勤翻的原则,在麦温达到42℃以上,最好是50℃~52℃,保持2 h,含水量降到12.5%以下,于15:00前后聚堆,趁热入仓,散堆压盖,整仓密闭,使粮温在46℃左右,密闭7 d~10 d;粮温在40℃左右,密闭2周~3周。达到目标后,可转为通风,防止持续高温下储存影响品质。

低温储存:利用冬季低温,进行自然通风、机械通风降温,然后趁冷密闭,对消灭越冬害虫,延缓外界高温影响,效果良好。

自然缺氧储存:对于新入库的当年产小麦,呼吸强度大,极有利于粮堆自然降氧。新小麦入库严格密闭,经过20 d~30 d的自然缺氧,氧气浓度可降到1.8%~3.5%,可达到防虫、防霉的目的。也可采取微生物辅助降氧或向麦堆中充二氧化碳、氮气等方法而达到气调的要求。

10 生产档案管理

建立绿色食品小麦生产档案。明确记录产地环境条件、生产技术、肥水管理、病虫草害的发生和防治、采收及采后处理等情况,记录保存3年以上。做到农产品生产可追溯。

附　录　A

（资料性附录）

长江下游绿色食品小麦生产主要病虫草害防治方案

长江下游绿色食品小麦生产主要病虫草害防治方案见表 A.1。

表 A.1　长江下游绿色食品小麦生产主要病虫草害防治方案

防治对象	防治时期	农药名称	使用剂量	使用方法	安全间隔期，d
一年生杂草	播后苗前	50%异丙隆可湿性粉剂	150 g/亩～200 g/亩	土壤喷雾	每季最多使用1次
	小麦返青期冬季杂草齐苗前	50%异丙隆悬浮剂	100 mL/亩～200 mL/亩	茎叶喷雾	
	春小麦3叶期至拔节前或冬小麦返青至拔节期	15%炔草酯微乳剂	25 mL/亩～35 mL/亩		
一年生阔叶杂草	拔节期	20%氯氟吡氧乙酸异辛酯悬浮剂	50 mL/亩～70 mL/亩		每季最多使用1次
	小麦出苗后	50 g/L双氟磺草胺悬浮剂	5 mL/亩～6 mL/亩		
纹枯病	发病初期	20%井冈霉素可溶粉剂	43.8 g/亩～56.3 g/亩	喷雾	14
		井冈·蜡芽菌悬浮剂	200 mL/亩～260 mL/亩		14
锈病	发病初期	250 g/L丙环唑乳油	30 mL/亩～36 mL/亩	喷雾	28
	发病初期	12.5%氟环唑悬浮剂	48 mL/亩～60 mL/亩	喷雾	30
白粉病	发病初期	25%吡唑醚菌酯悬浮剂	30 mL/亩～40 mL/亩	喷雾	35
	拔节前期和中期	20%三唑酮乳油	43 mL/亩～45 mL/亩		14
	发病初期	60%嘧菌酯水分散粒剂	10 g/亩～20 g/亩		21
赤霉病	抽穗至齐穗期	50%多菌灵可湿性粉剂	120 g/亩～150 g/亩	喷雾	28
	发病前或初期	48%甲硫·戊唑醇悬浮剂	40 g/亩～60 g/亩		30
	小麦扬花初期	40%戊唑·多菌灵悬浮剂	60 mL/亩～70 mL/亩		21
蚜虫	若虫始盛期	50%吡蚜酮可湿性粉剂	8 g/亩～12 g/亩	喷雾	30
		50%抗蚜威可湿性粉剂	15 g/亩～20 g/亩		14

注：农药使用以最新版本 NY/T 393 的规定为准。

绿 色 食 品 生 产 操 作 规 程

LB/T 054—2020

长 江 中 游
绿色食品小麦生产操作规程

2020-08-20 发布

2020-11-01 实施

中国绿色食品发展中心 发布

前　　言

本规程由中国绿色食品发展中心提出并归口。

本规程起草单位：四川省绿色食品发展中心、绵阳市农业科学研究院、中国绿色食品发展中心、湖北省绿色食品发展中心、绵阳市涪城区农业局。

本规程主要起草人：敬勤勤、任勇、张宪、周白娟、郭征球、魏榕、周熙、彭春莲、孟芳。

长江中游绿色食品小麦生产操作规程

1 范围

本规程规定了长江中游绿色食品小麦生产栽培的产地环境、品种选择、整地播种、田间管理、采收、生产废弃物处理、运输储藏及生产档案管理。

本规程适用于湖北、湖南、重庆和四川的绿色食品小麦生产。

2 规范性引用文件

下列文件对于本文件的应用是必不可少的。凡是注日期的引用文件，仅注日期的版本适用于本文件。凡是不注日期的引用文件，其最新版本（包括所有的修改单）适用于本文件。

GB 4404.1 粮食作物种子 第1部分:禾谷类

NY/T 391 绿色食品 产地环境质量

NY/T 393 绿色食品 农药使用准则

NY/T 394 绿色食品 肥料使用准则

NY/T 658 绿色食品 包装通用准则

NY/T 1056 绿色食品 储藏运输准则

NY/T 1118 测土配方施肥技术规范

3 产地环境

产地环境条件应符合 NY/T 391 的要求，选择生态环境良好、无污染的地区。在绿色食品和常规生产区域之间设置有效的缓冲带或物理屏障，以防止绿色食品生产产地环境受到污染。

地块应土壤肥沃，耕深 20 cm 以上，结构良好，土壤有机质含量达到 0.8% 以上，养分充足，通气性和保水性能良好，土地平整，灌排便利。

小麦播种至成熟期>0℃积温在 2 200℃以上，全年无霜期大于 200d，年降水量 450mm 以上。

4 品种选择

4.1 选择原则

种子质量应符合 GB 4404.1 的规定。选用经过国家或者长江中游省份农作物品种审定委员会审定的优质、节水、高产、稳产、抗病、抗倒的小麦品种。

4.2 品种选用

春性品种主要有:华麦 2566、华麦 2152、宁麦 16、宁麦 23、扬麦 20、川麦 104、绵麦 367 等;弱春性品种主要有:郑麦 9023、襄麦 25、襄麦 55、鄂麦 596 等;半冬性品种主要有:郑麦 101、郑麦 119、鄂麦 170、衡观 35 等。

半冬性品种适宜早播。春性品种不能播种过早，否则易遭受冻害。

4.3 种子处理

播种前 2 周进行种子精选，采用机械或人工方法，选择有光泽、粒大、饱满、无虫蛀、无霉变、无破损种子，剔除碎粒、秕粒、杂质等。

播前 10 d，进行 1 次～2 次发芽试验，种子的纯度和净度应达 98% 以上，发芽率不低于 85%，种子含水量不高于 13%。小麦种进行药剂拌种时，拌种的农药应符合 NY/T 393 的规定，如 5% 戊唑醇悬浮拌种剂 12 mL，加清水 500 mL，稀释成糊状药浆，倒入 20 kg 小麦种子中，搅拌均匀，晾干水分，即可播种。

5 整地播种

5.1 整地

5.1.1 机械整地

以机械翻耕为主,深耕细耙,耕耙配套,提高整地质量,采用机耕,耕深 20 cm 以上,打破犁底层,不漏耕,耕透耙透,无明暗坷垃,达到上松下实,耕后复平。提倡用深耕机隔年深耕,以破除犁底层,增加土壤蓄水能力。也可选用旋耕、浅耕或少免耕;对旋耕后的麦田,必须进行 1 次耙地或镇压作业;多年采取少免耕或旋耕播种的麦田,每 3 年~4 年机械耕翻 1 次。

5.1.2 秸秆还田

提倡在有配套机械设备的地方,实行秸秆还田。秸秆还田时,要注意尽量粉碎前茬作物的秸秆,使其不影响整地和播种质量。打谷草还田,均匀覆盖。

5.2 播种

5.2.1 播种期

本麦区的小麦品种多属弱春性或弱冬性,对光照反应不敏感,生育期 200 d 左右。平川麦区其播种适期为 10 月中下旬至 11 月上旬,成熟期在 5 月中下旬。丘陵山地播种期略早而成熟期稍晚。

在适宜播种期前后,遇土壤墒情合适时,可抢墒播种;在长期干旱、土壤墒情特别不足的情况下也可早播等雨,但抢墒播种或提早"干播等雨"都不宜过早,正常年份小麦出苗期不宜早于 10 月 20 日。

5.2.2 播种量

净作小麦每亩基本苗在 18 万~24 万,正常情况下每亩播种量 11 kg~14 kg;预留行小麦每亩 12 万株~15 万株,每亩播种量 8 kg~9 kg。但应根据播种时土壤墒情、整地质量、土壤质地和种子发芽率等情况适当增减。特别是在干旱年份和晚播条件下,应适当增加播量,但也要避免盲目加大播量,导致基本苗过多,容易倒伏。

5.2.3 播种深度和密度

在土壤墒情适宜的条件下适期播种,播种深度一般以 3 cm~5 cm 为宜。底墒充足、地力较差和播种偏晚的地块,播种深度以 3 cm 左右为宜;墒情较差、地力较肥的地块以 4 cm~5 cm 为宜。按照行距 20 cm、窝距 10 cm、窝播 4 粒~6 粒规格实行播种,对无法耕耙碎土的下湿田块,采取浅旋播种。

5.2.4 播种后镇压

用带镇压装置的小麦播种机械,在小麦播种时镇压;没有灌水造墒的秸秆还田地块,播种后再用镇压器镇压 1 遍~2 遍,以保证小麦出苗后根系正常生长,提高抗旱能力和抗倒伏能力。

6 田间管理

6.1 灌溉

6.1.1 灌溉时间和灌溉量

6.1.1.1 播种期

小麦播种后至拔节前,耗水量占全生育期耗水量的 35%~40%,播种期灌水日定额一般以 4 m³/亩为宜。

6.1.1.2 拔节至孕穗期

拔节到抽穗,进入旺盛生长时期,耗水量急剧上升。在 50 d 时间内耗水量占总耗水量的 20%~25%,灌水日定额一般以 2.4 m³/亩~3 m³/亩为宜。

6.1.1.3 抽穗至成熟期

抽穗到成熟,50 d~55 d,耗水量约占总耗水量 50%,日耗水量比前一段略有增加。灌水日定额一般以 6 m³/亩为宜。

6.1.2 灌溉方式

一般年份不需要大量灌水,但在秋冬旱连春旱的特殊年份,需要浇水。一般当60 cm以上土层含水量低于田间持水量的60%~65%时就应该灌溉,提倡采用喷灌、滴灌、渗灌及管道灌溉等节水灌溉技术;麦田灌水后,采取及时中耕松土,可以防止水分蒸发,提高水分利用效率,也能达到节水的目的。灌溉以浇灌为主,不能大水漫灌,不能让小麦根部长期积水影响根呼吸。

6.2 施肥

6.2.1 施肥原则

推行测土配方施肥,施肥技术规范应符合NY/T 1118的要求。生产过程中肥料种类的选取应以农家肥料、有机肥料、微生物肥料为主,化学肥料为辅。无机氮素用量不得高于当季作物需求量的一半。使用的肥料应符合NY/T 394的规定。

6.2.2 施肥时期和施肥量

6.2.2.1 基肥

10月中旬,提倡秸秆还田、种植绿肥,或者亩施腐熟农家肥2 000 kg~4 000 kg,结合深耕整地,均匀撒施,翻埋土里。

6.2.2.2 追肥

产量水平300 kg/亩以下,起身期到拔节期结合灌水穴施尿素6 kg/亩~8 kg/亩;产量水平300 kg/亩~400 kg/亩,起身期到拔节期结合灌水穴施尿素8 kg/亩~11 kg/亩和氯化钾1 kg/亩~3 kg/亩;产量水平400 kg/亩~550 kg/亩,起身期到拔节期结合灌水穴施尿素11 kg/亩~16 kg/亩和氯化钾3 kg/亩~5 kg/亩;产量水平550 kg/亩以上,起身期到拔节期结合灌水穴施尿素17 kg/亩~20 kg/亩和氯化钾3 kg/亩~5 kg/亩。

6.3 病虫草害防治

6.3.1 防治原则

应坚持"预防为主,综合防治"的原则,推广绿色防控技术,优先采用农业措施、物理防治和生物防治措施,配合使用化学防治措施。农药选择应符合NY/T 393的要求,强化病虫草害的测报,及时防治。

6.3.2 主要病虫草害

小麦主要病害有锈病、赤霉病、白粉病和纹枯病等;害虫有蚜虫、麦蜘蛛等;杂草有看麦娘、节节麦、荠菜、播娘蒿、猪殃殃等。

6.3.3 防治措施

6.3.3.1 农业防治

选用抗性强的小麦品种,定期轮换,保持品种抗性,采用合理耕作制度、轮作换茬等农艺措施,减轻病虫害的发生。适期冬灌和早春划锄镇压,减少冬春季蚜虫的繁殖基数。小麦出苗后,在2叶1心至3叶时,及时进行人工除草。

6.3.3.2 物理防治

根据害虫趋光、趋化等行为习性,采用杀虫灯诱杀、色板诱杀、防虫网诱杀等。杀虫灯有太阳能和交流电两种,主要用于小麦蚜虫、麦叶蜂等害虫的防治,田间设置1盏/亩。可使用黄板、蓝板及信息素板进行色板诱杀,悬挂高度距离作物上部15 cm~20 cm。防治麦叶蜂开始可以悬挂5片~6片诱虫板,以监测虫口密度,当诱虫板上诱虫量增加时,每亩地悬挂规格为25 cm×40 cm的蓝色诱虫板20片;防治蚜虫开始可以悬挂3片~5片诱虫板,以监测虫口密度,当诱虫板上诱虫量增加时,每亩地悬挂规格为25 cm×30 cm的黄色诱虫板30片。

6.3.3.3 生物防治

保护利用麦田自然天敌,在小麦开花和灌浆期释放食蚜蝇、瓢虫等防治蚜虫。

6.3.3.4 化学防治

根据病虫害的预测预报,及时掌握病虫害的发生动态,严格按照 NY/T 393 的规定选用生物制剂或高效、低毒、低残留、环境友好型农药,提倡兼治和不同作用机理农药交替使用;采用适当施用方式和器械进行防治。主要病虫草害及部分推荐农药参见附录 A。

6.4 抗内涝抗倒伏

6.4.1 推广应用机械开沟技术

开好麦田厢沟、围沟、腰沟,三沟配套,做到排灌通畅,连阴雨天气可排明水、滤暗水,降低麦田湿度,保证根系活力不早衰,降低倒伏危险。

6.4.2 镇压与中耕

镇压在拔节前进行,每次镇压后,应浅锄松土。特别是旺苗深中耕断根,能抑制对肥水的吸收,控制地上部分生长,减少无效分蘖,控旺转壮,促进根系发育,增强抗倒伏能力。中耕时间不能过晚,开始拔节时要结束中耕。

6.4.3 化学调控

在小麦起身期拔节前每亩用5%烯效唑粉剂兑水400倍液50 kg,均匀喷雾,抑制旺长。

7 采收

7.1 采收时间

小麦生长至蜡熟末期或完熟初期,应及时收获。蜡熟末期全株变黄,茎秆仍有弹性,籽粒黄色稍硬,含水量20%~25%。完熟期叶片枯黄,籽粒变硬,呈品种本色,含水量在20%以下。穗黄、叶黄、秆黄、节间绿为最佳收获期,收获时要做到分品种单收。

7.2 采收方法及收后处理

联合收割机或人工收割脱粒,均应及时扬净,机械采收不应造成二次污染。密切关注天气预报,及时抢收,收获后需及时晒干或烘干。晾晒3 d~4 d后,使籽粒含水量低于12.5%进仓,储藏于通风干燥处,做到单收、单晒、单储。

采用热入仓密闭储藏,要求小麦籽粒的含水量必须控制在12.5%以下,麦粮温度晒至50℃~52℃,入仓后高温密闭10 d~15 d。随时检查粮温,如粮温由入库的50℃~52℃降至40℃时,粮温继续趋于下降视为正常。如降至40℃的粮温又趋于回升,应要解除封盖物,详细检查粮情。

8 生产废弃物处理

8.1 农药包装废弃物

病虫草害防治过程中使用过的农药瓶、农药袋不得随便丢弃,避免对土壤和水源的二次污染。建立农药瓶、农药袋回收机制,集中收集进行无害化处理。

8.2 秸秆

小麦生产的副产品主要包括秸秆、麦糠等,因地制宜推广秸秆肥料化、饲料化、基料化、能源化和原料化应用。加强秸秆综合利用,推进秸秆机械粉碎还田、快速腐熟还田。严禁焚烧、丢弃,防止污染环境。

9 运输储藏

9.1 库房质量

库房储藏应符合 NY/T 1056 的要求。达到屋面不漏雨,地面不返潮,墙体无裂缝,门窗能密闭,具有坚固、防潮、隔热、通风和密闭等性能。

应单收、单运、单脱粒、单储藏,并储存在清洁、干燥、通风良好、无鼠害、虫害的成品库房中,不得与有毒、有害、有异味和有腐蚀性的其他物质混合存放。

9.2 防虫措施

应做好清洁卫生工作。有虫粮食与无虫粮食严格分开储藏,防止交叉污染。保持储粮仓低温、干燥、清洁,不利于害虫生长与繁殖,并消灭一切洞、孔、缝隙,让害虫无藏身栖息之地。

9.3 防鼠措施

应选具有防鼠性能的粮仓,地基、墙壁、墙面、门窗、房顶和管道等都做防鼠处理,所有缝隙不超过1 cm。在粮仓门口设立挡鼠板,出入仓库养成随手带门的习惯。另设防鼠网、安置鼠夹、粘鼠板、捕鼠笼等防除鼠害。死角处经常检查,及时清理死鼠。

9.4 防潮措施

热入仓密闭保管小麦,使用的仓房、器材、工具和压盖物均须事先彻底消毒,充分干燥,做到粮热、仓热、工具和器材热,防止结露现象的发生。聚热缺氧杀虫过程结束后,将小麦进行自然通风或机械通风充分散热祛湿,经常翻动粮面或开沟,防止后熟期间可能引起的水分分层和上层"结顶"现象。

9.5 包装与运输

所用包装材料或容器应采用单一材质的材料,方便回收或可生物降解的材料,符合NY/T 658的要求。在运输过程中禁止与其他有毒有害、易污染环境等物质一起运输,以防污染。

10 生产档案管理

建立绿色食品小麦生产档案。应详细记录产地环境条件、生产技术、肥水管理、病虫草害的发生和防治措施、采收及采后处理等情况,并保存记录3年以上。做到农产品生产可追溯。

附　录　A

（资料性附录）

长江中游绿色食品小麦生产主要病虫草害防治方案

长江中游绿色食品小麦生产主要病虫草害防治方案见表 A.1。

表 A.1　长江中游绿色食品小麦生产主要病虫草害防治方案

防治对象	防治时期	农药名称	使用剂量	使用方法	安全间隔期,d
白粉病、条锈病和纹枯病	拔节至灌浆期	250 g/L 丙环唑乳油	25 mL/亩～33 mL/亩	喷雾	28
		80％戊唑醇水分散粒剂	10 g/亩～12 g/亩	喷雾	21
赤霉病	齐穗至盛花期	500 g/L 甲基硫菌灵悬浮剂	100 mL/亩～150 mL/亩	喷雾	30
蚜虫	发生期	21％噻虫嗪悬浮剂	5 mL/亩～10 mL/亩	喷雾	14
		20％啶虫脒可溶粉剂	12 g/亩～14 g/亩	喷雾	14
播娘蒿、荠菜等阔叶杂草	冬小麦分蘖初至分蘖末期	40％唑草酮水分散粒剂	4 g/亩～6 g/亩	喷雾	—
		200 g/L 氯氟吡氧乙酸乳油	50 mL/亩～66.5 mL/亩	喷雾	—
看麦娘、节节麦等禾本科杂草	禾本科杂草 2 叶～4 叶期	8％炔草酯水乳剂	55 mL/亩～70 mL/亩	喷雾	—
注:农药使用以最新版本 NY/T 393 的规定为准。					

绿 色 食 品 生 产 操 作 规 程

LB/T 055—2020

北 方 地 区
绿色食品鲜食玉米生产操作规程

2020-08-20 发布

2020-11-01 实施

中国绿色食品发展中心 发布

前　言

本规程由中国绿色食品发展中心提出并归口。

本规程起草单位：天津市农业发展服务中心、中国农业科学院作物科学研究所、中国绿色食品发展中心、河南省绿色食品发展中心、农业农村部乳品质量监督检验测试中心、天津农垦宏达有限公司、天津市蓟州区绿色食品发展中心、中国标准化研究院、吉林省绿色食品办公室、黑龙江省农垦绿色食品办公室、黑龙江省绿色食品发展中心、宁夏农产品质量安全中心、新疆维吾尔自治区农产品质量安全中心。

本规程主要起草人：张玮、郑成岩、张宪、张凤娇、刘烨潼、任伶、王莹、马文宏、樊恒明、徐熙彤、李卓、杜兰红、邓艾兴、杨青、杨冬、吕德方、刘培源、常跃智、杨玲。

北方地区绿色食品鲜食玉米生产操作规程

1 范围

本规程规定了北方地区绿色食品鲜食玉米生产的产地环境、品种选择、整地与播种、田间管理、采收与保鲜加工、生产废弃物处理、储藏与运输和生产档案管理。

本规程适用于北京、天津、河北、山西、内蒙古、辽宁、吉林、黑龙江、江苏北部、安徽北部、山东、河南北部、四川北部、陕西北部、甘肃北部、宁夏及新疆等地区的绿色食品鲜食玉米生产。

2 规范性引用文件

下列文件对于本文件的应用是必不可少的。凡是注日期的引用文件,仅注日期的版本适用于本文件。凡是不注日期的引用文件,其最新版本(包括所有的修改单)适用于本文件。

GB 4404.1　粮食作物种子

NY/T 391　绿色食品　产地环境质量

NY/T 393　绿色食品　农药使用准则

NY/T 394　绿色食品　肥料使用准则

NY/T 658　绿色食品　包装通用准则

NY/T 1056　绿色食品　储藏运输准则

NY/T 1118　测土配方施肥技术规范

3 产地环境

产地环境条件应符合 NY/T 391 的规定,选择在无污染和生态条件良好的地区。基地地块应肥力较高,耕层深厚,保水保肥,灌排便利,土壤耕作层宜大于 20 cm。与其他玉米品种应设有隔离带,防止混杂。单季鲜食玉米区域可采用与周边其他玉米错期种植的方式,以花期差在 30 d 左右为宜;小麦和鲜食玉米两熟区域可采用设置隔离区方式,如种植树木距离 100 m 以上或种植高秆作物距离 300 m 以上。

4 品种选择

4.1 选择原则

种子质量应符合 GB 4404.1 的规定。根据生态条件,因地制宜选用经过国家或者北方地区省级农作物品种审定委员会审定,优质、高产、稳产、抗病、抗倒的鲜食玉米品种。种子的纯度不低于 95％,净度不低于 99％,发芽率不低于 90％,种子含水量不高于 13％。

4.2 品种选用

选择的品种生育期要与当地光热资源相匹配的鲜食玉米良种,主要选用甜玉米和糯玉米品种,其中甜玉米可选用米哥 903、夏丰 228 等;糯玉米可选用黄糯 1 号、垦糯 1 号、万糯 2000 等。

5 整地与播种

5.1 整地

单季鲜食玉米的农田,建议上茬作物秸秆粉碎还田,播种前要进行深耕晒田,使耕层土壤深、松、平、细。

小麦和鲜食玉米两熟的农田,小麦成熟后,用联合作业机械收获小麦,同时将小麦秸秆切碎均匀撒到田间,秸秆切碎后的长度在 5 cm～8 cm,割茬高度小于 10 cm,漏切率小于 2％。前茬小麦收获后,进行灭茬、施肥、旋耕等精细作业。

5.2 播种

5.2.1 种子处理

5.2.1.1 晒种

播种前 10 d 将玉米种子晾晒 2 d～3 d,提高种子发芽势和出苗率,建议 100 kg 种子用 70％噻虫嗪可分散粉剂 200g 进行拌种。

5.2.1.2 发芽率实验

种子处理完成后,播前 7 d 进行 1 次发芽率试验,保证种子的发芽率达 90％以上。

5.2.2 播种期

播种期的选择应根据种植区域气候季节、品种特性,结合鲜食玉米的供应时间,采取分期播种的方式。一般情况下,露地播种在地下 5 cm～10 cm,地温稳定在 10℃左右时,即可进行播种。采用地膜覆盖可提前 7 d 左右播种。

5.2.3 播种量

根据品种特性和种植密度,适当密植,一般种植密度 3 000 株/亩～4 500 株/亩。

5.2.4 播种方式

采用筑畦或起垄条播的种植方式,等行距一般应为 60 cm,大小行一般大行距 80 cm,小行距 40 cm,镇压后播种深度 3 cm～5 cm。

6 田间管理

6.1 补苗、间苗

出苗后及时查苗补种,在玉米刚出苗时,将种子浸泡 8 h～10 h,捞出晾干后,抢时播种;或在玉米 3 片～4 片可见叶间苗时,带土挖苗移栽。拔节期,及时拔除小株、弱株及分蘖株,提高玉米生长整齐度,培育合理玉米群体。

6.2 灌排

一般年份,北方区域的鲜食玉米生育期降水与生长需水同步,不进行灌溉。除遇特殊旱情,鲜食玉米关键生育期田间土壤相对含水量低于 60％时,应及时灌水 40 m³/亩。鲜食玉米灌溉建议采用微喷灌的节水灌溉方式。鲜食玉米苗期如遇到连续降雨,要及时在田间开沟,排出田间积水。

6.3 施肥

提倡增施有机肥,控施化肥,合理施用中量和微量元素肥料。施用的肥料应符合 NY/T 394 的规定。施肥量应按照 NY/T 1118 进行测土配方施肥,根据土壤肥力状况,确定施肥量和肥料比例。一般每亩施腐熟有机肥 1 000 kg～1 500 kg,每亩总施肥量:尿素 8 kg～10 kg、磷酸二铵 10 kg～12 kg、硫酸钾 6 kg～8 kg、硫酸锌 1.0 kg～1.5 kg。全部有机肥、磷肥、钾肥、锌肥作底肥,氮肥的 40％作底肥,结合整地一次性施入。剩余的 60％的氮肥在鲜食玉米大喇叭口期追施。追肥方式为在距玉米根 8 cm～10 cm处开沟深施,追肥深度为 10 cm～15 cm。

6.4 人工辅助授粉

可采用人工辅助授粉,以减少秃尖、缺粒,一般在盛花末期的晴天 9:00～11:00,人工用竹竿或者绳子拉动植株上部,以增加鲜食玉米授粉率。

6.5 病虫草害防治

病虫草害防治应坚持"预防为主,综合防治"的原则,按照生产地常见病虫草害发生的特点,推广绿色防控技术,优先采用农业防治、物理防治和生物防治措施,有限度地使用化学防治措施。

6.5.1 主要病虫草害

鲜食玉米主要病害有大斑病、小斑病、锈病等;害虫有玉米螟、棉铃虫、二点委夜蛾、黏虫、蛴螬、地老虎等;杂草有狗尾草、牛筋草、马齿苋等。

6.5.2 病虫害防治

6.5.2.1 农业防治措施

推广种植抗病虫、抗逆性好的鲜食玉米品种,合理密植、合理水肥管理,培育健壮植株,提高田间通透度,增强植株抗病能力。玉米收获后进行秸秆粉碎深翻或腐熟还田处理,降低翌年病虫基数。

6.5.2.2 物理防治措施

根据害虫的趋光习性,在成虫发生期,田间设置黑光灯、频振式杀虫灯、糖醋液、色板、性诱剂等方法诱杀害虫。灯光诱杀采用频振式杀虫灯每15亩架设1盏,设置自动控制系统,在20:00开灯,翌日2:00关灯,可以诱杀玉米螟、棉铃虫、二点委夜蛾、黏虫等害虫。

6.5.2.3 生物防治措施

依据田间调查及预测预报,利用自然天敌,释放赤眼蜂防治玉米螟,释放瓢虫防治蚜虫,选用白僵菌对冬季堆垛秸秆内越冬玉米螟进行无害化处理;选用植物源农药等生物农药防治病虫害。

6.5.2.4 化学防治措施

一般情况下,不使用化学农药防治病虫草害,禁止在鲜食玉米采收期使用化学农药。加强田间病虫害发生的监测,在病虫害发生较为严重时,可适时适量采取化学农药防治。农药的使用应符合NY/T 393的规定。防治玉米大斑病,可在抽雄后每亩用吡唑醚菌酯40 mL～50 mL,兑水100 kg,在达到防治指标时开始喷药;间隔7 d～10 d喷药1次,连续喷2次～3次。防治玉米螟,在心叶期,有虫株率达5%～10%时,用辛硫磷0.5 kg～1 kg,拌入50 kg～75 kg过筛的细沙制成颗粒剂,投撒入玉米心叶内。病虫害具体化学防治方案参见附录A。

6.5.3 草害防治

6.5.3.1 农业防治措施

播种前,对种子进行精细清选,要使用腐熟的有机肥以有效清除有机肥中掺杂的杂草种子,防止杂草种子混入农田。鲜食玉米苗期和拔节期,及时进行中耕除草。苗期中耕宜浅,一般5 cm左右;拔节期中耕应深,一般10 cm左右。

6.5.3.2 化学防治措施

以人工机械中耕除草为主,有限度地使用化学防治田间杂草。农药的使用应符合NY/T 393的要求。加强田间杂草发生的监测,根据杂草的类别,选择除草剂种类,准确控制用量和施药时期。播种后出苗前3 d,墒情好时可每亩用33%二甲戊灵乳油150 mL～200 mL,兑水15 kg～20 kg进行封闭式喷雾,喷雾时倒退行走;墒情差时,于玉米幼苗3叶～5叶期每亩用20%硝磺草酮可分散油悬浮剂42.5 mL～50 mL兑水40 kg～50 kg喷雾,喷雾时要喷在行间杂草上,谨防喷到玉米心叶中。喷药时一定要均匀,做到不重喷、不漏喷。杂草具体化学防治方案参见附录A。

7 采收与保鲜加工

7.1 收获时间

鲜食玉米的果穗苞叶青绿,包裹较紧,花丝枯萎转至深褐色,籽粒体积膨大至最大值,色泽鲜艳,挤压籽粒有乳浆流出为采收标准。一般以鲜食玉米吐丝后18 d～25 d,籽粒含水量为66%～71%(乳熟期)时采收为宜;若以加工罐头为目的的可早收1 d～2 d;以出售鲜穗为主的可晚收1 d～2 d,最佳采收期7 d左右。

7.2 收获方法

在早上(9:00前)或傍晚(16:00后)采用站秆人工收获,不可地面堆放,收获的果穗要单收、单运、单放、单储,防止与非绿色食品玉米混杂。秋季冷凉季节采收时间可适当放宽,以防止果穗在高温下暴晒、水分蒸发,影响甜玉米品质保鲜。

7.3 保鲜加工

7.3.1 速冻鲜食玉米

用于速冻的鲜食玉米,采摘期应在乳熟中期为最佳,应在采摘后 24 h 内加工。采收后,去除苞叶、剔除花丝、切掉顶端过嫩部分和穗柄,放入 90℃～98℃的水中蒸煮 5 min～10 min。蒸煮后,应立即进行冷却,可先放在 10℃～15℃的凉水中预冷,当玉米温度降至 30℃后,再放入 0℃～5℃的水中冷却,至玉米温度降到 5℃以下;然后进行速冻处理,要求玉米棒中心温度在－18℃以下,冻结时间 8 min～15 min。速冻后的鲜食玉米果穗采用分穗包装,可在－18℃环境中长期保存。加工水质量应符合 NY/T 391 的规定。

7.3.2 真空软包装鲜食玉米

采摘过程中去除过老、过嫩和病虫害严重的果穗,采收后,去除苞叶,剔除花丝、切掉顶端过嫩部分和穗柄,放入 80℃～100℃的水中蒸煮 8 min～15 min。蒸煮后,进行冷却至玉米温度降到 50℃以下即可装袋并进行真空密封。真空软包装的鲜食玉米果穗常温下保质期在 6 个月以上。所用包装材料应采用单一材质的材料,方便回收或可生物降解的材料,符合 NY/T 658 的要求。

8 生产废弃物处理

除草剂、杀虫剂、种衣剂及包衣种子的包装物禁止乱扔,也不应重复使用,包装物分类收集,集中处理。农药空包装物应多次清洗,再将其损坏,以防止重复使用,要回收的需及时贴上标签,便于回收处理。尽量减少使用地膜或选择质量较好的地膜重复使用,在翻地、整地时要及时用耙子收集残留地膜,严禁焚烧地膜,减少农田污染。玉米收获后,应及时粉碎秸秆还田,以培肥地力,严禁焚烧秸秆。秸秆切碎后的长度为 3 cm ～5 cm,割茬高度小于 5 cm,漏切率小于 2%。

9 储藏与运输

9.1 库房质量

库房符合 NY/T 1056 的要求,到达屋面不漏雨,地面不返潮,门窗能密闭,具有坚固、防潮、隔热、通风和密闭等性能。库房内温度必须保持在 4℃以下,相对湿度应控制在 65% 以下。鲜食玉米可以在采收后存放库房 1 d～2 d。

9.2 运输

在运输过程中禁止与其他有毒有害、易污染环境等物质一起运输,以防污染。

10 生产档案管理

建立绿色食品玉米生产档案。应详细记录产地环境条件、生产技术、肥水管理、病虫草害的发生和防治、采收及采后处理等情况并保存记录 3 年以上。

附　录　A

（资料性附录）

北方地区绿色食品鲜食玉米生产主要病虫草害防治方案

北方地区绿色食品鲜食玉米生产主要病虫草害防治方案见表 A.1。

表 A.1　北方地区绿色食品鲜食玉米生产主要病虫草害防治方案

防治对象	防治时期	农药名称	使用剂量	使用方法	安全间隔期,d
玉米大斑病	抽雄期	25%吡唑醚菌酯悬浮剂	40 mL/亩～50 mL/亩	喷雾	7
黏虫、玉米螟	心叶期	1.5%辛硫磷颗粒剂	500 g/亩～1 000 g/亩	拌入 50 kg～75 kg 细沙制成颗粒剂,投撒入玉米心叶内	7
	卵孵化高峰期	5%氯虫苯甲酰胺悬浮剂	16 mL/亩～20 mL/亩	喷雾	21
蚜虫	播种前	600 g/L 吡虫啉悬浮种衣剂	100 kg 种子 800 g～1 000 g	种子包衣	—
杂草	播种后	33%二甲戊灵乳油	150 mL/亩～200 mL/亩	喷雾	7
	玉米幼苗 3叶～5 叶	20%硝磺草酮可分散油悬浮剂	42.5 mL/亩～50 mL/亩	喷雾	15

注:农药使用以最新版本 NY/T 393 的规定为准。

绿 色 食 品 生 产 操 作 规 程

LB/T 056—2020

秦岭淮河以南
绿色食品鲜食玉米生产操作规程

2020-08-20 发布

2020-11-01 实施

中国绿色食品发展中心 发布

前　言

本规程由中国绿色食品发展中心提出并归口。

本规程起草单位：江苏省绿色食品办公室、江苏省农业技术推广总站、中国绿色食品发展中心、安徽省绿色食品办公室、江西省绿色食品办公室、福建省绿色食品办公室、重庆市绿色食品办公室。

本规程主要起草人：邱兆义、曹爱兵、俞春涛、张宪、潘宁松、高照荣、杜志明、熊文恺、李学琼。

秦岭淮河以南绿色食品鲜食玉米生产操作规程

1 范围

本规程规定了秦岭淮河以南地区绿色食品鲜食玉米的产地环境、品种选择、整地、播种、田间管理、采收、生产废弃物处理、运输储藏及生产档案管理。

本规程适用于上海、江苏、浙江、安徽、福建、江西、河南、湖北、湖南、广东、广西、海南、重庆、四川、贵州、云南、陕西等秦岭淮河以南地区的绿色食品鲜食玉米生产。

2 规范性引用文件

下列文件对于本文件的应用是必不可少的。凡是注日期的引用文件,仅注日期的版本适用于本文件。凡是不注日期的引用文件,其最新版本(包括所有的修改单)适用于本文件。

GB 4404.1 粮食作物种子 第1部分:禾谷类

NY/T 391 绿色食品 产地环境质量

NY/T 393 绿色食品 农药使用准则

NY/T 394 绿色食品 肥料使用准则

3 产地环境

3.1 环境条件

产地环境质量应符合 NY/T 391 的要求。

3.2 土壤条件

选择光温条件好、保水保肥、排灌方便、土层深厚、结构良好、肥力水平高、酸碱度近于中性的壤土或沙壤土种植。

3.3 与其他类型玉米隔离种植

与普通玉米隔离 300 m 以上,或利用河流、山谷、建筑物、高秆作物等进行空间隔离,采取时间隔离时应错期播种 30 d 左右。

4 品种选择

4.1 选择原则

4.1.1 已审定的品种

选择通过国家或当地省审定,适宜种植区域应覆盖播种区域,符合市场需求的品种。

4.1.2 因地选种

根据当地种植制度、气候特点和病虫害流行情况选择品种。设施栽培应选早熟品种,春季迟播和夏种应选耐热、耐湿、抗粗缩病品种。迟夏播和早秋播应选抗锈病、后期耐寒品种。

4.1.3 优质种子

种子质量应符合 GB 4404.1 的规定。其中:纯度≥96%、发芽率≥85%、净度≥99%、含水量≤13%。

4.2 种子处理

播种前精选种子,除去病斑粒、虫食粒、破损粒和杂质以及过大过小粒。播前1周晒种 2 d～3 d。可采取药剂拌种和催芽播种的方式进行播种。精选饱满的种子,清水浸 24 h 后用广谱杀虫剂 10%虫螨

腈悬浮剂拌种,将种子放入容器中,表面喷适量 40℃～45℃温水,在 25℃～28℃条件下 24 h 后即可出
齐,芽露白时即可播种。

5 整地、播种

5.1 整地

5.1.1 前茬处理

在前茬预留空行套种,应及时扶理前茬作物,预留足够生长空间。前茬收获后种植的,应及时清除
秸秆、杂草和残留农膜。

5.1.2 耕整地技术

整地技术视前茬而定,田间土块不宜过大,整地时要把土块打碎、打细、耙平。

5.1.3 开好排水沟

播种、移栽前要起垄开沟,做到围沟、畦沟、腰沟三沟配套,沟沟相通。

5.2 播种

5.2.1 播期确定

5.2.1.1 根据气象因素确定播期

春播以 5 cm～10 cm 地温稳定通过 10℃为宜。露地直播以 3 月底至 4 月初为宜,设施栽培可适当
提前。

秋种最迟播期应保证灌浆期气温不低于 16℃。早中熟品种,后期若能利用大棚,可适当推迟播期。

5.2.1.2 根据市场确定播期

播种期可根据市场情况及品种特性合理安排。可以早、中、晚品种搭配,春、夏、秋季分期播种,春播
中可以设施栽培和露地栽培结合,以分期采收、均衡供应。

5.2.2 密度确定

5.2.2.1 根据品种特性确定密度

株型紧凑、矮秆、抗倒、生育期短的品种宜密,反之宜稀。一般矮秆、耐密植品种密度为 4 500 株／
亩,高秆品种为 3 000 株／亩～3 500 株／亩。

5.2.2.2 根据种植条件确定密度

土壤肥力条件好或施肥水平高的,密度可适当提高。精细管理的宜密,反之宜稀。

5.2.2.3 根据气候条件确定密度

春季播种的生育期长,后期易遇梅雨、台风影响,密度应比夏、秋播的稀一些。

5.2.3 行、株距确定

净作种植,等行距时,一般行距 60 cm;宽窄行种植,一般大行距 90 cm,小行距 30 cm。株距(cm)＝
6 670 000(cm²)÷行距(cm)÷密度(株／亩)。

5.2.4 播种量确定

田间条件、种子质量好,可每穴单粒播种;反之每穴播 2 粒～3 粒。每亩需种量,单粒播种可按以下
公式计算,若每穴播 2 粒～3 粒种子,则相应扩大 2 倍～3 倍。

每亩需种量(kg)＝种子千粒重(g)÷(种子出苗率×106)×计划种植密度(株／亩)

5.2.5 精细播种

播种沟深度控制在 3 cm～5 cm,沟深一致,视墒情浇足底水。播后细土覆盖、不露籽。

5.2.6 喷施封闭性除草剂

净作玉米地,播后出苗前土壤较湿润时,趁墒进行"封闭"除草。间、套作田块需选择对玉米和其他
作物都安全的除草剂。

6 田间管理

6.1 灌排

6.1.1 苗期水分管理

苗期底墒不足或天气干旱,需及时灌水。

6.1.2 穗期水分管理

拔节至小喇叭口期应适度控水,促进根系生长。大喇叭口期至抽雄期为需水临界期,如遇干旱,应及时灌水;若雨水过多,则应排涝降渍。

6.1.3 花粒期水分管理

乳熟前期应保持田间适宜水分,延长叶片功能期,增加粒重;后期应适当控水,提高品质,有利于收获。

6.2 施肥

6.2.1 施肥原则

肥料使用应符合 NY/T 394 的要求。

6.2.2 基肥、种肥施用

结合整地,施用优质农家肥作基肥。一般中等肥力田块可施腐熟有机肥 1 500 kg/亩～2 000 kg/亩。种肥以促为主,可施优质 N、P、K 三元复合肥 25 kg/亩～30 kg/亩,在种子行边 5 cm 处开沟施用。

6.2.3 苗期追肥

直播定苗或移栽后 7d～10d 施用苗肥,可用尿素 10 kg/亩～15 kg/亩。在距植株 10 cm～15 cm 处,采用沟施或穴施,然后覆土盖严。

6.2.4 重施穗肥

小喇叭口期至大喇叭口期需施穗肥,以速效氮肥为主。一般亩施尿素 20 kg,可在行间距植株 10 cm 处打穴或开沟深施。

6.2.5 补施粒肥

鲜食玉米一般不施粒肥。但若穗肥不足,发生脱肥的,可在开花吐丝时视玉米长势适当少施。

6.3 病虫害防治

6.3.1 防治原则

根据 NY/T 393 的要求,采用农业防治和生物防治相结合,创造不利于病虫害而有利于各类天敌繁衍的环境条件,保持农业生态系统的平衡和生物多样性,减少各类病虫害所造成的损失。

6.3.2 常见病虫害

苗期虫害有地老虎、甜菜夜蛾、黏虫等;穗期雨季,易诱发纹枯病、大小斑病,虫害主要是玉米螟;花粒期纹枯病、大小斑病、锈病加重危害,丝黑穗病、茎腐病、穗腐病在此期显症;花粒期是果穗害虫危害的高峰期,伴有玉米螟、黏虫等虫害。

6.3.3 防治措施

6.3.3.1 农业防治

选择高产抗病抗虫品种;合理轮作,调整耕作制度,合理间作、混作、轮作;实施规范化种植,实施南北行、宽行窄株规格化种植,改善田间通风透光条件,降低湿度,创造不利于病虫害滋生的小气候条件。

6.3.3.2 物理防治

利用有害昆虫趋光、趋色等特点,应用黄板、黑光灯、频振式杀虫灯和性诱剂诱虫、杀虫;鲜穗采收后及时处理茎秆,可青贮成饲料后过腹还田,也可粉碎后深埋还田或堆沤成肥料后还田等,消灭越冬虫体。

6.3.3.3 生物防治

发挥多物种相生相克作用,打乱病虫害生活规律,减少危害的时间与程度,积极保护和利用天敌防治病虫害;采用苏云金杆菌(Bt)、球孢白僵菌等生物源农药防治病虫害。

6.3.3.4 化学防治

病虫害的化学防治参见附录 A。

6.4 其他管理措施

6.4.1 适时间苗和定苗

一般 4 叶～5 叶定苗。对地下害虫较严重的地块,可推迟 1 个叶龄定苗。间、定苗应按计划密度,去弱留壮,如缺苗可同行或邻行就近留双株。缺苗断垄严重的要及时催芽补种或带土移栽。育苗移栽的,发现缺苗要及时补栽。

6.4.2 中耕培土

以拔节至小喇叭口期培土为宜。将行间、畦沟土培到玉米基部形成土垄,畦高 15 cm～25 cm。

7 采收

7.1 最佳采收期

果穗花丝枯萎转深褐色、籽粒饱满、手掐中部籽粒有浓浆时为采收适期。

7.2 采收与销售

鲜穗带苞叶采收,采收后按果穗大小及老嫩进行分级,并用无公害、透气性好的包装材料包装。采收后 6 h 内完成保鲜处理,12 h 内完成加工预处理。

8 生产废弃物处理

8.1 秸秆利用

鲜果穗采收后及时刈割饲喂或加工青贮。

8.2 地膜回收

彻底清除残膜,推广使用高标准地膜,建立健全回收利用体系,建立"以旧换新"激励机制。

9 运输储藏

9.1 运输

运输工具应清洁、卫生,运输过程须防雨、防暴晒。严禁与有毒有害、有异味、易污染的物品混装、混运。

9.2 储藏

应储藏于清洁卫生、通风、防潮、防鼠、无异味的库房中,应隔墙离地,严禁与有毒、有害、有异味、易污染的物品混放。

10 生产档案管理

10.1 鲜食玉米生产过程管理

应建立统一完善的绿色食品生产管理体系。建立"统一优良品种、统一生产操作规程、统一投入品供应、统一田间管理、统一收获管理"的"五统一"生产管理制度。

10.2 生产管理档案制度和质量可追溯制度

建立统一的农户档案制度,农户档案包括农户姓名、品种及种植面积。建立统一的田间生产管理记录,由农户如实填写,内容包括品种、种植面积、播种时间、土壤耕作及施肥情况、病虫草害防治情况、收获记录、仓储记录、交售记录等。田间生产管理记录应完整保存 3 年以上。

10.3 标识管理

鲜食玉米生产基地应在显要位置设置基地标识牌,标明基地名称、基地范围、基地面积、基地建设单位、基地栽培品种、主要技术措施、有效期等内容。

附　录　A

（资料性附录）

秦岭淮河以南绿色食品鲜食玉米生产主要病虫害防治方案

秦岭淮河以南绿色食品鲜食玉米生产主要病虫害防治方案见表 A.1。

表 A.1　秦岭淮河以南绿色食品鲜食玉米生产主要病虫害防治方案

防治对象	防治时期	农药名称	使用剂量	使用方法	安全间隔期,d
丝黑穗病	播种前	15％三唑酮可湿性粉剂	1：（166.7～250）（药种比）	拌种	20
大斑病、小斑病	病害发生初期	30％肟菌·戊唑醇悬浮剂	40 mL/亩～50 mL/亩	喷雾	21
		18.7％丙环·嘧菌酯悬浮剂	50 mL/亩～70 mL/亩	喷雾	30
灰斑病	病害发生初期	75％肟菌·戊唑醇水分散粒剂	15 g/亩～20 g/亩	喷雾	14
玉米螟	低龄幼虫期	32 000 IU/mg 苏云金杆菌可湿性粉剂	100 g/亩～120 g/亩	加细沙灌心	—
	喇叭口期	400 亿孢子/g 球孢白僵菌可湿性粉剂	100 g/亩～120 g/亩	喷雾	14
地老虎	播种前	3％辛硫磷水乳种衣剂	药种比1：（30～40）	种子包衣	—
黏虫	发生初期	200g/L 氯虫苯甲酰胺悬浮剂	10 mL/亩～15 mL/亩	喷雾	21
注:农药使用以最新版本 NY/T 393 的规定为准。					

绿色食品生产操作规程

LB/T 057—2020

长 江 流 域
绿色食品鲜食大豆生产操作规程

2020-08-20 发布　　　　　　　　　　　2020-11-01 实施

中国绿色食品发展中心 发布

前　言

本规程由中国绿色食品发展中心提出并归口。

本规程起草单位:湖南省绿色食品办公室、湖南省作物研究所、江苏沿江地区农业科学研究所、中国农业科学院油料作物研究所、四川农业大学、江西省农业科学院、中国绿色食品发展中心。

本规程主要起草人:杜先云、马淑梅、刘申平、黄山、阳小凤、唐文军、李小红、魏亚凤、杨中路、武晓玲、赵现伟、张丹、马雪。

长江流域绿色食品鲜食大豆生产操作规程

1 范围

本规程规定了长江流域绿色食品鲜食大豆生产的产地环境、品种选择、整地与播种、田间管理、采收、生产废弃物处理、储藏运输及生产档案管理。

本规程适用于江苏、浙江、安徽、江西、湖北、湖南、四川和重庆等长江流域地区的绿色食品鲜食大豆生产。

2 规范性引用文件

下列文件对于本文件的应用是必不可少的。凡是注日期的引用文件,仅注日期的版本适用于本文件。凡是不注日期的引用文件,其最新版本(包括所有的修改单)适用于本文件。

GB 4404.2　粮食作物种子　第 2 部分:豆类

NY/T 391　绿色食品　产地环境质量

NY/T 393　绿色食品　农药使用准则

NY/T 394　绿色食品　肥料使用准则

NY 410　根瘤菌肥料

NY 411　固氮菌肥料

NY/T 748　绿色食品　豆类蔬菜

NY/T 1056　绿色食品　储藏运输规则

3 产地环境

产地环境质量应符合 NY/T 391 的要求。在绿色食品生产区域和常规生产区域之间设置有效的缓冲带或物理屏障。土层应疏松深厚,富含有机质,无严重土传病害。无霜期≥180 d,年平均气温≥10℃,年降水量≥500 mm。

4 品种选择

根据产地生态条件和市场需求,选择生育期适宜、高产、优质、抗病、抗虫的非转基因鲜食大豆品种,四川省推荐浙鲜 5 号、浙鲜 9 号、浙农 3 号、浙农 6 号、浙农 8 号。湖南省推荐浙鲜 5 号、辽鲜豆 1 号、辽鲜豆 2 号、绿宝石等。湖北省推荐奎鲜 5 号、奎鲜 6 号、奎鲜 7 号、鄂鲜 1 号、沪鲜 6 号、浙鲜 5 号。江西省推荐瞿鲜 3 号、春绿 60、浙鲜 5 号等。安徽推荐开科源 3 号、开科源特早等。江苏省推荐淮鲜豆 6 号、淮鲜豆 5 号、苏鲜豆 22、苏鲜豆 21、苏鲜豆 20、苏鲜豆 19、南农菜豆 6 号等。浙江省推荐浙鲜 9 号、浙鲜豆 8 号、浙鲜豆 7 号、浙鲜豆 6 号,衢鲜 6 号、衢 5 号、奎鲜 2 号、青酥 6 号等。其他省份可根据实际情况选择鲜食大豆品种,优先选择适用于该地区的国家或者相应省份新审定的鲜食大豆品种。

种子质量应符合 GB 4404.2 的规定,品种纯度>98％、净度>99％、发芽率>85％、含水量<12％。

5 整地与播种

5.1 整地

根据茬口类型,抢晴天精细旋地,灭茬除草,做到土壤细碎、地块平整。积、渗水地块可开围沟、腰沟、厢沟排水。

5.2 播种

5.2.1 种子处理

用大豆选种机械或人工清选,剔除混杂粒、病斑粒、虫蚀粒、青粒、小粒、瘪粒、破碎粒及杂质等。

播种前可晒种 1 d～2 d,注意防止日光暴晒造成种子损伤,可使用符合 NY/T 393 要求的大豆专用种衣剂包衣(如精甲霜灵),把拌好的种衣剂倒入种子容器中,边倒边搅拌。当豆种表面沾满种衣剂后,置放在阴凉通风处晾干,装袋备用。

5.2.2 茬口与播种时期

大豆不宜在其他豆类后接茬种植。可根据当地生产条件,结合茬口搭配气候特点及土地情况合理安排播期,避免花期遇干旱或渍涝。一般气温稳定通过 10℃ 以上时进行播种,播种时间根据品种类型可从 2 月播种至立秋之前,一年可播收 3 次。采用大棚或覆膜栽培的,可提早播种。

5.2.3 播种量

根据种植密度、籽粒大小、发芽率等确定播种量,一般每亩为 6 kg～10 kg。

5.2.4 播种方法

一般采用等行距播种,行距 40 cm～50 cm。条播株距 10 cm～15 cm,每穴播种 1 粒～2 粒,盖土 3 cm～5 cm;穴播穴距 20 cm～30 cm,每穴播种 3 粒～4 粒,留苗双株,盖土 3 cm～5 cm,保证不露籽。

5.2.5 播种密度

早熟品种以春播每亩 1.5 万株～1.8 万株、夏播 1.0 万株～1.3 万株、秋播 1.8 万株～2.2 万株为宜;中晚熟品种的春播每亩 1.3 万株～1.5 万株、夏播 0.8 万株～1.2 万株、秋播 1.5 万株～1.8 万株为宜。

5.2.6 补苗间苗定苗

大豆出苗后及时顺垄查苗,对断苗 30 cm 以内的可在两端留双株,断苗 30 cm 以上的及时补种或芽苗带土带水移栽,移苗最佳时期在子叶到真叶期。在真叶期至第 1 片复叶期间苗,间苗时应淘汰弱株、病株及混杂株,保留健壮株,第 1 片～2 片复叶全展期定苗。

6 田间管理

6.1 排灌

大豆对水分较为敏感,涝渍或干旱都会导致减产。南方鲜食春大豆生长期间雨水充足,遇连续阴雨天气田间积水过多时,应及时排水。夏秋季常有夏旱、伏旱高温天气发生,秋播后如无降雨,应喷灌或漫灌透后立即排水确保出苗;当干旱天气持续影响秋大豆生长发育,田间观察发现植株上部嫩叶蜷缩下垂时,要及时灌水抗旱。

6.2 施肥

6.2.1 施肥原则

肥料种类应以农家肥、有机肥、微生物肥为主,化学肥料为辅。肥料使用应符合 NY/T 394 的要求。

6.2.2 施肥方法

6.2.2.1 基肥

鼓励测土配方施肥。无测土条件的,一般在旋耕前,每亩施用农家肥或商品有机肥 500 kg～1 000 kg、磷肥 30 kg～50 kg(以钙镁磷肥为宜)、复合肥 15 kg～30 kg(氮磷钾配比以 10-20-15 为宜),钾肥、氮肥可酌情施用。土壤肥力较好的,可不施或少施肥料。

6.2.2.2 根瘤菌肥

有条件可进行根瘤菌肥拌种施用,一般每亩用量 50 mL 左右,拌种后阴干播种,不能暴晒。根瘤菌肥符合 NY 410、NY 411 的要求。

6.2.2.3 追肥

苗期视苗情每亩追施尿素 2.5 kg～5.0 kg。

6.3 病虫草害防治

6.3.1 防治原则

按照"预防为主，综合防治"植保方针，推广绿色防控技术；优先采用植物检疫、农业防治、物理防治、生物防治、生态调控等方法，必要时使用化学农药进行防治，农药使用应符合 NY／T 393 的要求。

6.3.2 常见病虫害

主要病害有病毒病、大豆锈病、根腐病，主要虫害有蚜虫、黑潜蝇、豆荚螟、斜纹夜蛾、天蛾、红蜘蛛、筛豆龟蝽等。

6.3.3 防治措施

6.3.3.1 农业防治

病虫害防治：合理轮作，科学间套作调节作物布局；选用耐病抗虫品种，选用无病（毒）种子，选留壮苗；合理耕翻整地、加强肥水管理。

草害防治：在播前进行犁地或旋地，深度 15～20 cm。

6.3.3.2 物理防治

防治虫害可每 20 亩～40 亩安装 1 个太阳能型频振式杀虫灯，诱杀蛾等；或每亩悬挂 40 张～60 张色诱版，诱杀粉虱、蚜虫等；或及时人工摘除卵块和初孵幼虫叶片。通过人工清除病株和病部防治病害，采用人工除草或机械除草防治草害。

6.3.3.3 生物防治

利用释放天敌（赤眼蜂等）防治病虫害。在 7 月～8 月，食心虫产卵盛期，每亩放蜂 0.3 万头～3 万头，也可选用苏云金杆菌等防治天蛾。

6.3.3.4 化学防治

病虫害防治方面，鲜食大豆全生育期都要防治蚜虫、食叶性害虫、病毒病、根腐病等病虫害，其中苗期和开花结荚期尤为重要。另外，春播大豆在开花期至鼓粒期要注意防治红蜘蛛，夏播、秋播大豆苗期要防治豆秆黑潜蝇，分枝期注意防治筛豆龟蝽。

草害防治方面，一般在播后苗前用精异丙甲草胺封闭除草，出苗后可用精喹禾灵乳油（防治禾本科类杂草）＋灭草松水剂（防治阔叶类杂草）进行茎叶除草，封行后及时拔出大草。

具体防治方法参见附录 A。

6.4 化控

对于植株过高、生长较旺或施肥不当导致徒长的地块，可在初花期叶面喷施烯效唑，每亩用 5％烯效唑可湿性粉剂 333 倍～500 倍液喷施。

7 采收

当豆荚肥大、豆粒饱满、荚色翠绿、尚未转色时即可采摘。可采用机械采摘或人工收割后机械脱荚等方式进行，采收后应迅速分拣包装，确保外观完好，无腐烂、变质，清洁、不含任何可见杂物，产品质量符合 NY／T 748 的要求。

8 生产废弃物的处理

8.1 农药包装的处理

农药包装使用完毕后，应将空包装物清洗 3 次以上，将其压破或刺坏，防止重复使用，在安全条件下存放，专人管理，统一回收或无害化处理。

8.2 肥料包装的处理

肥料包装袋要分类、回收和处理。较大的编织袋可洗净后合理重复使用，不易降解的材料要清洗后以循环再生产方式回收处理，专人管理，统一回收或无害化处理。

8.3 落叶、秸秆处理

机械采收的大豆叶片和茎秆可通过收获机粉碎后直接还田；人工采收的大豆叶片和茎秆可过腹还田，或制作青贮饲料，或通过混合人畜粪尿高温堆肥，也可投入沼气池进行发酵等。

9 储藏运输

储存运输条件符合 NY/T 1056 的要求。应按品种、规格分别储存，气流均匀不挤压，储存温度3℃～5℃，储存的适宜相对湿度 90％。运输前应进行预冷，运输过程中注意防冻、防淋、防晒、通风散热。

10 生产档案管理

生产者应建立鲜食大豆生产档案，记录生产投入品采购、出入库、使用记录；品种、农药、化肥、病虫草害防治、采收等，所有记录应真实、准确、规范，并具有可追溯性。生产档案有专人保管，并至少保存 3年以上。

附　录　A

（资料性附录）

长江流域绿色食品鲜食大豆生产主要病虫草害防治方案

长江流域绿色食品鲜食大豆生产主要病虫草害防治方案见表 A.1。

表 A.1　长江流域绿色食品鲜食大豆生产主要病虫草害防治方案

防治对象	防治时期	农药名称	使用剂量	使用方法	安全间隔期,d
大豆锈病	苗期至鼓粒期	25 g/L 嘧菌酯悬浮剂	40 mL/亩～60 mL/亩	喷雾	14
大豆根腐病	拌种	350 g/L 精甲霜灵种子处理乳剂	每 100 kg 种子 40 g～80 g	拌种	—
大豆蚜虫	苗期至鼓粒期	4% 高氯·吡虫啉乳油	30 g/亩～40 g/亩	喷雾	30
黑潜蝇、豆荚螟、斜纹夜蛾	苗期至开花期	200 g/L 氯虫苯甲酰胺悬浮剂	6 mL/亩～12 mL/亩	喷雾	7
天蛾	苗期至鼓粒期	100 亿芽孢/g 苏云金杆菌可湿性粉剂	100 g/亩～150 g/亩	喷雾	
苗前草害	播种后出苗前	960 g/L 精异丙甲草胺乳油	65 mL/亩～90 mL/亩	喷雾	—
苗后草害	杂草 3 叶～5 叶期	20% 精喹禾灵乳油	精喹禾灵 12.5 mL/亩～17.5 mL/亩	喷雾	—
		48% 灭草松水剂	灭草松 150 mL/亩～200 mL/亩	喷雾	—

注:农药使用以最新版本 NY/T 393 的规定为准。

绿色食品生产操作规程

LB/T 058—2020

西 藏 地 区
绿色食品春青稞生产操作规程

2020-08-20 发布

2020-11-01 实施

中国绿色食品发展中心 发布

前　言

本规程由中国绿色食品发展中心提出并归口。

本规程起草单位:西藏自治区农牧科学院农业质量标准与检测研究所、西藏自治区农牧科学院农业研究所、中国绿色食品发展中心、西藏自治区绿色食品办公室、西藏日喀则市农牧技术推广中心。

本规程主要起草人:魏娜、禹代林、次顿、降志兵、刘平、张志华、张宪、邱城、王文峰、张飞龙、王军、潘崇双、黄鹏程。

西藏地区绿色食品春青稞生产操作规程

1 范围

本规程规定了西藏绿色食品青稞的产地环境、品种（苗木）选择、整地、播种、田间管理、采收、生产废弃物处理、运输储藏及生产档案管理。

本规程适用于西藏地区绿色食品春青稞的生产。

2 规范性引用文件

下列文件对于本文件的应用是必不可少的。凡是注日期的引用文件，仅注日期的版本适用于本文件。凡是不注日期的引用文件，其最新版本（包括所有的修改单）适用于本文件。

GB 4404.1　粮食作物种子　第1部分：禾谷类

NY/T 391　绿色食品　产地环境质量

NY/T 393　绿色食品　农药使用准则

NY/T 394　绿色食品　肥料使用准则

NY/T 658　绿色食品　包装通用准则

NY/T 891　绿色食品　大麦及大麦粉

NY/T 1056　绿色食品　储藏运输准则

NY/T 1276　农药安全使用规范　总则

3 产地环境

3.1 产地环境选择

产地环境质量应符合NY/T 391的要求。选择地势平坦、排灌方便、耕层深厚、土壤疏松肥沃、理化性状良好的地块。

3.2 产地环境要求

3.2.1 建立工作室，放置有关生产管理记录表册，张贴安全生产技术规程、病虫草害防治安全用药标准一览表、基地管理及投入品管理等有关规章制度。

3.2.2 建立仓库，单独存放施药器械和未用完的种子、农药、化肥等。

3.2.3 建立废弃物与污染物收集设施，以便收集垃圾和农药空包装等废弃物与污染物。

3.2.4 有条件地区，宜建立良好的排灌系统。

3.2.5 进行环境质量检测，原则上不应低于每6年1次。

3.2.6 建立标志标牌，标示产（基）地的位置、建设单位、作物名称、面积和范围等。

3.2.7 建立隔离保护，防止外源污染。

4 品种（苗木）选择

4.1 品种选用

选择已审定（鉴定）推广的高产优质、抗病、抗倒能力强、商品性好的适合于本地积温条件的优良品种。推荐的青稞早熟品种有藏青690、藏青3179、藏青早4号等；推荐的中晚熟品种有藏青2000、藏青13、山青9号、藏青320、喜马拉19、藏青85、藏青148、藏青311、藏青25、喜马拉22等。

4.2 种子处理

播前晒种 1 d～2 d 后,进行种子精选,种子质量应符合 GB 4404.1 的要求。

5 整地、播种

5.1 整地

在前茬作物收获后,统一采用机耕,及时深翻,此后再到翌年春播之前,深浅结合,先深后浅,多次耕翻及时耙糖,打碎土块,使土地平整,上虚下实。保证播种时土壤含水量在 15.5%～18.5%。

5.1.1 冬前深耕细耙

种植青稞的地块要在冬前进行深耕细耙,精细晒垡,使土壤疏松,提高土壤的保水保肥能力。

5.1.2 扎扭

是在早春农田解冻时浇水,采用浅耕细耙措施,为土壤中的野燕麦等杂草种子提前萌发创造有利条件,诱发野燕麦等杂草种子大量出苗,待长出 2 片～3 片叶子时深耕,迫使出苗的杂草翻入土中闷死,然后播种的一种耕作措施,扎扭时间 15 d～25 d。

5.2 播种时间

当春季气温稳定在 7℃～8℃时,为春青稞最佳播种期。在拉萨、山南一带以 4 月中下旬播种为宜,日喀则及周边地区以 4 月下旬至 5 月上旬播种为宜,林芝等低海拔地区以 3 月中下旬播种为宜。

5.3 播种方式

采用机械播种。

5.4 播种深度

播种深度以 5 cm～7 cm 为宜。

5.5 播种量

亩播种量 14 kg～15 kg。

5.6 查苗补种

出苗后及时查苗,如有缺苗断垄及时补种。

6 田间管理

6.1 灌溉

在青稞生产中应根据土壤墒情及时浇水。重点抓好头水、拔节水、灌浆水;其次视土壤墒情灌好分蘖水、孕穗水和麦黄水 3 次机动水。头水一般掌握在出苗后 25d 左右,即植株处于 3 叶 1 心期至 4 叶 1 心期为宜。灌溉水质应符合 NY/T 391 对农田灌溉水质的规定。弱苗,可适当早浇拔节水,还要增加灌水次数。

壮苗,应适时适量浇好拔节水。

旺苗,应采取适当推迟或不灌拔节水。灌浆期间,虽处于雨季,但若遇短期干旱要适时进行浇水,如后期遇旱还应再适量浇一次麦黄水。

6.2 施肥

6.2.1 施肥原则

按照 NY/T 394 的规定,以有机肥为主、化肥为辅,无机氮用量不得高于当地作物需求量的一半。选用质量合格的肥料,不得施用工业废弃物,城市垃圾和污泥,不得施用未经腐熟和重金属超标的有机肥。根据土壤肥力,确定相应施肥量和施肥方法。有机肥和化肥混合施用,增施农家肥,合理施用化肥,提倡根据测土进行配方施肥。

6.2.2 施肥量

肥水管理上采取前促后控、促控结合。基肥施有机肥 3 000 kg/亩,化肥 12.5 kg/亩～15.0 kg/亩,其中磷酸二铵 6.0 kg/亩~6.5 kg/亩、尿素 5.5 kg/亩~7.0 kg/亩、氯化钾 1.0 kg/亩~1.5 kg/亩。

在青稞 3 叶 1 心期至 4 叶 1 心期,亩追施尿素 5.0 kg~7.5 kg。在拔节后,对壮苗田块可不追肥;对弱苗田块,视苗情亩追施 2.5 kg 尿素后,及时灌水;对旺苗田块,应采取推迟或不灌拔节水、不追拔节肥。在青稞灌浆前期,亩可用 1 kg~2 kg 尿素或磷酸二铵加水 50 kg 进行叶面喷施以延长叶片寿命,增加粒重。

6.3 病虫草害防治

6.3.1 防治原则

按照"预防为主,综合防治"的植保方针,以农业防治为基础,优先采用物理和生物防治技术,辅之化学防治应急控害措施。青稞病虫害防治应及早进行,对种传病害进行种子处理。

6.3.2 常见病虫草害

主要病害为黑穗病、条纹病、条斑病、锈病等。

主要虫害为蚜虫、飞蝗、西藏穗螨、地老虎、蛴螬、金针虫和蓟马等。

主要草害为野燕麦草、野油菜、灰灰菜、白茅等。

6.3.3 病虫害防治措施

6.3.3.1 农业防治

选用抗(耐)病优良品种,实行轮作倒茬,合理品种布局,进行测土配方施肥,施足腐熟的有机肥,适量施用化肥,合理密植,降低病虫源数量。在前茬作物收获后及时清洁田园,破坏地下害虫越冬场所,冬灌或播种前结合扎扭,深耕深翻后晾晒 1 周,可杀死部分地下害虫虫卵,有效减轻虫害。对青稞生育后期出现的条纹病和黑穗病等,应及时拔除,将病株深埋,控制病源,严防再度传染。

6.3.3.2 物理防治

采用黑光灯、高频振式杀虫灯等物理装置诱杀鳞翅目成虫。

6.3.3.3 化学防治

病虫害较为严重时,可采取化学防治。农药使用应符合 NY/T 393、NY/T 1276 及其他相关法律法规的规定,所选农药须获得国家在相应作物上(青稞、大麦或禾本科作物)的使用登记或省级农业主管部门的临时用药措施。

6.3.4 杂草防治措施

青稞在 3 叶 1 心期至 4 叶 1 心期,在田间进行第一次中耕松土,灭除田间杂草;在拔节前进行第二次中耕除草;在青稞拔节后期对野燕麦草、野油菜等大株杂草应及时拔除,生长期间应严格控制野燕麦等杂草的生长。

7 采收

蜡熟末期,采用机械或人工收获。禁止在公路、沥青路面及粉尘污染严重的地方脱粒、晒谷。脱粒后及时晾晒、扬净,当籽粒含水量为 13% 左右时,方可进行精选和包装,包装前检测产品质量符合 NY/T 891 的要求;产品包装上应按 NY/T 658 的规定印制绿色食品标志。

8 生产废弃物处理

青稞秸秆可青贮、氨化或作为饲料饲养牲畜。配制农药时,应通过多次清洗等方式减少、清除农药包装废弃物内的残留农药,妥善收集农药包装废弃物并及时交回农药经营者。不得随意丢弃、遗撒农药包装废弃物,必要时应贴上标签以便回收。

9 运输储藏

运输工具应清洁、干燥、有防雨设施,严禁与有毒、有害、有腐蚀性、有异味的物品和常规生产的青稞混运。应按 NY/T 1056 的规定执行。

分类、分等级存放在清洁、避光、干燥、通风、无污染和有防潮设施的地方,储藏处应有明显的标示,做好防虫、防霉烂、防鼠。严禁与有毒、有害、有腐蚀性、易发霉、易发潮、有异味的物品混存。若进行仓库消毒、熏蒸处理,所用药剂应符合 NY/T 393 的要求。

10 生产档案管理

建立绿色食品青稞田间生产技术档案,对产地环境条件、生产技术、病虫害防治和收获各环节所采取的主要措施进行详细记录,记录档案至少保存 3 年。

绿 色 食 品 生 产 操 作 规 程

LB/T 059—2020

黄 河 故 道
绿色食品葡萄生产操作规程

2020-08-20 发布

2020-11-01 实施

中国绿色食品发展中心 发布

前　言

本规程由中国绿色食品发展中心提出并归口。

本规程起草单位：安徽省绿色食品管理办公室、安徽省农业科学院、中国绿色食品发展中心、安徽农业大学、宣城市农产品质量安全监管局、宣城市种植业局、歙县农技推广中心、宣城市宣州区农产品质量安全监管局。

本规程主要起草人：周军永、张志华、任旭东、周建业、张均明、陆丽娟、孙俊、孙其宝、万国平、谢陈国、汪恭智。

黄河故道绿色食品葡萄生产操作规程

1 范围

本规程规定了黄河故道绿色食品葡萄的建园、土肥水管理、整形修剪、花果管理、病虫害防治、果实采收、储藏、运输及包装、生产废弃物处理和生产档案管理。

本规程适用于安徽、河南和山东的黄河故道地区的绿色食品葡萄生产。

2 规范性引用文件

下列文件对于本文件的应用是必不可少的。凡是注日期的引用文件，仅注日期的版本适用于本文件。凡是不注日期的引用文件，其最新版本（包括所有的修改单）适用于本文件。

NY/T 391　绿色食品　产地环境质量

NY/T 393　绿色食品　农药使用准则

NY/T 394　绿色食品　肥料使用准则

NY/T 469　葡萄苗木

NY/T 658　绿色食品　包装通用准则

NY/T 1056　绿色食品　储藏运输准则

NY/T 1431　农产品追溯编码导则

3 建园

3.1 园地选择与规划

宜选择交通便利、地势较高、通风向阳、土壤肥沃、排灌方便、地下水位 100 cm 以下的地块建园。产地环境条件应符合 NY/T 391 的规定。

葡萄园应根据自然条件、面积和架式等进行规划。规划的内容包括：作业区、品种选择与配置、道路、防护林、土壤改良措施、水土保持措施、排灌系统等。

3.2 品种选择

根据各地市场需求，结合气候特点、土壤特点和品种特性（成熟期、抗逆性和采收时能达到的品质等），制订品种选择方案。

3.3 苗木选择与处理

按照 NY/T 469 的规定执行，选择品种纯正的健壮苗木，宜采用抗性砧木嫁接和脱毒苗木。定植前对苗木进行消毒，可用 29% 石硫合剂水剂 7 倍～12 倍喷雾消毒。

3.4 栽培模式及架式选择

栽培模式主要为露地和设施栽培为主，常用架式有单干双臂水平棚架、单干双臂篱架、"高宽垂"T 形架、H 形水平棚架、改良 H 形架等。

3.5 设施类型

3.5.1 简易避雨设施

采取南北走向，一般以畦为单位，避雨棚立柱与葡萄架柱合用，葡萄架柱为单位，在架上方搭拱形避雨棚，与葡萄篱架对应。避雨棚之间的间隙与畦沟对应。简易避雨棚一般行距在 2.5 m～3.0 m 的棚肩宽为 2.0 m～2.5 m、棚高 2.0 m～2.5 m，避雨棚之间的间隙保持在 50 cm 以上。

3.5.2 连栋大棚设施

连栋避雨大棚,由若干个镀锌钢管单棚相连,采取南北走向,每单棚跨度 6.0 m～8.0 m、长度 40 m～60 m、顶高 3.6 m～4.0 m、肩高 2.0 m～2.3 m,单棚间设排水槽联结。

3.6 定植

3.6.1 栽植时期

宜在翌年春季萌芽前栽植。

3.6.2 栽植技术

按行距要求挖定植沟,定植沟宽 60 cm～80 cm、深 40 cm～60 cm。开挖时将表土与底土分开放置。回填时,每亩施经无害化处理的农家肥 3 000 kg～4 000 kg,磷肥(P_2O_5) 20 kg～30 kg,与底土混匀后回填,然后再回填表土。回填完毕后充分灌水,沉实土壤。

定植前起垄,垄宽 50 cm～60 cm,垄高 30 cm 左右;定植浇透水后对垄面进行整理,覆盖地膜以提高地温。

定植密度依据品种、砧木、土壤、避雨设施、栽培架式等而定,适当稀植。

4 土肥水管理

4.1 土壤管理

秋末冬初结合施基肥,全园深翻;春、夏季结合施肥适当浅翻。为提高土温、减少土壤水分蒸发和防控杂草,一般于 2 月底至 3 月初在垄上进行地膜或园艺地布覆盖。

4.2 水分管理

灌溉水质应符合 NY/T 391 的要求,葡萄在幼果期田间持水量应保持在 80% 左右,成熟期田间的持水量保持以 50%～60% 为宜。覆膜期除每次施肥后进行灌水外,根据土壤水分情况适时灌水。

宜采用滴灌、渗灌等节水灌溉技术。揭膜后应在追肥及干旱时及时灌水。果实采收前 15 d～20 d 停止灌水。雨季注意排水防涝。

4.3 肥料管理

4.3.1 施肥原则

使用的肥料种类及施肥量应符合 NY/T 394 的要求,同时应根据品种、树势、土质、树龄和树体需肥规律等确定,以有机肥为主,按规定配施无机肥。

4.3.2 施肥量与方法

早期适当增施氮肥,以有机肥和磷钾肥为主,重视叶面肥。葡萄 1 年需要多次供肥,一般于果实采收后秋施基肥,以有机肥为主,并与磷、钾肥混合施用,采用深 40 cm 左右的沟施方法,可采用人工或机械开沟。萌芽前追肥以氮、磷肥为主,果实膨大期和转色期追肥以磷、钾肥为主。微量元素缺乏地区,依据缺素的症状增加追肥的种类,方式可采用叶面追肥,最后一次叶面施肥应距采收期 20 d 以上。

依据土壤肥力、树势和产量的不同,参考每生产 100 kg 浆果 1 年需施纯氮(N)0.25 kg～0.75 kg,磷(P_2O_5)0.25 kg～0.75 kg、钾(K_2O)0.35 kg～1.1 kg 的标准,进行平衡施肥。

5 整形修剪

5.1 树形结构

5.1.1 单干双臂水平棚架

基本骨架为 1 个直立主干(主干高 1.8 m～2.0 m)、2 个主蔓。主蔓布在立柱平面架下的镀锌钢丝上,每个主蔓两侧间隔 15 cm～25 cm 培养 1 个结果枝组。

5.1.2 H 形水平棚架

H 形树形,主干高度 1.8 m～2.0 m,中心主蔓两端各配置 2 个对生的主蔓,与中心主蔓垂直,在架面水平延伸,2个主蔓间距1.8 m～2.0 m。主蔓上直接配置结果母枝。

5.1.3 单干双臂 V 形篱架

同5.1.1的要求,主干高1.2 m～1.5 m。

5.1.4 "高宽垂"T 形架

同5.1.1要求,主干高1.5 m～1.8 m。

5.1.5 改良 H 形架

改良 H 形架主干高度1.8 m～2.0 m,顶部以主干为原点沿行向各培养150 cm的中心主蔓,中心主蔓两端各配置2个对生的主蔓,主蔓距离地面1.2 m～1.5 m在架面延伸。主蔓上直接配置结果母枝。

5.2 树形培养

5.2.1 主干培养

当年定植苗发芽后,选留1个新梢,立支架垂直牵引,抹除平棚架高度以下的所有副梢,根据不同树形主干高度,待新梢高度距离架面下20 cm时摘心,培养主干。

5.2.2 主蔓培养

从主干顶端摘心口处选择2个对生副梢,副梢反向与行向水平(单干双臂 V 形篱架和"高宽垂"T 形架)或垂直(单干双臂水平棚架)牵引,培养成结果主蔓。H 形架和改良 H 形架的主蔓培养时,从主干上部选留的2个一级副梢与行向垂直培养成中心主蔓,中心主蔓长度达125 cm～150 cm时摘心,选取摘心口下萌发的2个二级副梢,与行向平行牵引,培养成结果主蔓。结果主蔓长度达90 cm～100 cm时摘心,同时对叶腋间萌发出的二级副梢,全部留3片～4片叶摘心,以促进花芽分化和主蔓延伸生长。

5.3 修剪

5.3.1 冬季修剪

根据品种特性、架势特点、树龄、产量等确定结果母枝的剪留强度及更新方式。欧美杂交种及易成花品种,结果母枝采取短梢或极短梢修剪;欧亚种及不易成花品种,基部留1个～2个枝条,采用长短梢结合修剪,长梢留7芽～8芽修剪后平绑于两臂作为预备枝,短梢一般留2芽修剪。每个主蔓两侧间隔15 cm～25 cm培养1个结果枝组,翌年春天萌芽后,每个结果枝组保留2个结果枝,基部枝条有花时保留基部枝条,基部枝条无花时保留有花枝条,基部无花枝条留3叶～4叶摘心。

5.3.2 夏季修剪

在葡萄生长季的树体管理中,采用抹芽、定梢、新梢摘心、副梢处理等措施对树体进行控制。

6 花果管理

6.1 产量目标调控

通过花序整形、疏花序、疏果粒等方法调控产量。鲜食品种成龄园建议产量如下:早熟品种控制在1 000 kg/亩～1 500 kg/亩为宜;中晚熟品种产量以1 500 kg/亩～2 000 kg/亩为宜;加工品种成龄园控制在1 500 kg/亩以内。

6.2 疏花

疏花应根据葡萄品种而定。对于结实力强、花序偏多、坐果率高的品种,花期应去除部分花序。花序分散后,疏除细弱的花穗,每条结果蔓留一穗花,个别强壮的可留二穗花,弱蔓一般不留花穗。欧美杂交种葡萄在开花前疏除部分花序,剩下的花序保留3 cm～5 cm穗尖,上部小花序也全部疏除;欧亚种葡萄在开花前疏花,每花穗保留8 cm～10 cm穗尖。每个结果母枝上都会有1个～2个花序坐果,一般每枝保留1穗果。欧美杂交种葡萄花期前后结果枝长度在40 cm以上的,每枝选留2花穗;结果母枝长度在20 cm～40 cm的,每枝选留1花穗;结果母枝长度在20 cm以下的不留花穗。具体操作应根据结果母枝长度灵活掌握。

6.3 疏果

中大粒品种每穗留 40 粒～60 粒、小粒品种保留 80 粒～100 粒。疏去瘦小、畸形、果柄细弱、朝内生长的果。

6.4 果实套袋

使用套袋技术,可有效提高葡萄品质。套袋时期应选择在葡萄坐果后 20 d 至果实第 1 次膨大末期。套袋前,先对果穗进行适当修整,剔除小果、畸形果,然后用 40%嘧霉胺悬浮剂 1 000 倍～1 500 倍+30%醚菌酯悬浮剂 2 200 倍～3 200 倍液喷洒果穗,待果面干爽后及时套袋。果实成熟前 7 d～10 d,在晴好天气,及时去袋,利于果实着色。

7 病虫害防治

7.1 防治原则

按照 NY/T 393 的规定,坚持"预防为主,综合防治"原则。推广绿色防控技术,优先采用农业防控、理化诱控、生态调控和生物防控,根据病虫害发生危害情况开展化学防控。

7.2 防治措施

7.2.1 农业防治

及时清理病僵果、病虫枝条、病叶等病组织,刮除老蔓和老翘裂皮,减少初侵染源;采用果实套袋、铺设地膜或园艺地布等措施;加强栽培管理,培养健康树体,同时改善通风透光条件,提高树体抗病能力。

7.2.2 物理防治

采取避雨、套袋等技术减少病害发生;用防鸟网阻断鸟害;利用防虫网和防鸟网等措施降低虫害、鸟害;利用糖醋液、黄板、频振式诱虫灯等诱杀成虫。

7.2.3 生物防治

助迁和保护瓢虫、草蛉、捕食螨等害虫天敌;应用有益微生物及其代谢产物防治病虫害;利用昆虫信息激素诱杀或干扰成虫交配等。

7.2.4 化学防治

加强病虫害的预测预报,有针对性适时用药,未达到防治指标或益虫与害虫比例合理的情况下不使用农药。根据保护天敌和安全性要求,合理选择农药种类、施用时间和施用方法。注意不同作用机理农药的交替使用和合理混用,以延缓病菌和害虫产生抗药性。严格按照 NY/T 393 的规定执行,包括施用的农药种类、施药浓度和次数、施药方法及安全间隔期。葡萄主要病虫害的化学防治参见附录 A。

8 果实采收、储藏、运输及包装

8.1 果实采收

根据果实成熟度和市场需求综合确定采收适期。葡萄已达充分发育阶段,能保证继续完成后熟过程,并具有该品种应有色泽,着色品种单穗的着色果粒应在 80%以上。葡萄采收为人工采收,采收时要轻采、轻放、轻运。

8.2 果实储藏、运输

鲜食葡萄多为短期储藏和运输,所以对品种不作严格要求,但一般中晚熟品种具有良好储藏性能。对于同一品种,因地区生态地理、栽培条件等不同,成熟度标准也不同,需要结合当地经验来确定采摘期。果实的储藏、运输按照 NY/T 1056 的有关规定执行。

8.3 包装及标志

绿色食品所用包装材料及标志应符合 NY/T 658 的要求。包装箱上应标明产品名称、商标、级别、重量、个数、采收日期、产地及安全认证标志、认证号等。鼓励按照 NY/T 1431 的规定,采用产品质量安全追溯编码。

9 生产废弃物处理

9.1 彻底清园

枯枝、落叶、病果是葡萄病虫害的主要越冬场所之一,清园时必须将枯枝、落叶、杂草、树皮、病僵果集中清理出果园,进行无害化处理。

9.2 葡萄枝条综合利用

冬季修剪的葡萄枝条应积极开展综合利用,可将其粉碎用于生产食用菌栽培原料;也可粉碎后与畜禽粪便和生物有机菌混合,发酵制成有机肥料。

9.3 农药肥料等包装废弃物处理

果园生产中施用的农药肥料包装及葡萄果袋等废弃物,应按指定地点存放,并定期处理,不得乱扔,避免对土壤和水源的二次污染。建立农药等废弃物的回收机制,统一销毁或二次利用。

10 生产档案管理

建立绿色食品葡萄生产档案,详细记录产地环境条件、生产资料使用、肥水管理、病虫害发生和防治、果实采收、储藏及商品化处理等环节具体措施,所有记录应真实、准确、规范。此外应将产品的标识管理纳入档案。档案记录应保存 3 年以上,文件资料应有专人保管,做到农产品生产可追溯。

附　录　A
（资料性附录）
黄河故道绿色食品葡萄生产主要病虫害防治方案

黄河故道绿色食品葡萄生产主要病虫害防治方案见表 A.1。

表 A.1　黄河故道绿色食品葡萄生产主要病虫害防治方案

防治对象	防治时期	农药名称	使用剂量	使用方法	安全间隔期,d
葡萄黑痘病	发病前或发病初期	80%代森锰锌可湿性粉剂	600 倍～800 倍液	喷雾	28
葡萄穗轴褐枯病	发病前或发病初期	300 g/L 醚菌·啶酰菌悬浮剂（啶酰菌胺 200 g/L,醚菌酯 100 g/L）	1 000 倍～2 000 倍液	喷雾	7
葡萄灰霉病	发病前或发病初期	40%嘧霉胺悬浮剂	1 000 倍～1 500 倍液	喷雾	7
	发病初期	50%腐霉利可湿性粉剂	1 500 倍～2 000 倍液	喷雾	14
葡萄白粉病	发病初期	29%石硫合剂水剂	6 倍～9 倍液	喷雾	15
	发病前或发病初期	1%蛇床子素水乳剂	200 mL/亩～220 mL/亩	喷雾	—
葡萄霜霉病	发病初期	80%霜脲氰水分散粒剂	8 000 倍～10 000 倍液	喷雾	14
		50%烯酰吗啉悬浮剂	1 800 倍～2 500 倍液	喷雾	14
		25%吡唑醚菌酯悬浮剂	1 300 倍～2 000 倍液	喷雾	14
		30%醚菌酯悬浮剂	2 200 倍～3 200 倍液	喷雾	7
葡萄炭疽病	发病初期	0.3%苦参碱水剂	500 倍～800 倍液	喷雾	—
	发病前或初期	20%抑霉唑水乳剂	800 倍～1 200 倍液	喷雾	10
绿盲蝽	低龄幼虫发生期	1%苦皮藤素水乳剂	30 mL/亩～40 mL/亩	喷雾	10
蚜虫	虫害发生初期	1.5%苦参碱可溶液剂	3 000 倍～4 000 倍液	喷雾	10
注:农药使用以最新版本 NY/T 393 的规定为准。					

绿 色 食 品 生 产 操 作 规 程

LB/T 060—2020

南 部 地 区
绿色食品葡萄生产操作规程

2020-08-20 发布

2020-11-01 实施

中国绿色食品发展中心 发布

前　言

本规程由中国绿色食品发展中心提出并归口。

本规程起草单位:江苏省绿色食品办公室、江苏省农业技术推广总站、中国绿色食品发展中心、镇江市农科院、浙江省绿色食品办公室。

本规程主要起草人:孙玲玲、杭祥荣、陆爱华、唐伟、顾鲁同、吉沐祥、季爱兰。

南部地区绿色食品葡萄生产操作规程

1 范围

本规程规定了南部地区绿色食品葡萄生产的园地要求、栽培方式与架式、建园、土肥水管理、花果管理、树体管理、病虫害防治、采收、整理与储存、生产废弃物处理及生产档案管理。

本规程适用于江苏和浙江等南部地区的绿色食品葡萄生产。

2 规范性引用文件

下列文件对于本文件的应用是必不可少的。凡是注日期的引用文件，仅注日期的版本适用于本文件。凡是不注日期的引用文件，其最新版本（包括所有的修改单）适用于本文件。

NY/T 391　绿色食品　产地环境质量

NY/T 393　绿色食品　农药使用准则

NY/T 394　绿色食品　肥料使用准则

NY/T 469　葡萄苗木

DB32/T 602　葡萄水平棚架式栽培生产技术规程

DB32/T 875　葡萄"T"形架避雨栽培技术规程

DB32/T 1154　美人指葡萄避雨栽培生产技术规程

3 园地要求

3.1 产地环境

无污染和生态条件良好，离主干道 200 m 以上。园地灌溉水、土壤环境和大气环境应符合 NY/T 391 的要求。

3.2 园地选择

选择地形开阔、阳光充足、通风良好、地下水位 0.8 m 以下、土壤 pH 为 6.5～7.5 的园地。

3.3 园地规划

应根据园地条件、面积、栽培方式和栽培架式进行规划，园地面积较大时，应划分小区，每个作业小区以长 100 m，宽度 50 m～100 m 为宜，小区间留作业道。搞好道路、排灌系统、水土保持工程等基础设施建设。园地四周建防风林，树种以乔木为主，应避免与葡萄共生病虫互相传播。

4 栽培方式与架式

4.1 栽培方式

避雨栽培、先期促成栽培后期避雨栽培、促成栽培或露地栽培。江苏、浙江等南部地区葡萄生长季节高温多雨，宜选择避雨或促成避雨栽培方式。避雨栽培按照 DB32/T 875 和 DB32/T 1154 的规定执行。

4.2 栽培架式

连栋大棚、单体大棚宜选 H 形水平棚架，架式按照 DB32/T 602 规定执行；简易避雨棚宜选"高宽垂"T 形架，架式按照 DB32/T 875 规定执行。

5 建园

5.1 品种选择

结合江苏、浙江气候特点、土壤特点和品种特性,选用抗逆性强、抗病、优质、高产、商品性好、适应市场需求的品种,品种搭配宜根据市场需求,早、中、晚熟及红、紫、黄、黑、绿等色泽比例协调。

5.2 砧木选择

选用抗根瘤蚜、抗根结线虫、抗旱、耐涝、耐盐碱、嫁接亲和力强的砧木品种。宜用 SO4、5BB 等砧木品种。

5.3 苗木质量

苗木质量按照 NY/T 469 的规定执行。宜采用脱毒苗木。

5.4 栽植时间

从葡萄正常落叶后至第 2 年芽萌动前均可栽植,但以上冻前定植(秋栽)为好。

5.5 定植密度

每亩定植株数依据品种、土壤和架式等而定。常见的栽培密度:连栋大棚架避雨限根栽培株行距 8 m×(7~8)m,每亩 10 株~12 株;单体小棚架株行距 2.0 m×(4~6)m,每亩 56 株~83 株;篱架株行距 2.0 m×(2.5~3.0)m,每亩 111 株~133 株。

5.6 定植方法

5.6.1 沟、穴定植

定植穴直径 40 cm~60 cm、深 50 cm~60 cm。或定植沟宽 40 cm~60 cm、深 50 cm~60 cm。底部填腐熟有机肥,并分层放入伴有有机肥的沃土,最后填土高于垄面 20 cm~30 cm。

5.6.2 限根定植

在避雨大棚中间按行距 8 m、株距 7 m~8 m 建正方形或圆形限根畦,方形畦边长 2 m、圆形畦直径 2 m,畦高 0.6 m。两畦中心相距 8 m。每亩建 10 个~12 个畦。畦内填经过消毒和发酵预处理的双孢蘑菇菌渣占 70%,土占 25%,有机肥占 5%。基质料面距畦口 6 cm。

5.6.3 苗木栽植

定植前苗木根系采用 70% 甲基硫菌灵悬浮剂 800 倍~1 000 倍液消毒,苗木用 29% 石硫合剂 7 倍~12 倍液消毒。经修剪和消毒处理后的苗木栽于定植穴内,使根系舒展与土壤密接,堆土后踩实,浇透水。

6 土肥水管理

6.1 土壤管理

6.1.1 生草或覆盖

提倡生草、种植绿肥或作物秸秆覆盖,提高土壤有机质含量。

6.1.2 耕翻

结合秋季施基肥进行耕翻。秋季深耕施肥后及时灌水;春季深耕较秋季深耕深度浅,春耕在土壤化冻后及早进行。

6.1.3 清耕

一般在生草或覆盖 3 年后清耕 1 年。在葡萄行和株间进行多次中耕除草,经常保持土壤疏松和无杂草状态。

6.2 施肥

6.2.1 施肥原则

提倡多施有机肥、平衡施肥和配方施肥。肥料施用应符合 NY/T 394 的要求。

6.2.2 施肥时期和方法

6.2.2.1 基肥

一般于果实采收后秋施基肥，以有机肥为主，并与磷钾肥混合施用，采用深 40 cm～60 cm 的沟施方法，每亩腐熟有机堆肥用量 2 500 kg～3 500 kg 加过磷酸钙 50 kg。有机堆肥不足，每亩增施腐熟饼肥 100 kg～200 kg，提倡增施生物菌肥每亩 100 kg～200 kg，提高土壤地力。

6.2.2.2 追肥

萌芽前追肥以氮、磷为主，果实膨大期和转色期追肥以磷、钾为主。微量元素缺乏地区，依据缺素的症状增加追肥的种类，或根外追肥。最后一次叶面施肥应距采收期 20 d 以上。追肥使用宜采用水肥一体化：4 月上中旬至 6 月中下旬，结合滴灌开始追肥，每隔 10 d～15 d 追肥 1 次，每亩施用 5 kg～10 kg 水溶性复合肥，N、P_2O_5、K_2O 含量分别为 15%、15%、15%。提倡增施微生物菌剂每亩追施 3 kg～5 kg，或黄腐酸钾每亩追施 1 kg～2 kg。7 月下旬至 9 月下旬，每隔 10 d 滴灌浇水追肥 1 次，以磷钾肥为主，并叶面施肥喷施 0.3%磷酸二氢钾、氨基酸钙 1 000 倍液等。

6.3 水分管理

萌芽期、浆果膨大期和入冬前需要良好的水分供应。成熟期应控制灌水。多雨地区地下水位较高，在雨季容易积水，需要排水降渍。

避雨设施栽培条件下宜滴管浇水，定植后，应每隔 8 d～10 d 滴灌浇水 1 次，保持基质湿润，促进发芽和生根。4 月，幼苗萌芽后，滴灌浇水周期 6 d/次～7 d/次；5 月至 8 月中旬，滴灌浇水周期 4 d/次～5 d/次，8 月下旬至 10 月上旬滴灌浇水周期 7 d/次～10 d/次。滴灌浇水时间宜在早上或傍晚。

7 花果管理

7.1 疏果整穗

7.1.1 果穗整形

7.1.1.1 疏果穗

花前疏花序留花量为目标产量留花量的 2 倍～3 倍。花后疏除果穗留果量为目标产量 1.5 倍～2 倍，最终达到 1.2 倍左右。根据单位面积留穗数确定单位面积的新梢数和需要叶片数。以巨峰葡萄为例，适宜产量为每亩收获 1.1 t～1.3 t，每亩着穗数为 2 600 穗～3 300 穗，负担一个果穗需要的叶片数为 30 片～40 片，新梢的平均叶片为 10 片～13 片，叶果比要求为(3～4)∶1。于花后除穗 1 次～2 次。生长势较强的品种，花前的疏穗程度可以适当轻一些，花后适当重一些。生长势较弱的品种花前疏穗重一些。

7.1.1.2 疏果粒

与疏穗同时进行，结实稳定时宜尽早进行疏粒，树势过强且落花落果严重的品种适当推后；于盛花后 15 d～25 d 完成。分除去小穗梗和果粒两种方法，过密的果穗适当除去部分支梗，果穗上部留果粒可适当多一些，下部适当少一些。巨峰系大粒品种留粒数为 3 粒×4 段、2 粒×8 段、1 粒×2 段，每穗 30 粒左右。其他品种根据果实大小、比例增加留果数和段数。

7.1.2 花穗整形

开花前 2 周至初花期，四倍体品种疏除副穗及以下小穗，保留穗尖 3 cm～3.5 cm，8 段～10 段小穗，50 个～55 个花蕾。幼树、促成栽培方式、坐果不稳定的品种和类型适当轻剪穗尖，去除 5 个左右花蕾。三倍体品种保留穗尖 4 cm～5 cm。二倍体品种疏除副穗及以下小穗，剪去穗尖 2 cm，保留穗前端 5 cm～7 cm，15 段～20 段小穗，60 个～100 个花蕾。

7.2 控制产量

定产定果，亩产控制在 1 000 kg～1 250 kg。

7.3 全园套袋

7.3.1 套袋时期

在葡萄生理落果后,果粒长到黄豆粒大小时全园套袋。每天套袋时间以晴天上午 9:00～11:00 和 14:00～18:00 为宜。

7.3.2 套袋方法

7.3.2.1 纸袋预湿

套袋前将葡萄专用纸袋返潮、柔韧。

7.3.2.2 操作步骤

选定幼穗后,疏粒整穗,除去附着在幼穗上的花瓣及其他杂物,撑开袋口,令袋体膨起,使袋底两角的通气放水孔张开,手执袋口下 2 cm～3 cm 处,袋口向上或向下,套入果穗后使果柄置于袋口开口基部,不应将叶片和枝条装入袋子内,然后从袋口两侧依次按"折扇"方式折叠袋口于切口处,将捆扎丝扎紧袋口于折叠处,于线口上方从连接点处撕开将捆扎丝返转 90°,沿袋口旋转 1 周扎紧袋口,使幼穗处于袋体中央,在袋内悬空,防止袋体摩擦果面,不要将捆扎丝缠在果柄上。套袋顺序为先上后下、先里后外。

8 树体管理

8.1 树形选择

平棚架宜选 H 形、"一"字形;篱形架宜选 Y 形、T 形。

8.2 整形修剪

8.2.1 整形

栽植当年,苗木萌芽后选留 1 个～2 个生长健壮的新梢,沿小竹竿垂直向架面上生长,副梢留 1 片～2 片叶摘心。新梢高度到架面钢丝下 20 cm 处摘心,同时留 2 个副梢,副梢垂直行平绑缚在架面钢丝上,形成 2 个臂。如行距 6 m,副梢在 1.3 m 处摘心;如行距 4 m,则在 0.8 m 处摘心。留 2 个副梢平绑缚于立柱上钢丝上,新梢每隔 6 片叶摘心,其上副梢留 1 片～2 片叶摘心。生长旺盛的苗或品种可留副梢培养结果母枝。冬季修剪时 2 个臂视粗度留 8 个～10 个芽短截修剪,或副梢留 1 个～2 个芽短截。生长旺盛品种当年形成 H 形,生长缓慢或生长势弱的品种可第一年 T 形,第二年培养成 H 形。

8.2.2 冬季修剪

间隔 18 cm～25 cm 配置结果母枝,极短梢修剪,延长枝回缩,第 2 根枝条为沿长枝,长梢修剪。对不易成活品种基部留 1 个～2 个枝条,长梢修剪后平绑于两臂预备,结果母枝短梢修剪。

8.3 新梢管理

8.3.1 抹芽

发芽后将不需要的瘦弱芽、双芽、歪芽、病虫芽抹去。

8.3.2 定梢和引缚

花序展开时去掉过多、过密的新梢,按定产要求保留一定数量的健壮结果枝和营养枝,长到 40 cm 时按新梢与结果母枝垂直的方向引缚,延长枝按延长方向引缚,引缚时动作轻柔,以防从根部断梢。

8.3.3 摘心

开花前 5 d～6 d,结果枝在花序以上 5 片～6 片叶处摘心,发育枝有 8 片～10 片叶完全伸展时摘心。

8.3.4 除卷须

整个生长季及时除去所有卷须。

8.3.5 副梢处理

花穗下的副梢全部去掉,花穗上的一般留 1 叶～2 叶反复摘心,过密处副梢全去。

8.4 树冠管理

合理密植,通过间伐、修剪等措施控制树冠。株间无严重交叉,树冠通风透光良好。植株生长整齐,缺株率≤2%。

9 病虫害防治

9.1 防治原则

"预防为主,综合防治";以农业防治为基础,积极采用生态调控、物理防治、生物防治,科学合理化学防治。农药使用应符合 NY/T 393 的要求。

9.2 常见病虫害

白粉病、黑痘病、灰霉病、穗轴褐枯病、炭疽病、霜霉病、白腐病等病害,透翅蛾、介壳虫、螨类、葡萄粉蚧、红蜘蛛、斑衣蜡蝉等虫害。

9.3 防治措施

9.3.1 农业防治

宜采取避雨或促成设施栽培方式。结合冬季修剪,彻底清园,剪除病果、病穗、卷须,清除地面枯枝落叶,减少果园内病菌基数;雨后及时排水,防止园内积水,降低田间湿度;间伐过密植株,加强枝蔓管理,改善果园通风透光条件;增施磷、钾肥,提高植株抗病力;生长季节中,及时摘除病叶、病枝、病果、集中烧毁或深埋;拔除病毒植株,防止扩散蔓延;实行全园套袋;在葡萄树下覆盖作物秸秆或园艺地布,阻止尘土和雨水飞溅,隔离病菌传染源。

9.3.2 物理防治

在园内安装诱虫灯、人工捕捉害虫。

9.3.3 生物防治

选用中等毒性以下的植物源、动物源、微生物源农药,矿物油和植物油制剂,矿物源农药中的硫制剂和铜制剂。

9.3.4 化学防治

常见病虫害防治化学防治方法参见附录 A。

10 采收

10.1 当浆果充分发育成熟,表现葡萄固有色泽和风味时采收。采收前15 d停止灌水、前20 d禁止使用农药。

10.2 采收应在天气晴朗的早上和下午气温下降后进行,避开中午高温时段采收。

10.3 采收时,盛装葡萄的果筐应符合食品卫生要求的,防止二次污染。

11 整理和储存

11.1 采收下来的葡萄应进行果穗修整,剔除病、伤、烂果粒及小果粒,分级包装。

11.2 整理包装间的环境卫生和人员卫生应符合食品卫生要求。

11.3 分级包装的葡萄,采用具有绿色食品标志的瓦楞纸箱盛装。箱的大小以市场适销为宜。

11.4 暂不上市销售的葡萄,入绿色食品专用储存库暂存。入库前先在预冷库预冷 12 h～24 h,预冷温度控制在−2℃～0℃,预冷结束后入保鲜库储存,保鲜库温控制在 0℃～1℃,相对湿度为90%左右。

12 生产废弃物处理

及时清理地膜、果袋、农药包装袋等废弃物,集中进行无害化处理。落叶后,将残枝落叶及杂草清理干净,集中进行无害化处理,并进行越冬病虫害的清园消毒,保持果园清洁。

13　生产档案管理

建立绿色食品葡萄生产档案。明确记录产地环境条件、生产技术、肥水管理、病虫草害的发生和防治、采收及采后处理等情况，明确记录保存 3 年以上。做到葡萄质量可追溯。

附　录　A
（资料性附录）
南部地区绿色食品葡萄生产主要病虫害防治方案

南部地区绿色食品葡萄生产主要病虫害防治方案见表 A.1。

表 A.1　南部地区绿色食品葡萄生产主要病虫害防治方案

病虫害名称	防治时期	药剂名称	使用剂量	使用方法	安全间隔期,d
白粉病	发病初期	29%石硫合剂水剂	6 倍～9 倍液	喷雾	15
		4%嘧啶核苷类抗菌素水剂	400 倍液	喷雾	—
		30%氟菌唑可湿性粉剂	15 g/亩～18 g/亩	喷雾	7
白腐病	葡萄谢花 20 d 后	78%波尔·锰锌可湿性粉剂	500 倍～600 倍液	喷雾	21
黑痘病	发病前或初期	80%代森锰锌可湿性粉剂	600 倍～800 倍液	喷雾	28
灰霉病	发病前或初期	50%啶酰菌胺水分散粒剂	500 倍～1 000 倍液	喷雾	7
		400 g/L嘧霉胺悬浮剂	1 000 倍～1 500 倍液	喷雾	7
		500 g/L异菌脲悬浮剂	750 倍～850 倍液	喷雾	14
		0.3%苦参碱水剂	600 倍～800 倍液	喷雾	10
		38%唑醚·啶酰菌水分散粒剂	1 000 倍～1 500 倍液	喷雾	7
霜霉病	发病初期	30%醚菌酯悬浮剂	2 200 倍～3 200 倍液	喷雾	7
	发病前或初期	50%克菌丹可湿性粉剂	400 倍～600 倍液	喷雾	7
	发病前或初期	80%波尔多液可湿性粉剂	300 倍～400 倍液	喷雾	—
炭疽病	发病前或初期	20%抑霉唑水乳剂	800 倍～1 200 倍液	喷雾	10
	发病初期	40%腈菌唑可湿性粉剂	4 000 倍～6 000 倍液	喷雾	21
介壳虫	发生期	25%噻虫嗪水分散粒剂	4 000 倍～5 000 倍液	喷雾	7
注:农药使用以最新版本 NY/T 393 的规定为准。					

绿色食品生产操作规程

LB/T 061—2020

浙 江 湖 南
绿色食品椪柑生产操作规程

2020-08-20 发布

2020-11-01 实施

中国绿色食品发展中心 发布

前　　言

本规程由中国绿色食品发展中心提出并归口。

本规程起草单位:湖南省绿色食品办公室、湘西自治州柑橘科学研究所、中国绿色食品发展中心、湘西自治州绿色食品办公室、浙江省绿色食品办公室、湖南农业大学。

本规程主要起草人:刘新桃、朱建湘、彭际森、张宪、阳灿、李政、左雄建、谭周清、龙桂友。

浙江湖南绿色食品椪柑生产操作规程

1 范围

本规程规定了绿色食品椪柑生产的园地要求、品种选择、栽植、田间管理、采收、包装与储藏、生产废弃物处理和生产档案管理。

本规程适用于浙江和湖南的绿色食品椪柑生产。

2 规范性引用文件

下列文件对于本文件的应用是必不可少的。凡是注日期的引用文件,仅注日期的版本适用于本文件。凡是不注日期的引用文件,其最新版本(包括所有的修改版)适用于本文件。

GB 5040 柑橘苗木产地检疫规程

GB/T 9659 柑橘嫁接苗

GB/T 15772 水土保持综合治理 规划通则

NY/T 391 绿色食品 产地环境质量

NY/T 393 绿色食品 农药使用准则

NY/T 394 绿色食品 肥料使用准则

NY/T 658 绿色食品 包装通用准则

NY/T 1056 绿色食品 储藏运输准则

3 园地要求

3.1 园地选择

选择海拔 450 m 以下,周围 5 km、主导风向 20 km 内没有大型工矿企业等污染源,排灌方便,背风向阳的平地或坡地(坡度≤25°)栽种。

3.1.1 气候条件

年平均气温≥16℃,绝对最低温度≥-7℃,1 月平均气温≥4.5℃,年积温≥5 000℃,年降水量≥700 mm。

3.1.2 土壤、水质和大气质量

土壤质地良好,疏松肥沃,有机质含量高于 15 g/kg,土层厚≥60cm,土壤 pH 5.0～7.0,符合 NY/T 391 的要求。

3.2 园地规划

栽培小区面积 4 hm²～6 hm²,每个小区种一个品种。小区干道直上直下,宽 5 m～6 m,小区之间作业支道宽 2 m～3 m,行间小路宽 1 m,干道终点规划回车场。

明沟排水,修建拦洪沟。沿道路旁修明渠灌排水沟,比降不低于 0.3%。每公顷修建 80 m³～100 m³ 蓄水池,与灌排沟渠相连。

与风向垂直的主干道两侧栽 3 行～4 行防护林,5 个～10 个小区修建简易库房。水土保持按 GB/T 15772 执行。

4 品种选择

适宜于湖南和浙江栽培、品质优良、抗性强的国家登记品种。

5 栽植

5.1 苗木质量

无病毒容器大苗壮苗,苗木质量按照 GB/T 9659 的规定执行,苗木检疫按照 GB 5040 的规定执行。

5.2 栽植时间

2 月～3 月春梢萌芽前或 10 月～11 月秋梢老熟后栽植,冬季有冻害的地方在春季栽植。

5.3 栽植密度

宽行窄株栽植,推荐株行距(2～3)m×(4～5)m。

5.4 栽植方法

定植行开沟,宽×深＝100 cm×50 cm,每立方米压埋山青杂草 40 kg～50 kg,撒石灰 0.5 kg～1 kg,覆土并沿定植行起垄,垄高 20 cm～25 cm。

定植穴施腐熟猪牛粪 30 kg～35 kg、复合肥 0.25 kg、钙镁磷肥 0.5 kg,与土壤拌匀。

选择枝叶茂盛、根系发达、无明显病虫害、粗壮分支 8 个以上的优质大苗剪除过长多余根系,在嫁接口以上留 30 cm～50 cm 定干。将带土的容器苗直接放入定植穴内,用细土把空隙填满。

定植后每株浇水 3 kg～5 kg,再覆一层松土。

6 田间管理

6.1 土壤管理

6.1.1 深翻改土

深翻结合施有机肥和石灰,有机肥 1.5 t/亩～2 t/亩,pH＜5 偏酸性土壤施石灰 100 kg/亩～150 kg/亩。成年果园开沟改土在 6 月～8 月进行。

6.1.2 园地间作

可间作豆科作物、矮秆作物、匍匐作物等,间种作物实行轮作。

6.1.3 果园覆盖和生草栽培

用稻草、秸秆、山草等进行果园覆盖,生草栽培可选择百喜草、白花草、多花黑麦草和藿香蓟等。

6.2 灌溉

6.2.1 灌溉时间

7 月～9 月、冬季果实采收后以及开花坐果期出现异常高温干旱,及时灌溉。

6.2.2 灌溉量及灌溉方法

一次灌透,使土壤持水量达到 60%～80%,可采用沟灌、浇灌、穴灌、喷灌和滴灌等方法。

6.3 施肥

6.3.1 施肥原则

应符合 NY/T 394 的要求。以有机肥为主,合理减控施用化肥,提倡采用水肥一体化技术。

6.3.2 施肥方法

6.3.2.1 土壤施肥

采用沟施、穴施、撒施等方法,推荐滴灌、微灌水肥一体化。

6.3.2.2 根外追肥

冬季在晴天中午前后,其他季节在 16:00 后、晴天傍晚、阴天进行施肥。果实采收前 1 个月不再叶面追肥。

6.3.3 幼树施肥

勤施薄施,秋施基肥以农家肥和有机肥为主,每亩每年施农家肥 1 000 kg～1 500 kg 或商品生物有机肥 200 kg～300 kg,结合秋季翻地一次性施入(沟施);生长期以速效肥为主,在每次新梢抽生前 15 d～20 d施入,无机复混肥氮磷钾比例1:0.4:0.6,年施纯氮肥不少于 10 kg/亩。

6.3.4 结果树施肥

每年每亩施优质农家肥 1 000 kg～2 000 kg 或商品生物有机肥 200 kg～500 kg,秋季采果后结合深翻改土一次性施入(沟施);无机肥氮磷钾比例1:0.5:0.8,年施纯氮肥 10 kg/亩～20 kg/亩,分3次施用,基肥:春肥:壮果肥=(20%～30%):(25%～35%):(40%～55%)。

6.4 整形修剪技术

6.4.1 整形

采用自然开心形,主干高 50 cm～60 cm,配置3个主枝。主枝与中心主干的夹角 30°～45°,主枝两侧均匀配置3个～4个副主枝,副主枝间的距离 25 cm 左右,相互错开排列。副主枝与主枝间的夹角 60°～70°。在主枝、副主枝上均匀培育若干侧枝和枝组。

6.4.2 修剪

幼树期以轻剪为主。

结果期及时回缩结果枝组、落花落果枝组和衰退枝组。对较拥挤的骨干枝适当疏剪开出"天窗"。当年抽生较多夏、秋梢,短截和疏删其中的一部分。花量较大时适量疏花疏果。

2月～3月春剪为主,6月～7月夏剪为辅。

6.5 花果管理

6.5.1 保花保果

花蕾期和幼果期喷硼肥、锌肥、磷酸二氢钾等叶面肥保花保果。

6.5.2 疏果

花前疏除弱花、畸形花。7月上中旬至9月进行人工疏果,第一次疏去小果、病虫果、机械损伤果、畸形果;第二次疏去偏小或密集果实,70片～80片叶留1个果。盛果期果园挂果以 2 000 kg～2 500 kg 为宜。

6.5.3 防治裂果

应合理灌水,适当增施有机肥,适时施用钙、钾肥,异花授粉,采用果实套袋。

6.6 病虫害防治

6.6.1 防治原则

"预防为主,综合防治",以农业防治为基础,充分采用生物、物理防治措施,确有必要时可进行化学防治,有效控制病虫危害。

6.6.2 防治方法

6.6.2.1 农业防治

栽植抗病、抗虫品种(砧木),增施有机肥,合理水肥管理,合理修剪,合理负载,及时清除果园恶性杂草。冬季结合修剪清园,剪除病虫枝,清除病僵果和枯枝落叶,减少害虫基数。

6.6.2.2 物理防治

用频振杀虫灯、黑光灯等诱杀吸果夜蛾、金龟子、卷叶蛾、潜叶蛾等;用黄板诱杀蚜虫、潜叶蛾、黑刺粉虱等;用蓝光灯诱杀或人工敲打树干捕捉天牛、蚱蝉、金龟子等。

6.6.2.3 生物防治

人工释放天敌防治害虫,释放尼氏钝绥螨或胡瓜钝绥螨防治螨类,每株释放一袋捕食螨,春季日均温在20℃以上,秋季9月10日前果园用药低峰期释放,晴天宜在16:00后释放。

6.6.2.4 化学防治

按照农药产品标签和 NY/T 393 的规定使用农药,严格控制农药的施药剂量(或浓度)、安全间隔期和施药次数。主要病虫害化学防治方案参见附录 A。

6.7 冻害防治

6.7.1 早春施催芽肥逼春梢,秋梢抽生前(7月后)不施氮肥、少灌水,控制晚秋梢的发生;9月底前全部抹除晚秋梢。

6.7.2 早熟品种采收后,立即施基肥;中熟品种适时采收,采前施基肥。

6.7.3 根颈培土,也可用薄膜保护树冠。

7 采收

11月下旬至12月上旬采收。树上无水时采摘。采摘人员剪齐指甲或戴上手套,用采果剪两剪法采果,第一剪离果蒂 1 cm~2 cm,第二剪齐果蒂处剪平。先下后上,先外后内采摘。

8 包装与储藏

8.1 包装

包装应符合 NY/T 658 的要求。

8.2 预储

8.2.1 预储方法

将采收后的椪柑竹筐叠码在阴凉、通风的果棚、选果场或专门的预储室内,让其自然通风,散热失水。预储温度宜为 7℃,相对湿度为 75%。

8.2.2 预储时间

预储 2 d~ 5 d,失水 3%~5%,手握果皮略有弹性。

8.3 储藏方式

储藏条件应符和 NY/T 1056 的要求。采用控温通风库储藏,储藏时间一般不超过 3 个月。

9 生产废弃物处理

果园生理落果应及时收集利用或集中处理,落叶在果实采收后集中处理。废旧农膜、废弃化肥农药包装物、果袋应集中无害化处理或资源化利用。

10 生产档案管理

每个生产地块建立独立、完整的椪柑生产记录档案,详细记录产地环境条件、生产技术、肥水管理、病虫草害的发生和防治、采收及采后处理等各个环节,保存记录 3 年以上。

附 录 A
（资料性附录）

浙江湖南绿色食品椪柑生产主要病虫害防治方案

浙江湖南绿色食品椪柑生产主要病虫害防治方案见表 A.1。

表 A.1 浙江湖南绿色食品椪柑生产主要病虫害防治方案

防治对象	防治时期	农药名称	使用剂量	使用方法	安全间隔期,d
炭疽病	新梢抽发期;花谢 2/3 时;花谢 85 d 左右;冬季 2 月;	25%多菌灵可湿性粉剂	250 倍液～333 倍液	喷雾	30
		80%代森锰锌可湿性粉剂	400 倍液～600 倍液	喷雾	21
疮痂病	新梢抽发期;花谢 2/3 时;花谢后 20 d;冬季 2 月	80%代森锰锌可湿性粉剂	400 倍液～600 倍液	喷雾	21
黑斑病	在病害发生初期进行喷雾处理	35%氟菌·戊唑醇悬浮剂	2 000 倍液～4 000 倍液	喷雾	21
黑点病	在发病前或发病初期开始施药	430 g/L 代森锰锌悬浮剂	200 倍液～600 倍液	喷雾	14
溃疡病	嫩梢抽发至 2cm 左右时;花谢后 15 d～30 d;夏秋梢抽发期;幼果期	77%氢氧化铜水分散粒剂	2 000 倍液～2 500 倍液	喷雾	—
		80%波尔多液可湿性粉剂	500 倍液～700 倍液	喷雾	14
红蜘蛛	新梢抽发期;花谢 2/3 时;9 月下旬;	5%噻螨酮乳油	1 500 倍液～2 000 倍液	喷雾	30
		34%螺螨酯悬浮剂	6 000 倍液～7 000 倍液	喷雾	30
		30%乙螨唑悬浮剂	10 000 倍液～14 000 倍液	喷雾	28
		20%四螨嗪悬浮剂	1 333 倍液～2 000 倍液	喷雾	30
		99%矿物油	150 倍液～300 倍液	喷雾	—
锈壁虱	7 月下旬	25%除虫脲可湿性粉剂	3 000 倍液～4 000 倍液	喷雾	28
蚜虫类	春嫩梢期;秋嫩梢期	3%啶虫脒可湿性粉剂	3 000 倍液～4 000 倍液	喷雾	30
粉虱和蚧类	春梢萌芽期;幼果期;	40%噻嗪酮悬浮剂	1 600 倍液～2 400 倍液	喷雾	21
		99%矿物油	100 倍液～200 倍液	喷雾	—
潜叶蛾	7 月～9 月,嫩梢 0.5 cm～2 cm;夏、秋梢抽发	20%啶虫脒可湿性粉剂	12 000 倍液～16 000 倍液	喷雾	14
		25%除虫脲可湿性粉剂	2 000 倍液～4 000 倍液	喷雾	28
		4.5%高效氯氰菊酯乳油	2 250 倍液～3 000 倍液	喷雾	40
注:农药使用以最新版本 NY/T 393 的规定为准。					

绿 色 食 品 生 产 操 作 规 程

LB/T 062—2020

西 南 地 区
绿色食品杂柑生产操作规程

2020-08-20 发布

2020-11-01 实施

中国绿色食品发展中心 发布

前　　言

本规程由中国绿色食品发展中心提出并归口。

本规程起草单位：四川省绿色食品发展中心、遂宁市船山区农业局、中国绿色食品发展中心、西南大学、重庆市农产品质量安全中心。

本规程主要起草人：孟芳、周伟、曾明、张志华、周白娟、周熙、彭春莲、曾海山、敬勤勤、张海彬。

西南地区绿色食品杂柑生产操作规程

1 范围

本规程规定了西南地区绿色食品杂柑的产地环境、品种（或苗木）选择、整地和栽植、田间管理、采收、生产废弃物处理、运输储藏、生产档案管理。

本规程适用于重庆、四川等西南地区的绿色食品杂柑生产。

2 规范性引用文件

下列文件对于本文件的应用是必不可少的。凡是注日期的引用文件，仅注日期的版本适用于本文件。凡是不注日期的引用文件，其最新版本（包括所有的修改单）适用于本文件。

NY/T 391　绿色食品　产地环境质量

NY/T 393　绿色食品　农药使用准则

NY/T 426　绿色食品　柑橘类水果

NY/T 1189　柑橘贮藏

3 术语和定义

杂柑是指可供果树栽培的柑橘属间或种间杂种的统称。目前以鲜食为主的杂柑以柚、橘、橙间的杂种居多；作为砧木的杂柑主要有枳橙、枳柚等。本规程中杂柑指以生产鲜果为主要用途的橘橙、橘柚类杂柑。

4 产地环境

产地环境条件应符合 NY/T 391 的要求。

4.1 基地选址

基地要求离交通要道有一定距离，无扬尘，周边无工矿企业，空气质量良好；灌溉水源无工矿企业及生活污染源。

4.2 地形地势

平地果园应具有良好排水条件，排水不畅的低洼地不宜栽植和发展，土层内常年地下水位应在 100 cm以下，冷空气易沉积的山谷地不宜栽植和发展。

4.3 土壤条件

土壤质地良好，疏松肥沃，最适土壤 pH 为 5.5～6.5；土壤质地最适为中壤土、沙壤土和轻黏土；重黏土也可栽植，但应在栽植以前进行改良，未进行改良则不宜栽植；土壤活土层厚度最少应在 80 cm 以上，最好应在 100 cm 以上，土壤有机质含量应达 1% 以上。

4.4 气候条件

年平均温度 16.0℃以上，最冷月平均气温 2.0℃以上，≥10℃年活动积温 4 200℃以上，最冷月极端低温平均值在 -5.0℃以上。

5 品种（或苗木）选择

5.1 选择原则

杂柑品种包括接穗品种和砧木品种，接穗品种选择符合当地柑橘产业发展规划，注重鲜食，早熟品种为主。砧木品种选择要因地制宜,对于土壤较为贫瘠的区域,以选择优良枳橙砧木为宜,碱性重的石灰性紫色土则以选用软枝香橙、红橘砧木为宜。

5.2 品种选用

适宜西南地区栽植的优良杂柑品种有爱媛38、不知火、春见、清见等。

6 整地和栽植

6.1 整地

按照平地南北成行,坡地行向与坡向平行整地开挖定植穴,尽量保持相邻台地对齐。挖长 60 cm、宽 60 cm、深 60 cm 的定植穴(或定植沟),玉米秆、稻草等作物秸秆、杂草、堆肥均可作为有机肥填入定植穴(或定植沟),每穴 8 kg~10 kg,复合肥 1 kg,分层压埋。

6.2 栽植

6.2.1 苗木质量

无检疫性病虫害,根系发达,苗高 40 cm 以上,径粗 0.6 cm 以上,品种纯正。

6.2.2 栽植时间

一般在 9 月~10 月秋梢老熟后或 2 月~3 月春梢萌芽前栽植,采用柑橘容器苗,定植时间 2 月~10 月。

6.2.3 栽植密度

根据品种特性和砧木种类,亩植 36 株~60 株。

6.2.4 栽植技术

栽前回填树窝至比地表高 10 cm,让土壤提前沉降,定植时回填部分表土到合适高度后,放入苗木,根颈高出地表 10 cm~15 cm,然后回填打细的表土,分层踩实、灌水覆膜。

7 田间管理

7.1 灌溉

7.1.1 水质要求

灌溉水要求无污染,水质符合 NY/T 391 的要求。

7.1.2 灌溉时期

春梢萌动期、开花期和果实膨大期,当土壤含水量沙土<5%、壤土<15%、黏土<20%时需及时灌水。高温期的灌水时间宜在傍晚至清晨进行。果实成熟前 1 个月,需保持土壤适度干旱,即使出现轻微卷叶也可不灌水。保持根区土壤水分含量维持在土壤田间持水量的 60%~70%。幼树灌溉宜次多量少,提倡滴灌或微喷灌溉。晚秋和初冬土壤过于干旱时可适度灌溉,但应控制灌水量。

7.1.3 排水

设置排水系统并及时清淤,多雨季节或果园积水时通过沟渠及时排水。

7.2 施肥

7.2.1 施肥原则

应充分满足杂柑对各种营养元素的需要,提倡多施有机肥,合理施用无机肥,正确掌握施肥量、施肥时期和方法,提高肥料利用率,提倡叶片营养诊断配方施肥。推荐多施生物有机肥和沼气液。人畜粪尿等需经 50℃以上高温发酵 7 d 以上方可使用。

7.2.2 施肥时期及方法

7.2.2.1 幼年树

每年追施 6 次~8 次,在每次新梢萌发前至老熟期间,各追施 2 次~3 次,以速效性氮肥为主,最好施用沼气液,每次每亩浇施 500 kg 左右,11 月结合改土施有机肥 1 次,要求沟宽 0.5 m,深 0.4 m~

0.8 m,每亩施腐熟猪牛鸡粪 2 000 kg、饼肥 150 kg、钙镁磷肥 50 kg,酸性土壤加施 50 kg 生石灰。

7.2.2.2 成年结果树

2 月上旬春梢萌发前浅沟(沟深 10 cm)施硫酸钾复合肥及生物有机肥,每亩施硫酸钾复合肥 25 kg、生物有机肥 25 kg～50 kg。

7 月上旬环状沟(沟深 20～30 cm)施硫酸钾复合肥及生物有机肥。每亩施硫酸钾复合肥 25 kg、生物有机肥 25 kg～50 kg。

于春夏秋梢萌发前追施一次沼液,春夏秋梢老熟期再追施一次沼液,每次每亩用沼液 500 kg。

10 月至 11 月中旬前开沟(沟深 60 cm～70 cm)施基肥,每亩施腐熟猪牛鸡粪 2 000 kg、钙镁磷肥 50 kg、饼肥 150 kg。酸性土壤加施 50 kg 生石灰。

7.3 病虫草害防治

7.3.1 防治原则

应坚持"预防为主,综合防治"的原则,优先采用农业措施,尽量利用物理和生物措施。必要时,合理使用低风险农药。农药的使用应符合 NY/T 393 的要求。

7.3.2 常见病虫草害

7.3.2.1 病害

常见病害有溃疡病、炭疽病、疮痂病、黑斑病等。

7.3.2.2 虫害

常见主要有红蜘蛛、蚜虫、花蕾蛆、介壳虫、粉虱、金龟子、天牛、蛾类等。

7.3.2.3 草害

主要为田间杂草。

7.3.3 防治措施

7.3.3.1 农业防治

选用抗病品种、砧木。实施翻土、修剪、清洁果园、排水、控梢等农业措施,减少病虫源,加强栽培管理,增强树势,提高树体自身抗病虫能力。提高采果质量,减少果实伤口,降低果实腐烂率。对杂柑施用的农家肥,要充分腐熟后施用,通过高温发酵杀死杂草种子,为防止果园外杂草的侵入,需及时消除果园周围的杂草。

7.3.3.2 物理防治

可用杀虫灯引诱或驱避吸果夜蛾、金龟子、卷叶蛾等;可利用害虫对糖、酒、醋液诱杀害虫;集中种植害虫中间寄主诱杀害虫;人工捕捉天牛、金龟子等害虫;结合果园浅耕,在杂草结籽前,人工铲除杂草。

7.3.3.3 生物防治

改善果园生态环境,保护瓢虫、草蛉、捕食螨等天敌;人工引移、繁殖释放天敌;利用有益微生物或其代谢物(如性诱剂)诱杀害虫。养殖家禽除草,果园内饲养草食性家禽,不仅可以除草,还可以增加果园内有机质,提高土壤肥力。

7.3.3.4 化学防治

加强病虫害的预测预报,适时用药;注重药剂的轮换使用和合理混用;严格按照农药安全使用间隔期、规定用药浓度用药,严格掌握施药浓度、喷雾、撒施均匀。对化学农药的使用情况进行严格、准确的记录,主要病虫害化学防治方案参见附录 A。

7.4 其他管理措施

7.4.1 土壤管理

7.4.1.1 深翻扩穴,熟化土壤

深翻扩穴一般在秋梢停止生长后进行,从树冠外围滴水线处开始,逐年向外扩展宽 0.5 m、深 0.6 m～

0.8 m 的扩穴沟。回填时混以绿肥、秸秆 20 kg～30 kg,腐熟的人畜粪尿、堆肥、厩肥、饼肥等 25 kg,钙镁磷肥 1 kg～2 kg。酸性土加 1 kg 生石灰。表土放在底层,心土放在表层,然后对穴内灌足水分。

7.4.1.2 间作或生草

柑橘园宜实行间作或生草制,种植的间作物或草类应是与柑橘无共生性病虫,浅根,矮秆,以豆科植物、禾本科牧草和藿香蓟为宜,适时刈割翻埋于土壤中或覆盖于树盘。

7.4.1.3 覆盖与培土

高温或干旱季节,适时在树盘内用秸秆等覆盖,厚度 10 cm～15 cm,覆盖物应与根颈保持 10 cm 左右的距离。培土在冬季中耕松土后进行。可培入塘泥、河泥、沙土或柑橘园附近的肥沃土壤,厚度 8 cm～10 cm。

7.4.1.4 中耕

可在夏、秋季和采果后进行,每年中耕 3 次～4 次,保持土壤疏松通气无杂草。中耕深度 8 cm～15 cm,坡地宜深些,平地宜浅些。雨季不宜中耕。

7.4.2 整形修剪

7.4.2.1 原则

因地制宜,因树因品种修剪,达到通风透光、立体结果、省力增效的目的。

7.4.2.2 适宜树形

适宜树形为自然开心形,干高 20 cm～40 cm,主枝(3 个～4 个)在主干上的分布错落有致。主枝分枝角 30°～50°,各主枝上配置副主枝 2 个～3 个,一般在第三主枝形成后,即将类中央干剪除或扭向一边作结果枝组。

7.4.2.3 修剪时期

采果后至翌年春芽萌发前的修剪。一般在采果后进行;春梢萌发至秋梢停止生长期的修剪。

7.4.2.4 修剪要点

7.4.2.4.1 幼树期

以轻剪为主,以抹芽、轻度短截等方式调节各主枝之间生长势的平衡。轻剪其余枝梢,避免过多的疏剪和重短截,内膛枝和树冠中下部较弱的枝梢一般保留。

7.4.2.4.2 初结果期

继续选择和短截处理各级骨干枝延长枝,抹除夏梢,促发健壮秋梢。对过长的营养枝留 8 片～10 片叶及时摘心,回缩或短截结果后枝组。秋季对旺长树采用环割、断根、控水等促花措施。

7.4.2.4.3 盛果期

及时回缩结果枝组、落花落果枝组和衰退枝组。剪除枯枝、病虫枝。对较拥挤的骨干枝适当疏剪开出"天窗",将光线引入内膛。对当年抽生的夏、秋梢营养枝,通过短截其中部分枝梢调节翌年产量,防止大小年结果。花量较大时适量疏花或疏果。对无叶枝组,在重疏删基础上,对大部分或全部枝梢短截处理。

7.4.2.4.4 衰老更新期

应减少花量,甚至舍弃全部产量以恢复树势。在回缩衰弱枝组的基础上,疏删密弱枝群,短截所有夏、秋梢营养枝和有叶结果枝。极衰弱植株在萌芽前对侧枝或主枝进行回缩处理。衰老树经更新修剪后促发的夏、秋梢应进行短强、留中、去弱处理。

7.4.3 花果管理

7.4.3.1 控花疏果

7.4.3.1.1 控花

冬季修剪以短截、回缩为主;进行花期复剪,强枝适当多留花,弱枝少留或不留,有叶单花多留,无叶花少留或不留;抹除畸形花、病虫花等。

7.4.3.1.2 促花

在秋季采用环割、断根、拉枝、控水等措施促进幼、旺树花芽分化。

7.4.3.1.3 人工疏果

分2次进行,第一次疏果在第一次生理落果后,只疏除小果、病虫果、畸形果、密弱果;第二次疏果在第二次生理落果结束后,根据叶果比进行疏果。适宜叶果比为(50～60):1,弱树叶果比适度加大。

7.4.3.2 保花保果

加强树体管理,增强树势;花前和幼果前,喷营养液,0.3%磷酸二氢钾+0.1%硼砂。

7.4.3.3 果实套袋

套袋适期为6月下旬至7月中旬(生理落果结束后)。及时选择生长正常、健壮的果实进行套袋。纸袋应选用抗风吹雨淋、透气性好的柑橘专用纸袋,以单层袋为宜。果实采收前15d左右摘袋。

8 采收

8.1 采收时间

鲜销果在果实正常成熟,表现出本品种固有的品质特征(色泽、香味、风味和口感等)时采收。储藏果比鲜销果宜提前7d～10d采收。采收时要严格执行操作规程,做到轻采、轻放、轻装、轻卸。采果宜选晴天采,雨天、大风天不采。果面露水不干不采。采收前1周不宜灌水。

8.2 采收方法

采果应先外后内,由下到上的顺序进行,实行"一果两剪",第一剪剪下果实,第二剪齐果蒂剪平。禁止使用有毒有害药品处理果实。果品质量应符合NY/T 426的要求。

9 生产废弃物处理

全面清除果园内的落果、落叶、枯枝,用作绿肥或有机肥覆盖果园或埋入施肥穴。田间各类废弃的农用塑料膜、农药包装袋和瓶,应清理出园,集中回收处理。

10 运输储藏

储藏应符合NY/T 1189的要求。

10.1 室内储藏

储藏场地应干净、卫生,应分等级、包装规格堆放,批次分明、堆码整齐,不得与有毒、有害、有异味物品混放。冷库储藏时,应经2d～3d预冷后达到最终冷藏温度方可入库冷藏,冷藏库内温度为10℃～12℃,相对湿度为80%～85%。

10.2 通风库储藏

可分为架藏和箱藏两种:一是在库内用木料或金属材料搭架,将果实直接放置在架板上储藏;二是在库内用果箱堆码储藏,堆放时排间须留间隙。根据通风系统的装置,果箱排列成"井"字形或"品"字形。利用季节和日夜之间的温度变化,通过适时通风换气调节库内温度;通风换气同时排除库内不良气体和控制库内相对湿度,必要时可对地面或墙壁喷雾,或在库内放置水盆。

10.3 运输

运输中总的要求是快装快运,轻装轻卸,防热防冻。

11 生产档案管理

应建立起绿色食品柑橘生产档案,明确记录产地环境条件、生产技术、肥水管理、病虫草害的发生和防治、采收及采后处理等情况,并保存至少3年。

附　录　A

（资料性附录）

西南地区绿色食品杂柑生产主要病虫害防治方案

西南地区绿色食品杂柑生产主要病虫害防治方案见表A.1。

表A.1　西南地区绿色食品杂柑生产主要病虫害防治方案

防治对象	防治时期	农药名称	使用剂量	使用方法	安全间隔期，d
溃疡病	发病初期	46％氢氧化铜水分散粒剂	1 000倍～2 000倍液	喷雾	3
		36％春雷·喹啉铜悬浮剂	2 000倍～3 000倍液	喷雾	21（每季最多3次）
炭疽病	发病初期	12.5％氟环唑悬浮剂	1 500倍～2 400倍液	喷雾	21
	春梢1 cm左右长时喷第一次药	64％苯甲·锰锌可湿性粉剂	500倍～1 500倍液	喷雾	20
疮痂病	春梢新芽萌动至芽长2 mm前及谢花2/3时喷药。秋梢发病地区需喷药保护	代森锰锌80％可湿性粉剂	500倍～625倍液	喷雾	21
	发病前或发病初期	40％苯醚甲环唑悬浮剂	3 200倍～3 600倍液	喷雾	30
黑斑病	发病初期	35％氟菌·戊唑醇悬浮剂	2 000倍～4 000倍液	喷雾	21
红蜘蛛	在红蜘蛛大量产卵的嫩梢期使用	30％联肼·乙螨唑乳油	6 000倍～8 000倍液	喷雾	21
	红蜘蛛低龄幼若螨始盛期施药	30％乙螨唑悬浮剂	10 000倍～14 000倍液	喷雾	28
蚜虫	蚜虫盛期施药	5％啶虫脒乳油	4 000倍～5 000倍液	喷雾	14
粉虱类	在粉虱若虫盛发期施药	5％啶虫脒乳油	2 000倍～4 000倍液	喷雾	21
天牛	天牛羽化盛期用药	40％噻虫啉悬浮剂	3 000倍～4 000倍液	喷雾	21
注：农药使用以最新版本NY/T 393的规定为准。					

绿色食品生产操作规程

LB/T 063—2020

重 庆 四 川
绿色食品琯溪蜜柚生产操作规程

2020-08-20 发布

2020-11-01 实施

中国绿色食品发展中心 发布

前　言

本规程由中国绿色食品发展中心提出并归口。

本规程起草单位：中国农业科学院柑桔研究所、农业农村部柑桔及苗木质量监督检验测试中心、中国农业科学院农业质量标准与检测技术研究所、重庆市农产品质量安全中心、四川省绿色食品发展中心、重庆市农业技术推广总站、重庆市美亨柚子种植股份合作社。

本规程主要起草人：王成秋、郭萍、焦必宁、王敏、戴亨林、闫志农、程光辉、熊伟、陈开蓉。

重庆四川绿色食品琯溪蜜柚生产操作规程

1 范围

本规程规定了重庆、四川绿色食品琯溪蜜柚的产地环境、苗木质量、苗木栽植、田间管理、整形修剪、花果管理、病虫害防治、采收储藏、生产废弃物处理及生产档案管理。

本规程适用于重庆和四川的绿色食品琯溪蜜柚生产。

2 规范性引用文件

下列文件对于本文件的应用是必不可少的。凡是注日期的引用文件,仅注日期的版本适用于本文件。凡是不注日期的引用文件,其最新版本(包括所有的修改单)适用于本文件。

GB 5040 柑橘苗木产地检疫规程

GB/T 9659 柑桔嫁接苗

GB/T 13607 苹果、柑橘包装

NY/T 391 绿色食品 产地环境质量

NY/T 393 绿色食品 农药使用准则

NY/T 394 绿色食品 肥料使用准则

NY/T 426 绿色食品 柑橘类水果

NY/T 658 绿色食品 包装通用准则

NY/T 1190 柑橘等级规格

3 产地环境

3.1 基地选址

选择交通便利、水源充足、远离污染源和与检疫性病虫害具有隔离条件的地方建园。产地环境应符合 NY/T 391 的要求。

3.2 地形地势

选择坡度≤20°的丘陵坡地、平地。

3.3 土壤条件

选择土层深厚,土壤肥沃、疏松,有机质含量≥1.0%,pH 为 5.0～7.5,地下水位低于 1 m,水源条件好的园地。

3.4 气候条件

应在年平均温度 16.5℃～21℃、1月平均温度≥7℃、≥10℃的年积温 5 000℃以上的地方栽培。

4 苗木质量

苗木产地检疫应符合 GB 5040 的要求,苗木质量应符合 GB/T 9659 的要求,提倡栽植无病容器苗。

5 苗木栽植

5.1 栽植时间

春季 2月～4月或秋季 9月～10月栽植为宜。容器苗除 1月外,其他月份均可定植。

5.2 栽植规格

每亩栽植琯溪蜜柚 33 株,株行距 4 m×5 m。

5.3 栽植要求

平地南北行向栽植,坡地等高线栽植。栽植 30 d 左右定点放线,挖长、宽、深均为 80～100 cm 的定植穴,定植穴内分层埋压有机肥 50 kg～100 kg,然后回填泥土,回填后定植墩高于地平面 30 cm 以上,将苗木的根系和枝叶适度修剪后放入定植穴中央,舒展根系,扶正树干,边填土边轻轻向上提苗,踏实,覆土至根颈处,嫁接口露出地面 10 cm 为宜。填土后在树苗周围做直径 1 m 的树盘,浇足定根水。

6 田间管理

6.1 土壤管理

6.1.1 深翻扩穴

土层浅、土质较差的果园实施一次性改土建园。成年柚园可在树冠外围附近进行条沟状开深沟,分层埋施经腐熟的农家肥、绿肥等有机肥。

6.1.2 间作或生草

柚园实行生草制,行间间作浅根、矮秆的豆科植物和禾本科牧草或绿肥。

6.1.3 中耕

每年在夏季或者早秋季,结合除草或间作中耕 1 次～2 次,中耕深度 10 cm～15 cm。

6.1.4 覆盖

每年在高温干旱的夏季和低温的冬季覆盖秸秆保水、调节地温。

6.2 施肥

6.2.1 施肥原则

施有机肥为主,合理施用化肥,有针对性地补充中、微量元素肥。肥料种类、质量和使用方法应符合 NY/T 394 的要求。

6.2.2 施肥方法

用穴施、沟施、撒施或水肥一体化等方法。在树冠滴水线外侧挖沟(穴),深度 15 cm～30 cm,有机肥宜深。东西、南北对称轮换位置施,施后及时覆土、灌水。

6.2.3 幼树施肥

薄肥勤施,以氮肥为主,配合施用磷、钾肥。1 年～2 年生幼树单株年施氮(以 N 计)100 g～300 g,氮、磷、钾(以 N、P_2O_5、K_2O 计)比例 1∶0.4∶0.6。定植后 1 年生幼树 3 月～9 月每月施肥 1 次～2 次,每次施肥宜兑水施。

6.2.4 初果期施肥

初果幼树年施肥减至 3 次～4 次,单株年施氮(以 N 计)0.46 kg,氮、磷、钾(以 N、P_2O_5、K_2O 计)比例 1∶0.6∶0.8。2 月中下旬施花前肥,株施全年的 30%;7 月上中旬施壮果肥,株施全年的 50%,另加菜籽饼 2 kg～3 kg;11 月中下旬施采果肥:株施全年的 20%,适量埋压绿肥。

6.2.5 盛果期施肥

中等肥力柚园,以产果 100 kg 计,施氮(以 N 计)0.92 kg。氮(以 N 计)∶磷(以 P_2O_5 计)∶钾(以 K_2O 计)配方比例为 1∶(0.7～0.9)∶(0.8～1.0),花前肥株施全年的 30%,壮果肥株施全年的 50%,采果肥株施全年的 20%,有针对补充中量和微量元素肥料。施花前肥和壮果肥时,增施菜籽饼 4 kg～5 kg/(株·年)。

6.3 水分管理

6.3.1 灌溉

在春梢萌动及开花期(3 月～5 月)和果实膨大期(7 月～8 月)发生干旱应及时采用喷灌、滴灌、皮管浇灌等,土壤浸润深度应不小于 20 cm。水质应符合 NY/T 391 的要求。

6.3.2 排水

设置排水系统并及时清淤,多雨季节或果园积水时及时开深沟(深度 60 cm~80 cm)排水。

7 整形修剪

7.1 整形

整形培养树体主干和骨架主枝,宜采用自然圆头形或自然开心形,干高 50 cm~60 cm,主枝 3 个~5 个,各主枝配置副主枝 2 个~3 个,主、侧枝均匀分布,配置适当侧枝、枝组。

7.2 修剪

7.2.1 幼树期修剪

以轻剪为主。疏剪和少短截。适当疏删过密枝群,保留内膛枝和树冠中下部弱枝。

7.2.2 初结果期修剪

短截处理各级骨干枝延长枝,抹除夏梢,促发健壮秋梢。对过长的营养枝留 8 片~10 片叶及时摘心,回缩或短截结果枝组,9 月~10 月对旺长树采用断根、控水等促花措施。

7.2.3 盛果期修剪

保留树冠内部和下部弱枝。及时回缩结果枝组、落花落果枝组和衰退枝组。剪除枯枝、病虫枝。对拥挤的骨干枝适当疏剪。对当年抽生的夏、秋梢营养枝,宜短截其中部分枝梢。

8 花果管理

8.1 促花

7 月~8 月,扭枝、拉枝、撑枝、吊枝等措施促进幼、旺树花芽分化;9 月~10 月,控水或叶面喷施矮壮素等促花剂。

8.2 控花

冬春季短截、回缩修剪;花前复剪,强枝适当多留花,弱枝少留或不留,有叶单花多留,无叶花少留。花期抹除畸形花、病虫花等。

8.3 保果

初花期喷施 0.2% 硼肥,幼果期喷施磷酸二氢钾肥。

8.4 人工疏果

第二次生理落果结束后(6 月下旬),疏除小果、病虫果、畸形果、密生弱果。

8.5 果实套袋

8.5.1 套袋时间

生理落果结束后进行,一般在 6 月下旬至 7 月上旬套袋。

8.5.2 果袋材质要求

选用抗风、抗雨、透气性好的双层纸袋,一般选择外面为黄色、里层为黑色的纸袋。

8.5.3 套袋方法

8.5.3.1 套袋前根据病虫发生情况全园喷 1 次杀菌剂、杀虫剂农药,重点喷果杀灭果面病菌和虫卵,选择的农药应符合 NY/T 393 的要求。

8.5.3.2 宜在露水(或药液)干后进行套袋,喷药后 48 h 内完成果实套袋。

8.5.3.3 树上套袋的顺序为先上后下,先内后外。

8.5.3.4 套袋时先把手伸进纸袋,使全袋鼓起,然后一手抓果柄,一手托袋底,把幼果套入袋口中部,再将袋口从两边向中部柄处挤摺,然后将袋口用自带绳子或细金属丝扎紧在果柄上。套完后用手往上托,拍打一下纸袋中部折皱线,使全袋鼓胀,底角的出水气孔朝下方张开,幼果悬于袋中。

8.5.3.5 果实采收前 15 d 左右摘袋。

9 病虫害防治

9.1 防治原则

"预防为主,综合防治"。以农业栽管和物理防治为基础,生物防治为核心,按照病虫害的发生规律和经济阈值,进行化学防治,控制病虫危害。

9.2 防治方法

9.2.1 植物检疫

从外地引种时,必须按国家有关标准进行植物检疫,不得从疫区调运柚类和其他柑橘苗木、接穗、果实和种子。

9.2.2 农业防治

因地制宜,选择抗性砧木;科学施肥,合理负载,增强树势;科学整形,合理修剪,保持树冠通风透光良好;冬季清园,剪除病虫枝、清除枯枝落叶、树干用石灰水＋硫酸铜刷白;增施有机肥,结合深翻改良土壤,地面种植绿肥、牧草和其他农作物秸秆覆盖。

9.2.3 物理防治

采用糖醋液、黑光灯、频振式杀虫灯、黏着剂、防虫网及根茎部缠绕透明胶带等方法诱杀害虫,6月～8月人工捕捉天牛、蚱蝉。

9.2.4 生物防治

保护和释放尼氏钝绥螨和胡瓜钝绥螨等天敌(又称捕食螨),防治红蜘蛛、黄蜘蛛等害螨,释放方法:在平均每片叶红、黄蜘蛛等害螨数量不超过2头时,每株树挂1袋(特大树挂2袋)捕食螨产品。在果园安装性诱剂诱杀害虫。推广使用生物农药防治病虫害。果园间作和生草栽培保护天敌。

9.2.5 化学防治

根据病虫害发生动态,达到防治指标时根据环境和物候期适时对症用药。使用与环境相容性好、高效、低毒、低残留的农药。轮换使用不同作用机理的农药,严格执行农药安全间隔期。农药使用按 NY/T 393 的规定执行。主要病虫害的化学防治部分药物推荐参见附录 A,该表将随着新农药品种的登记而修订。

10 采收储藏

10.1 采收要求

10.1.1 采前果园管理

从果实转色开始,定期对果园进行清园,清除落果、裂果、烂果及异常着色的果实,并作无害化处理;采收前 15 d 内果园停止灌水。

10.1.2 采收条件

达到琯溪蜜柚固有的色泽和风味后采收,储藏果比鲜果宜早 7 d～10 d 采收,轻放、轻装、轻运,随采随分级;质量要求应符合 NY/T 426 的要求,单果重≥1.5 kg;雨天、雾天、雪天、打霜、大风等天气以及果面水分未干前不宜采收,应在晴好天气,露水干后采收为宜。

10.1.3 采收用具

剪刀:采用柑橘采果专用圆头果剪;盛果箱、采果袋、采果桶或采果篓:内壁平滑或铺防伤衬垫;人字梯;软质手套。

10.1.4 采收操作

采用"两剪法",第一剪果柄长 2 cm～3 cm 或从果柄先端分枝处剪下,再齐果蒂剪平,萼片完整。采果人员戴软质手套,采果时轻拿轻放。

10.1.5 堆码操作

采收的果实不宜直接堆放地面,应装入周转果筐。运输时应堆码整齐、牢固,果筐顶部应预留 5 cm～10 cm 的空隙,中途不宜倒筐。

10.2 防腐保鲜

10.2.1 清洗和防腐保鲜处理

果实运抵采后处理厂后应 24 h 内用饮用水清洗,选用防腐保鲜剂处理。

10.2.2 发汗处理

保鲜处理的果实应在通风良好的室内进行发汗处理,通常柚类需要 5 d～7 d,以果实失重 3％为宜。

10.2.3 预分选

对清洗干净的果实,及时剔除因大小、果形、外观等原因无法达到鲜果销售要求的等外果,再参照相应的分级标准进行分级。按照 NY/T 1190 的规定执行。

10.2.4 防腐保鲜药物种类

防腐保鲜剂种类应符合 NY/T 393 的要求,并严格按照产品说明书使用。

10.2.5 保鲜处理用水的水质

应符合 NY/T 391 的要求。

10.2.6 使用方法

果实采后应在 24 h 内用药物水溶液浸洗或机械喷雾处理,处理后尽快晾干水分。所用药物的使用浓度和食用安全间隔期应符合 NY/T 393 的要求。

10.3 包装与入库

10.3.1 果实包装

10.3.1.1 包装材料

包装应符合 NY/T 658 和 GB/T 191 的要求。使用透明聚乙烯薄膜袋,材料厚度 0.015mm～0.030 mm。

10.3.1.2 包装方法

用于储藏的果实应在发汗后进行包装,袋口不宜捆扎过紧,稍微折叠即可。

10.3.2 储藏包装

用竹木筐或塑料筐作储藏包装箱,严格控制每箱果实的堆放厚度,装箱时箱体内最上层应留 5 cm～10 cm 高的空间。果箱正面应做好标识牌,注明产地、采收时期、大小规模、入库时间等详细信息。

10.3.3 入库储藏

果垛堆码方式,"品"字形堆放,形成通风道,适当留下通道,方便升降叉车通行和出库操作。果筐堆码时应充分考虑排风通道、人员及叉车出入等因素。

10.4 储藏环境条件

10.4.1 温度 5℃～8℃。

10.4.2 相对湿度 85％～90％。

10.4.3 储藏库内氧气不低于 15％、二氧化碳不高于 3％。

10.5 库房管理

10.5.1 通风库储藏

10.5.1.1 入库 10 d 前,应在库内地面洒清水,降温增湿。

10.5.1.2 储藏果全部出库后,应将库内烂果和生产废弃物进行清除,并作无害化处理;夏天天气良好时,及时对果箱等器具进行清洗、消毒,保存备用。

10.5.1.3 库房消毒。 入库前半个月对库房进行彻底清洁后封闭门窗,进行库房消毒,每立方米库房体积用 10 g 硫黄粉和 1 g 氯酸钾点燃熏蒸,密闭 5 d 后,通风 2 d~3 d 备用。

10.5.1.4 管理。 入库初期,库房应加强通风,除雨天、雾天外应日夜开窗,并机械排风,尽快降低库内温度,调整湿度。气温 0℃ 以下地区,库内温度低于适宜温度时,关闭通风道口和通风窗。库外气温高于适宜温度和库温时,则关闭通风道口和通风窗。库内湿度低于适宜湿度时,地面可洒水增湿。

10.5.2 冷库储藏

10.5.2.1 冷库消毒。 用杀菌剂喷洒消毒,使用的杀菌剂应符合 NY/T 393 的要求。

10.5.2.2 温度调节。 稳定控制库内温度在果实适宜储藏温度范围内,避免局部或短时间不适温度的发生,引起果实表面结露,避免冷害的发生。

10.5.2.3 预冷。 果实入库时,为使果实迅速降到设定的低温,进库的果实应经过预冷散热处理,将果实温度与库内温度的温差控制以 3℃~5℃ 为宜;每天果实的进库量不超过库容量的 1/3。

10.5.2.4 通风换气。 冷库相对密闭,注意每周定期换气,排除过多的二氧化碳和其他有害气体。不要在雨天、相对湿度比较大或气温较高时进行通风换气。

10.6 入库管理

10.6.1 检查

果实一旦入库储藏,应不要或尽量减少倒筐检测和翻动次数。储藏期间应每周检查 1 次果实腐烂、失重、新鲜程度、枯水、浮皮和库内空气清新程度等情况,当果实腐烂接近 10% 时应及时出库。

10.6.2 出库指标

在最佳储藏条件下,储藏 90 d~150 d,总损耗超过 10% 时应终止储藏,及时出库销售。

10.6.3 出库管理

10.6.3.1 通风库储藏。 结束储藏的果实应及时出库销售。通风库储藏果实可直接出库。

10.6.3.2 冷库储藏。 非全程冷链的情况下,冷库储藏果出库运输前梯度升温,以出库后果面不起冷凝水为宜,每天升温应低于 3℃,升至物流环境温度为止,库内保持 48 h。

11 生产废弃物处理

用过的废旧地膜、农药和肥料的包装袋应进行回收处理,果园的间作物,如秸秆、枯枝、枯叶等应收集做无害化处理。

12 生产档案管理

应建立生产管理档案,详细记录产地环境条件、生产技术、病虫草害的发生和防治、采收及采后处理等情况并保存记录 3 年以上。

附　录　A

（资料性附录）

重庆四川绿色食品瑭溪蜜柚生产主要病虫害化学防治方法

重庆四川绿色食品瑭溪蜜柚生产主要病虫害化学防治方法见表 A.1。

表 A.1　重庆四川绿色食品瑭溪蜜柚生产主要病虫害化学防治方法

防治对象	防治时期	农药名称	使用剂量	使用方法	安全间隔期,d
红蜘蛛、黄蜘蛛	花前 1 头/叶～2 头/叶,花后和秋季 3 头/叶～6 头/叶	石硫合剂 45％晶体	早春 180 倍～300 倍、晚秋 300 倍～500 倍	喷雾	15
		99％矿物油	120 倍～200 倍	喷雾	50
		5％噻螨酮乳油	1 000 倍～1 500 倍	喷雾	30
		34％螺螨酯悬浮剂	3 000 倍～4 000 倍	喷雾	30
		5.5％乙螨唑悬浮剂	3 000 倍～4 000 倍	喷雾	30
蚜虫	有蚜新梢达 25％,幼虫幼龄期	10％吡虫啉可湿性粉剂	1 000 倍	喷雾	21
		3％啶虫脒乳油	2 000 倍～2 500 倍	喷雾	21
潜叶蛾	7 月～8 月,嫩梢 0.5 cm～2 cm;夏、秋梢抽发	5％啶虫脒乳油	2 000 倍～2 500 倍	喷雾	14
		10％吡虫啉可湿性粉剂	1 500 倍～2 000 倍	喷雾	21
		5％高效氯氰菊酯水乳剂	2 500 倍～3 000 倍	喷雾	30
粉虱和蚧类	春梢萌芽期和幼果期	10％吡虫啉可湿性粉剂	1 000 倍	喷雾	21
		40％噻嗪酮悬浮剂	1 500 倍～2 000 倍	喷雾	30
		5％高效氯氰菊酯水乳剂	2 500 倍～3 000 倍	喷雾	30
		99％矿物油	120 倍～200 倍	喷雾	50
潜叶甲	春梢萌发及生长期	5％高效氯氰菊酯水乳剂	2 500 倍～3 000 倍	喷雾	30
蟓象	幼果至果实着色期	5％高效氯氰菊酯水乳剂	2 500 倍～3 000 倍	喷雾	30
天牛	5 月～7 月	5％高效氯氰菊酯水乳剂	2 500 倍～3 000 倍	喷雾	30
	冬季清园	氢氧化钙(石灰水)	生石灰：石硫合剂：水＝1：0.5：5	涂干	15
大实蝇	成虫羽化期和初发期	绿色诱杀球	15 个/亩	挂树	—
		5％高效氯氰菊酯水乳剂	2 500 倍～3 000 倍	喷雾	30
黑斑病	早春,晚秋	石硫合剂 45％晶体	早春 180 倍～300 倍、晚秋 300 倍～500 倍	喷雾	15
炭疽病、锈壁虱	冬季清园、4 月～5 月	80％代森锌可湿性粉剂	600 倍～800 倍	喷雾	21

表 A.1（续）

防治对象	防治时期	农药名称	使用剂量	使用方法	安全间隔期，d
溃疡病	春季至初夏	50%春雷霉素可湿性粉剂	300倍～500倍	喷雾	21
		30%氧氯化铜悬浮剂	500倍～800倍液	喷雾	30
		80%波尔多液	400倍～600倍液	喷雾	—
疮痂病、沙皮病	展叶期、幼果期	80%代森锰锌可湿粉剂	600倍～800倍	喷雾	21
		0.5%波尔多液	等量式	喷雾	15
青霉病、绿霉病	采果后	75%抑霉唑	2 000倍～2 500倍	浸果	60
		50%噻菌灵悬浮剂	400倍～600倍液	浸果	21
注:农药使用以最新版本 NY/T 393 的规定为准。					

绿 色 食 品 生 产 操 作 规 程

LB/T 064—2020

北 方 地 区
绿色食品桃生产操作规程

2020-08-20 发布

2020-11-01 实施

中国绿色食品发展中心 发布

前　　言

本规程由中国绿色食品发展中心提出并归口。

本规程起草单位：北京市绿色食品办公室、中国绿色食品发展中心、北京市平谷区人民政府果品办公室、天津市绿色食品办公室、河北省唐山市农业技术推广站、新疆霍城县林业局、北京春禾盛辉农业科技有限公司。

本规程主要起草人：周绪宝、李浩、孙辉、姜春光、张承胤、马文宏、张蔓、张义、纪祥龙、齐春晖。

北方地区绿色食品桃生产操作规程

1 范围

本规程规定了北方地区绿色食品露地桃生产的产地环境、品种选择、栽植、土肥水管理、整形剪枝、花果管理、病虫害防治、果实采收、包装、运输、生产废弃物处理和生产档案管理等内容。

本规程适用于北京、天津、河北、山西、陕西北部、内蒙古、甘肃、宁夏、青海、新疆的绿色食品露地桃生产。

2 规范性引用文件

下列文件对于本文件的应用是必不可少的。凡是注日期的引用文件,仅注日期的版本适用于本文件。凡是不注日期的引用文件,其最新版本(包括所有的修改单)适用于本文件。

NY/T 391 绿色食品 产地环境质量

NY/T 393 绿色食品 农药使用准则

NY/T 394 绿色食品 肥料使用准则

NY/T 658 绿色食品 包装通用准则

NY/T 844 绿色食品 温带水果

NY/T 1056 绿色食品 储藏运输准则

3 产地环境

产地环境条件应符合 NY/T 391 的规定。选择耕作与排灌方便、土壤疏松的轻壤土或沙壤土,pH 5.5~7.5。年平均气温 8℃~17℃,1 月平均气温不低于−10℃,年降水量 500 mm 左右。

4 品种选择

4.1 选择原则

根据当地具体情况,选择适合本地区的抗病虫害、抗逆性优良品种,早中晚熟品种合理搭配。推荐品种:大久保、京艳(北京 24)、燕红(绿化 9 号)、领凤、美脆、新川中岛、夏之梦、华玉、金秋蟠桃、瑞蟠系列、望春、金美夏、瑞光系列、京和油 1 号、中油系列、万寿红、燕黄、黄金蜜 4 号等。

4.2 苗木

选用株高 1 m、地径 0.8 cm 以上的成品苗,无病虫害,无机械损伤,不宜使用芽苗或毛桃苗。

4.3 砧木选择

以毛桃为主。如有条件,也可采用 GF677 或筑波 4 号、筑波 5 号等。

4.4 嫁接

采用芽接方法嫁接,嫁接部位挺直、光滑,离根颈 10 cm~15 cm 处。

5 栽植

5.1 整地

栽植株行距为(3~4)m×(5~6)m,以南北行栽植为宜。有机肥和菌肥混合撒在行间,旋耕。

起垄栽植,垄高 20 cm~30 cm、宽 2 m,两侧有埂,垄正中间栽树。除山地、薄沙地外均采用高培垄栽植方式。栽植沟深、宽各 60 cm,表土与底土分放。

5.2 栽植

5.2.1 栽植前苗木处理

将苗木分级,苗木粗度相近的苗木栽在同一区域内。根系修剪后蘸生根粉或 300 倍 EM 复合菌液 30 min。随蘸随栽,栽时将根系舒展开,不宜深栽,栽后浇水、封埯沉实后与原地径相平为宜,然后盖 1 m² 地膜,保墒促生长。

5.2.2 定干

在苗木 60 cm 左右(从下往上)第一个饱满芽处定干。有条件的可以在定干后套袋(条形、苗木专用袋),促使萌芽。待芽生长到 1 cm 时先放风后解袋。

6 土肥水管理

6.1 土壤管理

6.1.1 果园生草覆草

利用果园自然杂草,待草高达 30 cm 时割草,割后覆在树盘内或行间覆盖还田。

6.1.2 覆膜保墒

由于北方地区 4 月~6 月少雨,4 月在果园覆膜,有利于土壤保墒,能高效节水。

6.1.3 深翻改土

结果期果园根据土壤状况,可秋季进行行间深翻改土,在树冠外围深翻 40 cm~60 cm。

6.2 施肥管理

6.2.1 原则

按照 NY/T 394 的规定执行。所使用的肥料不应对果园环境和果实品质产生不良影响,允许使用的肥料种类以有机肥为主、化肥为辅,保持和增加土壤肥力及土壤微生物活性。提倡根据土壤和叶片的营养分析进行配方施肥和平衡施肥。

6.2.2 底肥

上一周期果实收获后,随深翻改土施入。一般每亩施 3 m³~4 m³ 农家肥或商品有机肥 1 t~2 t。施肥方法为放射状沟、环状沟或平行沟,从树冠垂直投影外缘向内均匀地挖深 20 cm、长不低于 100 cm 的 6 条~8 条放射状施肥沟,施后灌水。

6.2.3 追肥

花前追肥:花前 1 周内,选用优质的生物菌或发酵饼肥,根据树长势或土壤测定结果,每亩施用量 50 kg~100 kg 或硫酸钾型氮磷钾高浓度复合肥 5 kg~10 kg。

果实膨大初期追肥:谢花后约 30 d,以氮、钾肥为主,每亩追施尿素 10 kg、硫酸钾 15 kg,混合施入或施用 18-6-24 硫酸钾型复合肥 10 kg~15 kg。

追肥方法:采用放射状沟施,从树冠垂直投影外缘向内均匀的挖深 20 cm,长不低于 100 cm 的 6 条~8 条放射状施肥沟(忌地面撒施),施肥后覆土浇水。

6.3 水分管理

根据降水量和田间持水量灌水。萌芽前后至新梢和幼果迅速生长期,当土壤含水量低于 60% 时,灌水 1 次~2 次,每次灌水渗透深度应达 0.5 m~0.8 m。落叶至土壤封冻前灌透冻水。

花芽分化前、果实成熟前应适当控制灌水。雨季前要疏通桃园内外排水沟,保证桃园内 50 cm 以上土层雨后积水不超过 24 h。

7 整形修剪

7.1 整形

依株行距不同,选择 Y 形或自然开心形。Y 形:对于株行距小于或等于 300 cm×600 cm 的果园,每株树选留 2 个伸向行间、生长势相近、发育良好的临近主枝,两主枝夹角 60°～80°,每主枝配置 4 个～6 个侧枝,同向侧枝相距 1 m。自然开心形:对于 400 cm×600 cm 以上的株行距,每株树留 3 个主枝,选留 3 个邻近或错落、分布均匀、方位角各占 120°、生长势相近、发育良好的主枝,每个主枝配置 4 个～6 个侧枝。

7.2 冬季修剪

7.2.1 主枝头的修剪

长势强的不短截,疏除旺枝;长势中庸的剪截到壮果枝处;长势弱的用壮枝带头。

7.2.2 枝组的修剪

枝组以斜上和水平为主,同侧大枝组保持 80 cm～100 cm 间距;大、中型枝组修剪时根据生长势在后部保留预备枝,预备枝以中庸、斜上枝条为宜;中小型枝组保持 30 cm～50 cm 间距。

7.2.3 结果枝的修剪

同侧长果枝间距 30 cm 以上,中长果枝结果为主的品种,亩留果枝量 10 000 个～12 000 个,其中长果枝近半;中短果枝结果为主的品种,亩留果枝量 13 000 个～15 000 个,其中长果枝留 1/4 左右。

7.3 夏季修剪

每年 4 月～8 月进行夏剪,每月剪 1 次,树冠内有些地方枝条交叉过密,应梳除一部分弱枝,每次修剪量不超过总枝量的 5%。

8 花果管理

8.1 授粉

宜合理搭配授粉品种,实现自然授粉,或者放蜂辅助授粉。也可人工授粉,人工授粉方法包括对花、点授等。其中点授是指采铃铛花,取出花药,在温度 20℃～25℃ 的条件下阴干,取出花粉放在小瓶内,用授粉工具进行点授。华玉、新川中岛等品种需要授粉。

8.2 疏芽、疏果

果枝基部留 1 个～2 个芽,其余疏掉花芽总量的 50%～60%。疏果从谢花后 2 周开始,先疏早熟品种和坐果率高的品种,后疏其他品种。

疏去小果、畸形果、病虫果。早熟品种结合疏果一次性定果,中晚熟坐果率高的品种按定果量多留 1 倍果;中晚熟坐果率低的品种按定果量多留 1.5 倍～2 倍果。

8.3 定果

8.3.1 定果时间

早熟品种在 5 月中下旬完成,其他品种在 6 月上旬完成。

8.3.2 定果方法

树体上部特别是枝头适当多留果,下部适当少留果;生长势旺的枝多留果;果实留在枝条的中上部。大型果品种应适当控制留果量。

8.4 套袋、解袋

8.4.1 套袋

选用避光、疏水、柔韧性好的单层复色袋。

套袋前喷一遍杀虫、杀菌剂,所用药剂应符合 NY/T 393 的要求,待果面药液晾干后及时套袋。不要带露水和雨水套袋。套袋顺序应为先早熟后晚熟品种,在树体上应先上后下,先内后外。

8.4.2 解袋

成熟前 15 d 左右,当袋内果开始由绿要转白时,开始解袋,先解上部外围果,后解下部内膛果。

9 病虫害防治

9.1 防治原则

采取综合防治为主,化学防治为辅,以农业防治及物理防治为基础,主要使用生物防治措施,辅助使用化学防治措施,化学防治要符合 NY/T 393 的规定,参考绿色食品生产允许使用植保产品清单,选取适宜药品。

9.2 防治措施

9.2.1 农业防治

a) 落叶后至发芽前清园,清理树下、树上僵果,连同落叶、残枝、杂草深埋或发酵堆肥循环利用,压低病虫害越冬基数。

b) 生长季,清理园中病虫梢、病虫果集中处理。

c) 果实套袋,阻隔病虫害侵染危害。

9.2.2 物理防治

使用杀虫灯、黏虫板、性诱剂、糖醋液诱杀害虫,4 月开始悬挂,诱杀梨小食心虫等害虫。

9.2.3 生物防治

a) 利用微生物复合益生菌剂防治,常见的有真菌类、细菌类及放线菌等的混合物,具有促进桃树健康生长抑制病虫害生长的作用;或者自制酵素喷施果树。

b) 在虫害发生初期,释放赤眼蜂、瓢虫、捕食螨等天敌,防治梨小食心虫、蚜虫、红蜘蛛、白蜘蛛等害虫。

9.2.4 化学防治

在做好农业措施、物理防治、生物防治的基础上,按照病虫害发生规律,在关键防治时期施药,减少施药量和次数,严格遵守农药安全间隔期。常见病虫害及防治方法详参见附录 A。

10 果实采收、包装、运输

10.1 适时采收

七成熟以上采收品质最佳。采收时戴手套、轻拿轻放。产品符合 NY/T 844 的要求。

10.2 分级、包装

果实分级,套网套、装箱。包装箱使用纸箱为宜,果实外套塑料网,包装要求、材料选择、包装尺寸按照 NY/T 658 的规定执行。

10.3 储存运输

储存场地要求清洁,防晒、防雨,不得与有害物品混存。运输工具必须清洁卫生,严禁与有害物品混装、混运。储存和运输应符合 NY/T 1056 的要求。

11 生产废弃物处理

提倡生产废弃物进行资源化重新利用,将修剪下废弃树枝收集起来,粉碎后堆肥,充分发酵腐熟后作食用菌栽培基料或还田等。地膜、农药包装袋等废弃物宜统一回收处理,避免污染环境。

12 生产档案管理

建立绿色食品生产档案,专人负责管理,按照要求对农事操作、施肥、用药、采收、销售等情况进行记录,同时建立投入品出入库管理制度,对投入品进行记录追踪。所有记录必须真实、有效,并至少保存 3 年以上。

附　录　A

（资料性附录）

北方地区绿色食品桃病虫害防治方案

北方地区绿色食品桃病虫害防治方案见表 A.1。

表 A.1　北方地区绿色食品桃病虫害防治方案

防治对象	防治时期	农药名称	使用剂量	使用方法	安全间隔期，d
蚜虫	发病初期	0.5％苦参碱水剂	1 000 倍～2 000 倍液	喷雾	7
	花前	50％氟啶虫胺腈水分散粒剂	10 000 倍～15 000 倍液		14
	花后	75％吡蚜·螺虫酯水分散粒剂	4 000 倍～6 000 倍液		90
天牛	发病期	3％高效氯氰菊酯微囊悬浮剂	600 倍～1 000 倍液	喷雾	14
梨小食心虫	幼虫发生高峰期	32 000 IU/mg 苏云金杆菌可湿性粉剂	200 倍～400 倍液		7
褐斑穿孔病	发病初期	20％春雷霉素水分散粒剂	2 000～3 000 倍液	喷雾	10
	发病期	325 g/L 苯甲·嘧菌酯悬浮剂	1 500～2 000 倍液	喷雾	14
褐腐病	发病前或发病初期	38％唑醚·啶酰菌水分散粒剂	1 500 倍～2 000 倍液	喷雾	28
	桃谢花后和采收前	24％腈苯唑悬浮剂	2 500 倍～3 200 倍液	喷雾	14
褐斑病	发病前或发病初期	80％硫黄可湿性粉剂水分散粒剂	500 倍～1 000 倍液	喷雾	14

注：农药使用以最新版本 NY/T 393 的规定为准。

绿 色 食 品 生 产 操 作 规 程

LB/T 065—2020

绿 色 食 品
温室桃生产操作规程

2020-08-20 发布

2020-11-01 实施

中国绿色食品发展中心 发布

LB/T 065—2020

前　言

　　本规程由中国绿色食品发展中心提出并归口。

　　本规程起草单位:北京市绿色食品办公室、中国绿色食品发展中心、北京市平谷区人民政府果品办公室、安徽省绿色食品管理办公室、天津市绿色食品办公室、河南省绿色食品发展中心、陕西省农产品质量安全中心、唐山市农业技术推广站、丰南区农产品监测中心。

　　本规程主要起草人:周绪宝、张志华、张承胤、郝建强、李浩、王鸿婷、高照荣、张凤娇、叶新太、唐海红、林静雅、李艳华。

绿色食品温室桃生产操作规程

1 范围

本规程规定了绿色食品温室桃建园、品种选择、栽植、休眠期管理、休眠结束后至花前管理、花期管理、幼果至采摘前管理、病虫害防治、果实采收与包装运输、生产废弃物的处理和生产档案管理。

本规程适用于全国的绿色食品温室桃生产。

2 规范性引用文件

下列文件对于本文件的应用是必不可少的。凡是注日期的引用文件,仅注日期的版本适用于本文件。凡是不注日期的引用文件,其最新版本(包括所有的修改单)适用于本文件。

GB 19175 桃苗木

NY/T 391 绿色食品 产地环境质量

NY/T 393 绿色食品 农药使用准则

NY/T 394 绿色食品 肥料使用准则

NY/T 658 绿色食品 包装通用准则

NY/T 1056 绿色食品 储藏运输准则

3 建园

3.1 园地环境

园地环境应符合 NY/T 391 的要求。建园选择耕作与排灌方便、土壤疏松的沙壤土,水电设施配套齐全,忌在重茬地、盐碱地和黏土地上建园。

3.2 温室类型

南北温室各有差异,主要有土墙日光温室、砖墙日光温室、玻璃连栋温室等。温室内一般安装加温、降温、加光、遮阳、通风、灌溉、施肥等设备和二氧化碳发生器,能调控温室内部环境条件。

4 品种选择

根据当地具体情况,总体原则为选择适合本地区的抗病虫害、抗逆性优良品种。温室桃栽培宜选择休眠期需冷量低、果实发育期短、易成花芽、自花结实率高、丰产、品质优良的早熟品种。推荐品种:大久保、春雪、突围、庆丰、瑞光 22、中油 4 号、中油 5 号等品种。

桃树多数品种自花结实,异花授粉效果更好。为保证温室桃坐果率,1 个主栽品种可配置花期较为一致的授粉品种 1 个～2 个。

5 栽植

5.1 苗木

符合 GB 19175 的要求,选用株高 1 m、地径 0.8 cm 以上的成品苗,无病虫害,无机械损伤,不宜使用芽苗或毛桃苗。

5.2 株行距

1 m×(1.5～2)m,南北行栽植为宜。

5.3 整地

起垄栽植,垄高 20 cm～30 cm、宽 50 cm,两侧有埂,垄中间栽树。

定植时施足充分腐熟的有机肥,每亩使用农家肥 3 m³～4 m³或商品有机肥在 1 t～2 t,配合使用微生物菌剂 2 kg～5 kg,在树冠下开放射状或环状深 20 cm～30 cm 的沟,有机肥与微生物菌剂充分混合混匀,施入沟中踏实,然后浇水沉实。肥料施用符合 NY/T 394 的要求。

5.4 定植

粗度相近的苗木栽在同一区域内。根系修剪后蘸生根粉或 300 倍 EM 复合菌液 30 min。随蘸随栽,栽时将根系舒展开,不要深栽,栽后浇水、封埯沉实后以与原地径相平为宜。

5.5 定干

定干高度 30 cm～50 cm。

6 休眠期管理

6.1 整形修剪

6.1.1 树体结构调整

间伐有一定郁闭的大棚,采取确定永久株和临时株,分年间伐。对临时株进行控制,为永久株让路。

骨干枝之间要保持 1 m 以上的间距,最好 2 m,疏除直立、严重影响光照的骨干枝。骨干枝回缩换头行间要有 7 cm 的空间,对骨干枝调整后仍然过高,顶到棚顶的,影响光照的骨干枝头,于适宜部位选一粗度达到着生处主枝粗度 1/3 以上的背后或侧生枝代替原头。特别是交叉枝一定要回缩。

6.1.2 整形

依株行距不同,选择 Y 形和圆柱形。Y 形株行距(1～2)m×(3～4)m;圆柱形株行距 1 m×1.5 m,树最高不过 2 m。

6.1.3 主枝延长头修剪

行间延长头间距保持在 70 cm 左右。生长势强的品种,延长头不短截,疏除旺枝,适当多保留结果枝;长势中庸的品种,主枝延长头回缩到壮结果枝处;长势弱的品种,主枝延长头回缩到壮抬头枝处短截,并适当少留枝,疏弱留壮。延长头已交叉且具有足够结果枝数量的,回缩到合适的方向好的果枝处。

6.1.4 枝组和结果枝的修剪

疏除背上旺枝,过密枝、病虫枝、背下细弱枝,尽量留两侧枝,使结果枝枝头间距达到 15 cm～20 cm,每株以留 40 个～50 个结果枝为宜。

6.1.5 亩枝量

使用面积果枝总量 10 000 个～12 000 个,其中长果枝(30 cm 以上)不少于 4 000 个～6 000 个。或是株行距 1 m×1.5 m,每株留长果枝 20 个～25 个;株行距 1 m×3 m,每株留长果枝 40 个～60 个。

6.2 温湿度调节

当外界最低气温相对稳定的下降到 7℃,最高气温降到 15℃时开始扣棚。扣棚后,通过调节草苫通风孔等措施,减少白天高温进入,增加夜间冷空气进入,尽量将设施内温度调整至 0℃～7.2℃,以尽快满足需冷量。

7 休眠结束后至花前管理

7.1 温度

7.1.1 升温

在达到需冷量后,开始逐渐升温,以 7℃ 左右开始为宜,升温幅度应控制在每周 2℃～3℃,经过 4 周～7 周时间设施内白天温度达到 22℃ 左右。一般经过 30 d～50 d 进入开花期比较适宜。

7.1.2 地温

设施中地温上升缓慢，一般采取埋设地热线、地膜覆盖等方式进行升温，到花期地温以达到 15℃～20℃为宜。

7.2 湿度

7.2.1 空气湿度

保温期至开花前，空气相对湿度为 70%～80%。

7.2.2 土壤湿度

土壤相对含水量控制在 60% 左右。设施内应控制浇水量及浇水次数，以降低温室内的土壤湿度。

7.3 追肥

升温后开花时追第一次肥，开沟追施硫酸钾型高浓度复合肥，根据树冠大小、树势强弱每亩追施 5 kg～10 kg，追肥后浇水；桃挂果后初期追第二次肥，开沟追施高氮高钾型复合肥，追肥后浇水，根据树冠大小、树势强弱每亩追施 10 kg～15 kg；桃膨大期追第三次肥，开沟追施高钾型复合肥，追肥后浇水，根据树冠大小、树势强弱每亩追施 10 kg～15 kg。肥料施用符合 NY/T 394 规定。

8 花期管理

8.1 温湿度调节

花期白天适合温度为 18℃～22℃，白天高于 25℃ 或夜间低于 10℃，均不利于桃树开花。

开花期需要湿度较低，相对湿度保持 30%～50%。

8.2 授粉

8.2.1 人工授粉

采用人工点授的方法，采铃铛花，取出花药，在温度 20℃～25℃ 的条件下阴干取出花粉，用授粉工具进行点授。分批次授粉，需进行人工授粉 3 次～4 次。

8.2.2 蜜蜂授粉

初花期利用蜜蜂授粉，注意蜜蜂不要放入过多。

9 幼果至采摘前管理

9.1 温湿度调节

9.1.1 温度

幼果期白天最高温度不超过 25℃，夜间最低温度不低于 10℃，果实硬核期至采摘前白天最高温度不超过 28℃，最低温度不低于 15℃。

9.1.2 空气相对湿度

幼果期控制在 60%～70%；果实发育后期在 60% 左右。

9.2 疏果

疏果分 2 次进行：第一次盛花后 20 d 开始，疏去未受精的果、畸形果、过密果、病虫果；第二次为定果，盛花后 30 d 进行。在一个长果枝上，大型果留 1 个，中型果留 1 个～2 个，小型果留 2 个。

9.3 二氧化碳浓度调节

通过排气孔放风提高室内二氧化碳浓度。

10 病虫害防治

10.1 防治原则

采取以综合防治为主、化学防治为辅，以农业防治及物理防治为基础，主要使用生物防治措施，辅助使用化学防治措施,化学防治要符合 NY/T 393 的要求,药剂选择须符合绿色食品生产允许使用防治药剂清单。

10.2 防治措施

10.2.1 农业防治

a) 休眠结束前清园,清理树下、树上僵果、连同落叶、残枝、杂草深埋或堆积发酵,压低病虫害越冬基数。

b) 生长季,合理浇水控制湿度,科学施肥控制氮肥使用;清理园中病虫梢、病虫果,并集中收集处理。

c) 果实套袋,阻隔病虫害侵染危害。

10.2.2 物理防治

a) 安装防虫网、遮阳网等,阻止害虫和病原菌进入温室。

b) 使用性诱剂、糖醋液诱杀害虫,诱杀梨小食心虫等害虫,梨小性迷向素悬挂诱杀时使用量为 50 条/亩、112 mg/条。

c) 悬挂黄色黏虫板诱杀害虫,覆盖银灰色地膜驱避蚜虫等。

10.2.3 生物防治

a) 利用微生物复合益生菌剂防治,常见的有真菌类、细菌类及放线菌等的混合物,具有促进桃树健康生长抑制病虫害生长的作用;或者自制酵素喷施果树。

b) 在虫害发生初期,释放赤眼蜂、瓢虫、捕食螨等天敌,防治梨小食心虫、蚜虫、红蜘蛛、白蜘蛛等害虫。

10.2.4 化学防治

在做好农业措施、物理防治、生物防治的基础上,按照病虫害发生规律,在关键防治时期施药,减少施药量和次数,严格遵守农药安全间隔期。常见病虫害及防治方法参见附录 A。

11 果实采收与包装运输

11.1 适时采收

七成熟以上采收品质最佳。采收时戴手套、尽量保留果柄、轻拿轻放。

11.2 分级、包装

果实分级,套网套、装箱。包装箱使用纸箱为宜,果实外套塑料网,包装要求、材料选择、包装尺寸按照 NY/T 658 的规定执行。

11.3 储存运输

储场地要求清洁,防晒、防雨,不得与有害物品混存。运输工具必须清洁卫生,严禁与有害物品混装、混运。储存和运输应符合 NY/T 1056 的要求。

12 生产废弃物处理

提倡生产废弃物进行资源化重新利用,将修剪下废弃树枝收集起来,粉碎后堆肥,充分发酵腐熟后还田等。地膜、农药包装袋等废弃物宜统一回收处理,避免污染环境。

13 生产档案管理

建立绿色食品生产档案,专人负责管理,按照要求对农事操作、施肥、用药、采收、销售等情况进行记录,同时建立投入品出入库管理制度,对投入品进行记录追踪。所有记录必须真实、有效,并至少保存 3 年以上。

附　录　A

（资料性附录）

绿色食品温室桃病虫害防治方案

绿色食品温室桃病虫害防治方案见表 A.1。

表 A.1　绿色食品温室桃病虫害防治方案

防治对象	防治时期	农药名称	使用剂量	使用方法	安全间隔期,d
蚜虫	发病初期	0.5%苦参碱水剂	1 000 倍～2 000 倍液	喷液	7
	花前	50%氟啶虫胺腈水分散粒剂	10 000 倍～15 000 倍液		14
	花后	75%吡蚜·螺虫酯水分散粒剂	4 000 倍～6 000 倍液		90
天牛	发病期	3%高效氯氰菊酯微囊悬浮剂	600 倍～1 000 倍液	喷雾	14
梨小食心虫	幼虫发生高峰期	32 000 IU/mg 苏云金杆菌可湿性粉剂	200～400 倍液		7
褐斑穿孔病	发病初期	20%春雷霉素水分散粒剂	2 000 倍～3 000 倍液	喷雾	10
	发病期	325 g/L 苯甲·嘧菌酯悬浮剂	1 500 倍～2 000 倍液	喷雾	14
褐腐病	发病前或发病初期	38%唑醚·啶酰菌水分散粒剂	1 500 倍～2 000 倍液	喷雾	28
	桃谢花后和采收前	24%腈苯唑悬浮剂	2 500 倍～3 200 倍液	喷雾	14
褐斑病	发病前或发病初期	80%硫黄水分散粒剂	500 倍～1 000 倍液	喷雾	14

注:农药使用以最新版本 NY/T 393 的规定为准。

绿 色 食 品 生 产 操 作 规 程

LB/T 066—2020

绿 色 食 品
设施栽培西瓜生产操作规程

2020-08-20 发布　　　　　　　　　　　　　2020-11-01 实施

中国绿色食品发展中心 发布

前　　言

本规程由中国绿色食品发展中心提出并归口。

本规程起草单位：北京市农业绿色食品办公室、北京市农业技术推广站、北京市大兴区农业环境监测站、中国绿色食品发展中心、浙江省农产品质量安全中心、辽宁省绿色食品发展中心、山东省绿色食品发展中心、安徽省绿色食品办公室、陕西省农产品质量安全中心。

本规程主要起草人：王芳、庞博、曾剑波、张乐、郝建强、李玲、佟亚东、张云清、李浩、周绪宝、唐伟、史习俊、李政、叶博、孟浩、高照荣、林雅静。

绿色食品设施栽培西瓜生产操作规程

1 范围

本规程规定了全国绿色食品设施栽培西瓜的产地环境、品种选择、育苗、定植、田间管理、病虫草鼠害防治、采收、生产废弃物处理、运输储藏和生产档案管理。

本规程适用于全国范围内绿色食品设施栽培西瓜的生产。

2 规范性引用文件

下列文件对于本文件的应用是必不可少的。凡是注日期的引用文件,仅注日期的版本适用于本文件。凡是不注日期的引用文件,其最新版本(包括所有的修改单)适用于本文件。

NY/T 391　绿色食品　产地环境质量

NY/T 393　绿色食品　农药使用准则

NY/T 394　绿色食品　肥料使用准则

3 产地环境

生产基地选择在无污染和生态条件良好的地区,空气环境和灌溉水质良好、避风向阳、光照条件好、温差大、地势高燥、排灌方便、土层深厚、疏松肥沃沙壤土或土壤;基地应远离工矿区和公路、铁路干线,避开工业和城市污染源,最好是水旱轮作5年以上的田块,忌选菜园地或选择3年未种过瓜类作物的土壤。空气、灌溉水、土壤的质量还应符合NY/T 391的规定。

4 品种选择

4.1 选择原则

选择优质、高产、抗裂和抗逆性强、商品性好的品种。嫁接栽培时砧木选用亲和力好、抗逆性强、对果实品质无不良影响的葫芦或南瓜品种。不得使用转基因品种。

4.2 品种选用

华东地区设施栽培西瓜种植可推荐选用早佳84-24、浙蜜3号、抗病948、京欣3号、京欣2号、西农8号、小兰、新佳、早春红玉、冠龙、春光、郑杂新1号、甜王、京颖、超越梦想、华欣、L600等;华南地区可选用小宝、麒麟瓜、小富、黑美人、特小凤、无籽西瓜、热研黑宝等;华中地区可选用特小凤、超越梦想、L600、京颖、金小兰、黑美人、双星、京欣、冠龙、早佳84-24等;华北地区可选用京欣3号、京欣2号、华欣、双星、早佳、美都、甜王、京颖、L600和超越梦想等;东北地区可选用新地300、京欣2号、西农8号、新红宝、泰山1号、庆抗19等;西部地区可选用金城5号、西农8号、新红宝、金太阳、洞庭1号、麒麟、安农2号、抗3系列、抗4系列等。

5 育苗

5.1 种子处理

5.1.1 种子选择

选择籽粒饱满种子。种子纯度≥95%、净度≥99%、含水量≤8%;二倍体西瓜种子发芽率≥90%、无籽西瓜发芽率≥75%、砧木发芽率≥85%。

由外地调运的种子均须有种子产地主管部门的检疫合格证书。

5.1.2 晒种

播前于阳光下晒种 2 d。

5.1.3 浸种

普通西瓜种子常温浸泡 4 h;无籽西瓜种子常温浸泡 2 h,洗净种子表面黏液,擦去种子表面水分,晾到种子表面不打滑时进行破壳;作砧木用的南瓜种子常温浸泡 4 h,葫芦种子常温浸泡 12 h。

5.1.4 催芽

将处理好的有籽西瓜种子用湿布包好后放在 28℃～30℃ 的条件下催芽,无籽西瓜种子在 33℃～35℃ 条件下催芽,胚根(芽)长 0.5 cm 时播种。砧木种子在 25℃～28℃ 温度下催芽,胚根长 0.5 cm 时播种。

5.2 播种

5.2.1 播种时间

冬春茬:华东地区多于 1 月中旬至 3 月上旬播种;华南地区多于 12 月中旬至翌年 1 月中旬播种;东北地区 1 月中下旬至 3 月中旬;华北 12 月上旬至翌年 2 月下旬;西部 1 月至 2 月中下旬。秋茬:多于 7 月上中旬播种。

嫁接栽培时:靠接法接穗子叶展平时播种砧木种子;贴接法接穗子叶出土时播种砧木种子;顶插接砧木子叶展平时播种接穗种子;劈接法接穗和砧木可同时播种。

5.2.2 播种准备

5.2.2.1 设施选择

根据季节不同,选用夜间温度不低于 15℃ 的塑料薄膜拱棚或温室育苗。冬春季节育苗,在地面铺设 80 W/m²～120 W/m² 电热线,覆土 2 cm,土上宜覆盖地布。采用营养钵或穴盘育苗,穴盘规格宜为 32 孔或 50 孔;营养钵直径宜为 8 cm～10 cm,高度宜为 8 cm～10 cm。育苗设施在育苗前进行消毒处理,可用 50% 多菌灵 200 倍～400 倍液消毒。

5.2.2.2 营养土配制

营养土宜用健康的沙壤土,田土和充分腐熟有机肥的比例为 3∶1,充分拌匀放置 2 d～3 d 后待用。也可用无污染草炭、蛭石和珍珠岩的混合物,基质应质量符合 NY/T 2118 的要求,充分拌匀放置 2 d～3 d 后待用。为防止土传病害发生,营养土应作消毒处理,常用高温堆闷的方式,也可用 50% 代森锌或 50% 多菌灵 200 倍～400 倍液消毒。

5.2.3 播种方法

应选晴天上午播种,播种前浇足底水,先在营养钵(穴)中间扎一个 1 cm 深的小孔,再将催好芽的种子平放在孔内,胚根向下,每钵(穴)播 1 粒种子,随播种随覆 1.5 cm～2 cm 厚的细营养土。播后用喷壶洒水,使覆盖土湿润,然后立即覆盖地膜进行保温保湿。夏季在地膜上再覆盖遮阳网或草帘降温。

5.2.4 播种量

每亩栽培面积的用种量,小型西瓜爬地栽培 30 g～40 g,吊蔓栽培 60 g～80 g;大中型西瓜爬地栽培 60 g～80 g,嫁接栽培时葫芦用种量 100 g～200 g,南瓜用种量 120 g～240 g。

5.3 苗期管理

5.3.1 温度管理

播种后,夏秋育苗主要利用遮阳降温;冬春育苗要增加尽量光照。70%～80% 种子出苗后,于傍晚揭去地膜。自根苗栽培的播种后温度管理见表1;嫁接栽培的在适宜时期进行嫁接,待转为正常管理后参照表1的温度进行管理。

表 1 播种后温度管理指标

单位为摄氏度

时期	日温	夜温
播种至齐苗	30～35	17～20
齐苗至第1片真叶出现	20～25	14～16
第1片真叶展开后至缓苗	25～30	18～20
缓苗后至定植前7 d	25～28	14～16
定植前7 d至定植	15～20	10～12

5.3.2 光照管理

幼苗出土后,冬春季节应尽可能增加光照时间。夏秋育苗要适当遮光降温。

5.3.3 湿度管理

苗床湿度以控为主,在底水浇足的基础上尽可能不浇或少浇水,定植前5 d～6 d停止浇水。

5.3.4 其他管理

无籽西瓜幼苗出土时,极易发生带"帽"出土的现象,要及时摘除夹在子叶上的种皮。

5.4 嫁接

嫁接工具,如刀片、竹签、嫁接夹等可用75%酒精浸泡30 min,进行消毒;或高温蒸煮30 min。

5.4.1 嫁接方法

5.4.1.1 插接法

砧木长出一片真叶,接穗的子叶展平时进行。将砧木的生长点用刀片去掉,用一端渐尖且与接穗下胚轴粗度相适应的竹签,从除去生长点的砧木的切口上,靠一侧子叶朝着对侧下方斜插1个深约1 cm左右的孔,深度以不穿破下胚轴表皮,隐约可见竹签为宜;再取接穗苗,用刀片在距生长点0.5 cm处,向下斜削,削成一个长约1 cm左右的楔形。然后拔出竹签,随即将削好的接穗插入砧木的孔中,使之与砧木切口贴合紧密,并使接穗子叶方向与砧木子叶成"十"字形。

5.4.1.2 靠接法

砧木苗的子叶展开、第1片真叶初露,接穗苗子叶完全展开,第1片真叶微露时,为最佳嫁接时机。用刀片将砧木苗的生长点切除,从子叶下方1 cm处,自上而下呈45°角斜切,切的深度约为茎粗的1/2;再取接穗苗,从子叶下部1.5 cm处,自下而上呈45°角斜切,向上斜切至茎粗的2/3,将两个切口互相嵌合,立即用嫁接夹固定。

5.4.1.3 贴接法

待砧木2片子叶展平刚长出真叶,接穗2片子叶平展时开始嫁接。用刀片从砧木子叶一侧呈75°斜切去掉生长点以及另一片子叶,切口长7 mm～10 mm;在接穗子叶下5 mm处将胚轴向下削切成相应的斜面,砧木与接穗切面对齐,贴靠在一起,用嫁接夹固定紧。

5.4.2 嫁接后管理

嫁接后,应遮光3 d,白天温度25℃～30℃,夜间20℃～25℃,空气湿度保持饱和状态。嫁接3 d后早晚见光、适当通风,白天温度保持22℃～25℃,夜间温度保持18℃～20℃。嫁接后8 d～10 d后恢复正常管理。定植前7 d进行低温炼苗。及时摘除砧木上萌发的不定芽。靠接法嫁接的,在接穗成活后及时去掉嫁接夹,嫁接后10 d切掉接穗的根。

5.5 壮苗标准

3片～4片真叶,真叶浓绿,茎粗0.4 cm～0.6 cm,茎高3 cm～4 cm,根系发达,无病虫害。

5.6 苗种购买

可根据需要直接从集约化育苗场购买健壮西瓜秧苗。

6 定植

6.1 整地

整地前清除前茬残留物。采用自根苗栽培时忌用花生、瓜类作西瓜的前茬,土地需进行轮作播种前深翻土地,施基肥后耙细做畦。定植前密闭棚室消毒。

6.2 定植时间

10 cm 地温稳定在 15℃ 以上、设施内气温稳定在 18℃ 以上、夜间不低于 5℃、3 片～4 片真叶时定植。

6.3 定植密度

根据品种特性、栽培季节和栽培方式确定定植密度。小型西瓜吊蔓栽培双蔓整枝每亩定植 2 000 株～2 300 株,三蔓整枝每亩定植 1 400 株～1 600 株。爬地栽培定植密度每亩 750 株～1 000 株;中型西瓜爬地栽培定植密度每亩 600 株～750 株。无籽西瓜种植需按 5:1 配定植授粉株。

6.4 定植方法

自根苗定植深度以营养土块的上表面与畦面齐平或稍深(不超过 2 cm)为宜;嫁接苗定植时,嫁接口应高出畦面 1 cm～2 cm。冬春季栽培需要覆盖地膜或拱棚。

7 田间管理

7.1 温度管理

定植后缓苗前白天温度 30℃～32℃,夜晚 18℃～20℃;缓苗后至授粉期间,白天 25℃～28℃,夜间 13℃～14℃;开花坐果期白天温度 28℃～32℃,夜间不低于 15℃。果实膨大期和成熟期棚内白天温度控制在 35℃ 以下,夜间温度不低于 18℃。

7.2 灌溉

7.2.1 灌溉方式

采用微灌或滴灌的方式。

7.2.2 缓苗期

缓苗后浇一次缓苗水,水要浇足,以后如土壤墒情良好,开花坐果前不再浇水;如确实干旱,可在瓜蔓长 30 cm～40 cm 时再浇一次小水。

7.2.3 开花坐果期

严格控制浇水,当土壤墒情影响坐果时,可在授粉前 7 d 浇小水。

7.2.4 果实膨大期和成熟期

在幼果鸡蛋大小开始褪毛时浇第一次水,此后当土壤表面早晨潮湿、中午发干时再浇一次水,如此连浇 2 次～3 次,每次浇水一定要浇足,当果实定个(停止生长)后停止浇水。

7.3 施肥

7.3.1 施肥原则

肥料的选择和使用应符合 NY/T 394 的要求。

7.3.2 基肥

结合整地施入基肥。每亩施优质腐熟的农家肥 5 000 kg 或商品有机肥 1 500 kg～2 000 kg;同时施过磷酸钙 50 kg,硫酸钾 10 kg。缺乏微量元素的地块,每亩还应施所缺元素微肥 1 kg～2 kg。有机肥与化肥、微肥等混合均匀,沟施,深翻入土。有机肥用量大时,可 50% 均匀撒施、50% 沟施。

7.3.3 追肥

7.3.3.1 追肥方式

采用滴灌或微灌的施肥方式。

7.3.3.2 伸蔓初期

每亩随灌水追施平衡性水溶肥 8 kg～10 kg。

7.3.3.3 果实膨大初期

每亩随灌水追施低氮高钾水溶肥 8 kg～10 kg。

7.3.3.4 果实膨大中期

每亩随灌水追施低氮高钾水溶肥 8 kg～10 kg。

7.4 植株调整

7.4.1 整枝

小型西瓜可采用单蔓、双蔓或多蔓整枝,中大果型西瓜多用三蔓或多蔓整枝。

7.4.2 吊蔓或压蔓

小型西瓜品种在苗高 30 cm 时及时吊蔓。大中型品种地爬式栽培,应及时压蔓,第一次压蔓应在蔓长 40 cm～50 cm 时进行,以后每隔 4 节～5 节压 1 次蔓,压蔓时各瓜条在田间均匀分布,主蔓、侧蔓都要压。

7.4.3 打杈

坐瓜前要及时打掉瓜杈,只保留坐瓜节位瓜杈。坐果后应减少打杈次数或不打杈。

7.4.4 留瓜

小型西瓜单蔓或双蔓整枝时留 1 个瓜,多蔓整枝时留 2 个或多个瓜;中果型西瓜三蔓整枝留 1 个瓜,多蔓整枝可留多个瓜。

7.4.5 翻瓜

地爬式栽培的,果实停止生长后要进行翻瓜,翻瓜要在下午进行,顺一个方向翻,每次翻转的角度不超过 30°,每个瓜翻 2 次～3 次即可。

7.5 授粉

7.5.1 人工辅助授粉

每天 6:00～10:00,摘下当天开放的雄花。去掉花瓣,将花粉均匀地轻涂在结实花的柱头上,并做好授粉日期标记。

7.5.2 蜜蜂授粉

每亩放置 1 箱西瓜专用蜂,使用期 35 d～40 d,到期更换。蜂箱放于设施中央,用药前应及时将蜂箱移出。设施的风口处应设置防虫网。

8 病虫草鼠害防治

8.1 防治原则

坚持"预防为主,综合防治"的原则。以农业防治、物理防治、生物防治为主,化学防治为辅。从整个生态系统出发,综合运用农业、物理、生态、生物等防治措施,创造不利于病虫害发生和有利于作物生长的环境条件,保持农业生态系统的平衡和生物多样性。

8.2 常见病虫草鼠害

8.2.1 病害

西瓜病害主要有苗期立枯病、蔓枯病、枯萎病、炭疽病、病毒病、白粉病、疫病、细菌性角斑病等。

8.2.2 虫害

西瓜虫害主要有瓜蚜、甜菜夜蛾、蓟马、烟粉虱、小地老虎成虫、蝼蛄、种蝇等。

8.2.3 草害

常见草害主要有牛筋草、马齿苋、苍耳、稗草、阔叶杂草、狗尾草等。

8.2.4 鼠害

常见的鼠害为老鼠。

8.3 防治措施

8.3.1 农业防治

选用对当地主要病虫害高抗的优质品种,培育无病虫壮苗;提倡营养钵育苗,选用无病土壤育苗或苗床土消毒;创造适宜作物生长发育的环境条件,施足有机肥,控制氮素化肥,平衡施肥,有机肥须充分腐熟;与非瓜类作物实行3年以上轮作;清洁田园,及时清除残株枯叶并进行深埋或销毁;设施栽培,通过放风、增加覆盖、辅助加温等措施,控制好各生育期温湿度,避免生理性病害发生;加强水分管理,严防田间积水,育苗期间尽量少浇水,加强增温保温措施,保持苗床较低的湿度和适合的温度,可预防苗期猝倒病和炭疽病;通过人工除草以防治草害。

8.3.2 物理防治

设黄板诱杀蚜虫、白粉虱,直接购买或自制黄板。自制黄板的方法:在10 cm×20 cm的纸板上涂黄漆,上涂一层机油,黄板粘满蚜虫时再重涂一层机油,每亩挂30块～40块;用频振式杀虫灯诱杀多种害虫成虫;用糖醋液(红糖∶酒∶醋＝2∶1∶4)或黑光灯诱杀小地老虎成虫、蝼蛄、种蝇;通风口装40目防虫网可防止瓜蚜、红蜘蛛进入设施内;通过安放粘鼠板防治田鼠。

8.3.3 生物防治

积极保护并利用天敌,如释放剑毛帕厉螨防治种蝇的幼虫和蛹;瓜蚜发生初期释放瓢虫;红蜘蛛发生初期释放捕食螨。采用苦参碱、印楝素、藜芦碱等植物源农药和春雷霉素等生物源农药防治病虫害。植保产品应符合NY/T 393的要求。

8.3.4 化学防治

坚持"预防为主、综合防治"的理念,以农业措施、物理防治、生物防治为主;若需使用化学农药,参见附录A。

9 采收

9.1 采收成熟度

自雌花开放到果实成熟,小果型早熟品种需24 d～28 d,中果型早熟品种28 d～32 d;大果型早熟品种32 d～35 d;大果型中晚熟品种35 d以上。供当地市场的应在九成熟时采收;运往外地或储藏的应在七成半至八成熟时采收。

9.2 采收时间

就近销售的西瓜晴天上午采收,长途贩运的下午采收,用于储藏或皮薄易裂品种傍晚采收,雨后、中午烈日时不能采收。

9.3 采收方法

用剪刀将果柄从基部剪断,每个果保留一段果柄。

9.4 收后处理

采收后按照大小、形状、皮色、成熟度进行分类分级。需包装时,用于包装的容器如塑料箱、纸箱等须按产品的大小规格设计,整洁、干燥、牢固、透气、美观、无污染、无异味,内壁无尖突物,无虫蛀、霉烂、霉变等,纸箱无受潮、离层现象。

10 生产废弃物处理

废旧的地膜和营养钵(穴)、农药及肥料包装统一回收并交由专业公司处理;植株残体可以采用太阳能高温简易堆沤或移动式臭氧农业垃圾处理车处理。太阳能高温简易堆沤操作方法:拉秧后,将植株残体集中堆放到向阳、平整、略高出地平面处,摞成50 cm~60 cm 高,覆盖4层及以上废旧棚膜,四周压实进行高温发酵堆沤,以杀灭残体携带的病虫;根据天气决定堆沤时间,晴好高温天多,堆沤10 d~20 d,阴雨天多,则需适当延长,发酵后可作有机肥利用。移动式臭氧农业垃圾处理车处理方法:拉秧后,将移动式臭氧农业垃圾处理车开到田边,固定拖车支腿,确保消毒设备操作过程中保持稳定,启动机器,把植株残体送入臭氧垃圾处理车内,在残体粉碎后,利用臭氧超强的杀菌功能,臭氧消毒0.5 h~2 h可将残体所带病虫全部杀灭,消毒后的有机废弃物还可就地还田利用。

11 运输储藏

11.1 储藏

储藏时应按品种、规格分别存放。储藏温度2℃~7℃。空气相对湿度保持在90%,并保证气流均匀流通。

11.2 运输

应用专用车辆。运输过程中注意防冻、防雨、防晒、通风散热。运输散装瓜时,运输工具的底部及四周与果实接触的地方应加铺垫物,以防机械损伤。运输用的车辆、工具、铺垫物等应清洁、干燥、无污染,不得与非绿色食品西瓜及其他有毒有害物品混装混运。

12 生产档案管理

应建立绿色食品设施栽培西瓜生产档案。记录内容应包括基本信息如产地环境条件、地块信息、种植品种、播种及定植日期等,普通农事记录如铺地膜、打杈、吊蔓压蔓、授粉等,肥水管理记录,病虫害发生和防治记录,采收记录,采后处理及销售记录。记录应保存3年以上,保证产品可追溯。

附　录　A

（资料性附录）

绿色食品设施栽培西瓜生产主要病虫草害防治方案

绿色食品设施栽培西瓜生产主要病虫草害防治方案见表A.1。

表 A.1　绿色食品设施栽培西瓜生产主要病虫草害防治方案

防治对象	防治时期	农药名称	使用剂量	使用方法	安全间隔期,d
苗期立枯病	苗期或发病初期	15%咯菌·噁霉灵可湿性粉剂	300 倍～353 倍液	灌根	—
蔓枯病	发病初期	60%唑醚·代森联水分散粒剂	60 g/亩～100 g/亩	喷雾	14
	发病初期	22.5%啶氧菌酯悬浮剂	38.9 mL/亩～50 mL/亩	喷雾	7
枯萎病	发病期	70%噁霉灵可溶粉剂	1 400 倍～1 800 倍液	灌根	3
	发病期	0.3%多抗霉素水剂	80 倍～100 倍液	灌根	—
	发病前或发病初期	3%氨基寡糖素水剂	80 mL/亩～100 mL/亩	喷雾	15
	移栽时或发病初期	1%申嗪霉素悬浮剂	500 倍～1 000 倍液	灌根	7
	定植前或发病初期	1%嘧菌酯颗粒剂	20 000 g/亩～30 000 g/亩	撒施	—
	浸种、定植时和初发病前(始花期)	10 亿 CFU/g 多黏类芽孢杆菌可湿性粉剂	100 倍	浸种	—
			3 000 倍	泼浇	
			440 g/亩～680 g/亩	灌根	
	发病前或发病初期	56%甲硫·噁霉灵可湿性粉剂	600 倍～800 倍液	灌根	21
	发病初期	15%咯菌·噁霉灵可湿性粉剂	300 倍～353 倍液	灌根	—
	发病初期	50%氢铜·多菌灵可湿性粉剂	100 mL/亩～125 mL/亩	灌根、喷雾	14
炭疽病	发病初期	70%代森锰锌可湿性粉剂	148.6 g/亩～240 g/亩	喷雾	21
	发生之前或发病初期	10 亿 CFU/g 多黏类芽孢杆菌可湿性粉剂	100 g/亩～200 g/亩	喷雾	7～10
	发病初期	50%甲硫·锰锌可湿性粉剂	50 g/亩～75 g/亩	喷雾	21
	发病前或发病初期	60%唑醚·代森联水分散粒剂	80 g/亩～120 g/亩	喷雾	7
	发病之前或发病初期	22.5%啶氧菌酯悬浮剂	40 mL/亩～45 mL/亩	喷雾	7
	伸蔓期至幼果期,发病之前或发病初期	70%甲基硫菌灵可湿性粉剂	50 g/亩～80 g/亩	喷雾	14
	发病之前或发病初期	50%吡唑醚菌酯水分散粒剂	10 g/亩～15 g/亩	喷雾	7

表 A.1（续）

防治对象	防治时期	农药名称	使用剂量	使用方法	安全间隔期,d
病毒病	发病初期	1％香菇多糖水剂	200 倍～400 倍液	喷雾	—
	发病前或发病初期	4％低聚糖素可溶粉剂	85 g/亩～165 g/亩	喷雾	—
白粉病	发病前或发病初期	42％寡糖·硫黄悬浮剂	100 mL/亩～150 mL/亩	喷雾	—
	发病前或发病初期	80％硫黄水分散粒剂	233 g/亩～267 g/亩	喷雾	7～10
	发病初期	30％氟菌唑可湿性粉剂	15 g/亩～18 g/亩	喷雾	7
细菌性角斑病	发病初期	6％春雷霉素可湿性粉剂	32 g/亩～40 g/亩	喷雾	14
	发病初期	4％低聚糖素可溶粉剂	85 g/亩～165 g/亩	喷雾	—
疫病	谢花后	23.4％双炔酰菌胺悬浮剂	20 mL/亩～40 mL/亩	喷雾	5
	发病前或发病初期	60％唑醚·代森联水分散粒剂	60 g/亩～100 g/亩	喷雾	7
	发病前或发病初期	100 g/L氰霜唑悬浮剂	53 mL/亩～67 mL/亩	喷雾	7
	发病初期	68％精甲霜·锰锌水分散粒剂	100 g/亩～120 g/亩	喷雾	7
蚜虫	发生初期	70％啶虫脒水分散粒剂	2 g/亩～4 g/亩	喷雾	10
	授粉前期	10％溴氰虫酰胺可分散油悬浮剂	33.3 mL/亩～40 mL/亩	喷雾	5
	发生初盛期	50％氟啶虫胺腈水分散粒剂	3 g/亩～5 g/亩	喷雾	7
甜菜夜蛾	发生期	5％氯虫苯甲酰胺悬浮剂	45 mL/亩～60 mL/亩	喷雾	10
	卵孵化盛期,作物授粉前期	10％溴氰虫酰胺可分散油悬浮剂	19.3 mL/亩～24 mL/亩	喷雾	5
蓟马	发生高峰前	60 g/L乙基多杀菌素悬浮剂	40 mL/亩～50 mL/亩	喷雾	5
	害虫初现时	10％溴氰虫酰胺可分散油悬浮剂	33.3 mL/亩～40 mL/亩	喷雾	5
烟粉虱	成虫发生期至产卵初期	22％螺虫·噻虫啉悬浮剂	30 mL/亩～40 mL/亩	喷雾	14
	害虫初现时	10％溴氰虫酰胺可分散油悬浮剂	33.3 mL/亩～40 mL/亩	喷雾	5
一年生禾本科杂草	3 叶～6 叶期	5％精喹禾灵乳油	60 mL/亩～70 mL/亩	茎叶喷雾	—

注:农药使用以最新版本 NY/T 393 的规定为准。

绿 色 食 品 生 产 操 作 规 程

LB/T 067—2020

长 江 流 域
绿色食品猕猴桃生产操作规程

2020-08-20 发布

2020-11-01 实施

中国绿色食品发展中心 发布

前　　言

本规程由中国绿色食品发展中心提出并归口。

本规程起草单位：四川省绿色食品发展中心、西南大学、四川苍溪猕猴桃研究所、中国绿色食品发展中心、湖北省绿色食品发展中心。

本规程主要起草人：曾海山、曾明、何仕松、张志华、宫凤影、郭征球、邓小松、周熙、孟芳。

长江流域绿色食品猕猴桃生产操作规程

1 范围

本规程规定了长江流域绿色食品猕猴桃的产地环境、园地选择与建园、栽培管理技术、病虫害防治、采收、生产废弃物处理、运输储藏和生产档案管理。

本规程适用于上海、江苏、浙江、安徽、江西、湖北、湖南和四川等省（直辖市）的绿色食品猕猴桃生产。

2 规范性引用文件

下列文件对于本文件的应用是必不可少的。凡是注日期的引用文件，仅注日期的版本适用于本文件。凡是不注日期的引用文件，其最新版本（包括所有的修改单）适用于本文件。

NY/T 391　绿色食品　产地环境质量

NY/T 393　绿色食品　农药使用准则

NY/T 394　绿色食品　肥料使用准则

3 产地环境

根据中华猕猴桃和美味猕猴桃野生居群分布情况，选择海拔在 300 m～1 200 m，年平均气温在 12℃～17℃，无霜期 180 d 以上，年降水量在 800 mm 以上，为中华猕猴桃和美味猕猴桃集中分布区。土壤类型多属于富铝土纲的黄壤、淋溶土纲中的黄棕壤，初育土纲中的紫色土、各类水稻土等几种类型中的一种或混合成土。

4 园地选择与建园

4.1 园地选择

4.1.1 土壤条件

土壤耕层深厚、排灌方便、透气和理化性状良好，pH 5.5～7.0，有机质、全氮、有效磷、有效钾含量达到 NY/T 391 规定的二级以上的沙壤土或壤土。

4.1.2 气候条件

美味猕猴桃系列品种：海拔 1 200 m 以下，年平均气温 12℃～17℃，避风地带。

中华猕猴桃系列品种：海拔 1 100 m 以下，年平均气温 13℃～17℃，避风地带。

4.1.3 水利条件

附近 1 000 m 范围内有小型水库或相同容量塘、堰，水质标准达到农田灌溉水质标准。

4.1.4 交通条件

距县道公路不远于 5 km，有宽度 4.5 m 以上的公路通达。

4.2 建园

4.2.1 园地规划

选择坡度在 25°以下地带建园。因地制宜将全园划分为若干作业区，大小因地形、地势、自然条件而异。道路设置便于园内管理和运输；灌水系统与道路配套进行，提倡节水灌溉；建立果园排水系统，且各级排水渠沟互通。

4.2.2 防风林

风害较大的地区,在主迎风面应建设防风林。防风林距猕猴桃栽植行 5 m～6 m,栽植 2 排,行距 1.0 m～1.5 m,株距 1.0 m,以对角线方式栽植,树高 10 m～15 m,以乔木为主。

5 栽培管理技术

5.1 砧木

宜用美味猕猴桃做砧木。

5.2 品种苗木

5.2.1 选择原则

根据猕猴桃种植区域和生长特点选择适合当地生长,且抗病、抗虫、耐储藏的优质猕猴桃品种。

5.2.2 品种选用

美味猕猴桃品种:海沃德、徐香、翠香、贵长、米良 1 号等。

中华猕猴桃品种:红阳、金桃、红华、东红、红什 2 号、金艳、楚红、红昇、翠玉、农大金猕等。

选择使用品种纯正、无危险病害、生长健壮的嫁接苗,红肉猕猴桃品种宜为设施栽培。

5.3 雌雄株搭配

雌株和雄株的搭配比例为(4～8)∶1。

5.4 栽植距离

美味猕猴桃品种栽植株距 3 m～3.5 m,行距 3 m～4 m。

中华猕猴桃品种栽植株距 2 m～2.5 m,行距 3 m～4 m。

5.5 栽植时期

10 月下旬至翌年 2 月上旬。

5.6 定植方法

5.6.1 定植

宜抽通槽或聚土起垄,亩施有机肥 3 000 kg～5 000 kg,磷肥 100 kg～200 kg,直接在种植箱面上用熟土做定植窝,高出地面 30 cm～40 cm。

5.6.2 栽苗

挖开表土,使窝心成"凸"状,将苗的根系分开斜向下,平分在窝心周围,回填细土,踩紧土壤,浇足定根水,用秸秆或黑色薄膜覆盖幼苗。

5.7 土壤管理

5.7.1 深翻改土

每年结合秋季施肥,在定植穴外沿挖环状沟,宽度 30 cm～40 cm,深度约 40 cm,第二年接着上年深翻的边沿,向外扩展深翻。

5.7.2 间作和覆盖

间作矮秆作物、绿肥或生草,将作物秸秆或刈割的绿草等覆盖在树冠下,上面压少量土,连续盖 3 年～4 年后浅翻 1 次。

5.8 施肥

5.8.1 施肥原则

肥料施用应符合 NY/T 394 的要求。

5.8.2 施肥量、时期和方法

5.8.2.1 施肥量

以果园的树龄大小及结果量、土壤条件确定施肥量。

一般中等肥力的土壤,幼龄树(1 年～3 年生),每亩施有机肥 3 000 kg～5 000 kg;无机肥,纯氮

8 kg～12 kg,纯磷(以五氧化二磷计)6 kg～11 kg,纯钾(以氧化钾计)7 kg～14 kg。成年树(4 年生以上),施有机肥 5 000 kg～8 000 kg;无机肥,纯氮 14 kg～20 kg,纯磷(以五氧化二磷计)12 kg～16 kg,纯钾(以氧化钾计)14 kg～18 kg。

5.8.2.2　施肥时期

基肥:果实采收后秋季到落叶前,以有机肥为主。有机肥施用量占全年施用量的 80%,无机肥占全年施用量的 30%。

萌芽前施肥:萌芽前 1 周～2 周,无机肥为主,占全年施用量的 30%,结合施有机肥。

果实膨大期施肥:花后 1 周～2 周,以无机肥为主,占全年施用量的 40%,结合施有机肥。

5.8.2.3　施肥方法

施基肥:结合深翻改土、培厢,顺厢施入,沟宽 30 cm～40 cm,深度约 40 cm,逐年向外扩展,直至全园深翻成厢;以后改用环状施肥法,结合松土,浅挖 10 cm～15 cm 施入。

施追肥和壮果肥:幼年树在离树主干 50 cm 处,挖窝 10 cm～20 cm 施入;成年树,采用环状施肥或轮流方向施肥,挖入深度为 5 cm～20 cm,离树主干 100 cm。

5.9　灌溉与排水

5.9.1　水的质量

灌溉水应符合 NY/T 391 的要求。

5.9.2　灌溉和排水指标

土壤湿度保持在田间最大持水量的 70%～80%,低于 65%时应灌水,高于 90%时应排水。

5.9.3　灌水方式

采用沟灌,推广使用滴灌或喷灌的方式。

5.9.4　排水

果园面积较大时,园内应有排水沟,主排水沟深 60 cm～100 cm,支排水沟 30 cm～40 cm,雨后应及时排水。

5.10　架型

5.10.1　T 形架

沿行向每隔 5 m～6 m 栽植一个立柱,立柱为 9 cm×9 cm 正方形水泥柱,立柱全长 2.5 m,地上部分长 1.8 m,地下部分长 0.7 m,横梁 2m,横梁上顺行架设 5 道 12♯(直径 3 mm)防锈铅丝,每行末端立柱外 2.0 m 处理设一地锚拉线,地锚体积不小于 0.06 m³,埋置深度 100 cm 以上。

5.10.2　大棚架

立柱的规格及栽植密度同 T 形架,顺横行在立柱顶端架设三角铁,在三角铁上每隔 50 cm～60 cm 顺行架设一道 12♯ 防锈铁丝,每竖行末端立柱外 2.0 m 处理设一地锚拉线,埋置规格及深度同 T 形架。

5.11　整形修剪

5.11.1　整形

采用单主干上架,在主干上接近架面 20 cm 的部位留 2 个主蔓,分别沿中心铁丝两侧伸展,培养成为永久的蔓,主蔓的两侧每隔 20 cm～30 cm 留 1 个结果母枝,结果母枝与行向呈直角固定在架面上。

5.11.2　修剪

5.11.2.1　冬季修剪

结果母枝选留:结果母枝优先选留生长强壮的发育枝和结果枝,其次选留生长中庸的枝条,在缺乏枝条时可适量选留短枝填空;留结果母枝时尽量选用距主蔓较近的枝条,选留的枝条根据生长状况修剪到饱满芽处。

更新修剪:尽量选留从原结果母枝基部发出或直接着生在主蔓上的枝条作结果母枝,将前一年的结果母枝回缩到更新枝位附近或完全疏除掉。每年全树至少 1/2 以上的结果母枝进行更新,2 年内全部更新一遍。

培养预备枝:未留做结果母枝的枝条,如果着生位置靠近主蔓,剪留 2 个～3 个芽为下年培养更新枝,其他枝条全部疏除。

留芽数量:修剪完毕后的结果母枝需保留一定的有效芽数,这又因品种的不同有一定的差异,红阳品种的有效芽数 36 个/m²～48 个/m²,海沃德的有效芽数 30 个/m²～35 个/m²,所留的结果母枝均匀地分散开,并固定在架面上。

5.11.2.2 夏季修剪

抹芽:从萌芽期开始抹除着生位置不当的芽。一般主干上萌发的潜伏芽均应疏除,但着生在主蔓上可培养作为下年更新枝的芽应根据需要保留。

疏枝:当新梢上花序开始出现后及时疏除细弱枝、过密枝、病虫枝、双芽枝及不能作下年更新枝的徒长枝等。结果母枝上每隔 15 cm～20 cm 的保留 1 个结果枝,每平方米架面保留正常结果枝 10 根～12 根。

绑蔓:新梢长到 30 cm～40 cm 时开始绑蔓,使新梢在架面上分布均匀,每隔 2 周～3 周全园检查、绑缚一遍。

摘心:开花前对强旺的结果枝、发育枝轻摘心,摘心后如果发出二次芽,在顶端只保留一个,其余全部抹除,对开始缠绕的枝条全部摘心。

5.12 疏蕾与疏果

5.12.1 疏蕾

侧花蕾分离后 2 周左右开始疏蕾,根据结果枝的强弱保留花蕾数量,强壮的长果枝留 5 个～6 个花蕾,中庸的结果枝留 3 个～4 个花蕾,短果枝留 1 个～2 个花蕾。

5.12.2 疏果

花后 10 d 左右,疏去授粉受精不良的畸形果、扁平果、伤果、小果、病虫危害果等。生长健壮的长果枝留 4 个～5 个果,中庸的结果枝留 2 个～3 个果。短果枝留 1 个果。控制全树的留果量,成龄园架面 40 个/m²～50 个果/m²。

5.13 果实套袋

采用透水透气良好的木浆纸做猕猴桃专用纸袋,谢花后 20 d～40 d 开始套袋。将纸袋揉开,轻轻套进果实。先用纸袋内缘封紧封实果柄,防止雨水浸入果袋,再将袋口边缘贴紧,防止果袋脱落。

6 病虫害防治

6.1 防治原则

坚持"预防为主,综合防治",按照病虫害发生的特点,以农业防治为基础,综合利用物理、生物、化学等防治措施。充分采用生物防治措施,合理科学使用化学防治技术,有效控制病虫危害。

6.2 植物检疫

在调运猕猴桃的种子、苗木、接穗时,严格执行国家规定的检疫法规,防止危险性病虫害从外地引入当地。

6.3 预测预报

根据病虫害的发生规律,提前在不同区域以小面积预测其发生程度和时期,为大面积防治提供依据。

6.4 农业防治

培育和选用无病虫的繁殖材料,培育健壮苗木。加强园区肥水管理,使用测土配方施肥法,避免偏施单一肥料。依据树势树龄留果,保持营养生长与生殖生长平衡。及时清除枯枝、落叶、落果、病虫果,结合修剪剪除病虫残体。使用果实套袋技术,避免直接危害果实,如苹小卷叶蛾、黑斑病、日灼、有害微生物生存繁殖。秋季在树干基部缠草诱捕下树越冬害虫,早春取草烧毁。冬季主干涂白杀死树皮中部分越冬害虫及病菌,预防细菌和真菌早期侵染。

6.5 物理防治

6.5.1 设置黄板纸

根据蚜虫有趋向黄色的特性,用 100 cm×20 cm 的纸板涂上黄漆和机油,每公顷挂 450 块～600 块,当面板粘满蚜虫时,再涂一层机油。

6.5.2 设置频振灯

有趋光性的害虫,用灯光诱杀,如金龟子、夜蛾、叶甲等。一般开灯时间从 4 月上旬开始,直到 9 月中旬结束。

6.5.3 糖醋诱杀

利用一些害虫对糖醋液有很强趋化性来进行诱杀。糖醋液配制的方法是:红糖 0.5 kg、醋 1 kg、水 1 L,加少许白酒;或用果醋 1 kg、水 10 L,加少许洗衣粉。

6.5.4 地面覆膜

很多害虫(如金龟甲)在树冠下面土壤中越冬,覆膜后可阻止成虫春季出土危害。

6.5.5 热力处理

对携带有根结线虫、病毒的苗木进行热力处理。如患有根结线虫病的苗木,放在 44℃～46℃ 热水中处理 5 min,便可杀死根结线虫。

6.6 生物防治

使用选择性强的农药保护天敌,采取助育和人工饲放天敌控制害虫,利用昆虫性外激素诱杀或干扰成虫交配,控制有害生物种群。

6.6.1 以虫治虫

果园需要保护的天敌是寄生性昆虫和捕食性昆虫。通过在行间合理套种作物或种草,以招引和繁殖天敌。另外,利用人工饲养天敌方法,有目的地释放于田间来抑制害虫的发生。例如,释放赤眼蜂防治各种卷叶蛾、枯叶蛾、实心虫等鳞翅目害虫。

6.6.2 以菌治虫和以菌治菌

利用有益生物菌防治虫和病,如春雷霉素防治花腐病。

6.7 化学防治

加强病虫预测预报,掌握果园病虫害发生情况。选择使用高效、低毒、低残留、与环境相容性好的农药。提倡使用生物源和矿物源农药。轮换使用不同作用机理的农药,不能随意提高农药的倍数,严格执行农药安全生产间隔期。化学防治严格按照 NY/T 393 的规定执行。主要病虫害化学防治方案参见附录 A。

7 采收

7.1 采收时间

根据果实成熟度、用途和市场需求综合确定采收日期。成熟期不一致的品种,应分期采收。

7.2 采收方法

采收者先剪指甲,戴手套,使用专用的猕猴桃采收布袋,手握果实轻轻向上推扭,要做到轻拿轻放。

7.3 采收注意事项

避免在雨天和高温的中午采果,套袋果可连袋带果采下分级装箱,果品装箱面上贴有产地、时间、品种、等级、数量等标签。

7.4 果箱选择

入库冷藏采用无毒塑料箱,内壁光滑平整。无毒塑料箱耐压要求在 500 kg,每箱装果量12.5 kg～20 kg。

8 生产废弃物处理

8.1 地膜处理

建园为保护幼苗生长所使用的地膜,建立收购网点,通过专业公司集中处理;或通过植物秸秆覆盖代替地膜覆盖,减少其用量。

8.2 农药包装袋处理

生产过程中使用农药产生的包装袋,有偿集中统一收购,通过专业公司集中处理。

8.3 枝条、秸秆、落叶等处理

在种植基地,建立发酵池,将修剪下来的枝条集中打成碎末,进行发酵处理,杀灭病菌,作基肥使用。

9 运输储藏

9.1 保鲜库选择

主要采用低温库和气调库两种。

9.2 建库条件

库址周围无污染(空气、水)、无酒厂、交通方便。

9.3 库容计划

储藏每吨果品需库间面积 8 m³,并辅建预冷间、分级包装室。

9.4 冷库消毒

新库和旧库都必须消毒处理,具体方法:先用 3 g/m³～5 g/m³ 高锰酸钾在库内进行全面消毒,再用 10 g/m³ 硫黄粉进行熏蒸消毒 24 h～48 h,然后打开库门通风。

9.5 果品预冷处理

采收后的果实立即运至预冷间或包装场,进行自然或吹风预冷,散去田间热和果面水分,经自然预冷 20 h～24 h 开始装箱入库。

9.6 装箱

装箱时先将无毒保鲜膜袋放入果箱,再将果实和保鲜剂装入保鲜膜袋中,然后封袋入库。

9.7 入库

入库堆码高度 3 m 左右,宽 1.5 m～2 m,保留人行道 1.5 m。

9.8 库内保鲜条件

储藏的适宜条件为:库内温度 0℃～2℃,相对湿度 90%～95%,气调储藏时氧含量为 2%～4%、二氧化碳含量为 4%～5%。

9.9 库检

冷库一般 7 d～8 d 通风换气 1 次,换气时间 30 min～60 min,通风时间主要在早晨,应避免带有酒精气味和释放乙烯的物质混入果库。入库 50 d～60 d 后进行翻箱挑出烂果软果,以后每月检查一次。

10 生产档案管理

对绿色食品猕猴桃的生产过程,要建立起相应的生产档案,明确记录产地环境条件、生产技术、肥水管理、病虫草害的发生和防治、采收及采后处理等情况,并保存至少 3 年。

附　录　A
（资料性附录）
长江流域绿色食品猕猴桃生产主要病虫害防治方案

长江流域绿色食品猕猴桃生产主要病虫害防治方案见表 A.1。

表 A.1　长江流域绿色食品猕猴桃生产主要病虫害防治方案

防治对象	防治时期	农药名称	使用剂量	使用方法	安全间隔期,d
褐斑病	5 月～6 月	0.5％小檗碱水剂	400 倍～500 倍液	喷雾	10
花腐病	4 月～5 月	40％春雷·噻唑锌悬浮剂	800 倍～1 200 倍液	喷雾	28
叶蝉	5 月～11 月	1.5％除虫菊素水乳剂	600 倍～1 000 倍液	喷雾	10
注:农药使用以最新版本 NY/T 393 的规定为准。					

绿 色 食 品 生 产 操 作 规 程

LB/T 068—2020

绿 色 食 品
促成草莓生产操作规程

2020-08-20 发布

2020-11-01 实施

中国绿色食品发展中心 发布

前　言

本规程由中国绿色食品发展中心提出并归口。

本规程起草单位:北京市农业绿色食品办公室、北京市昌平区农业技术推广站、中国农业科学院植物保护研究所、中国绿色食品发展中心、辽宁省绿色食品发展中心、山东省绿色食品发展中心、浙江省农产品质量安全中心、安徽省绿色食品管理办公室、首伯农(北京)生物技术有限公司、北京金六环农业园。

本规程主要起草人:李玲、欧阳喜辉、庞博、齐长红、张云清、张志华、王恩东、杨红菊、王伯明、李政、叶博、孟浩、高照荣、周绪宝、李浩、闫建茹、祝宁。

绿色食品促成草莓生产操作规程

1 范围

本规程规定了绿色食品促成草莓的产地环境、品种(苗木)选择、土壤改良消毒、整地与定植、田间管理、采收、生产废弃物处理及生产档案管理。

本规程适用于全国范围内绿色食品促成草莓的生产。

2 规范性引用文件

下列文件对于本文件的应用是必不可少的。凡是注日期的引用文件,仅注日期的版本适用于本文件。凡是不注日期的引用文件,其最新版本(包括所有的修改单)适用于本文件。

NY/T 393 绿色食品 农药使用准则

3 术语和定义

促成草莓:在草莓完成花芽分化以后,进入休眠之前,利用保温、延长光照等人工条件阻止草莓进入休眠,促进其提早生长发育,实现草莓在冬季正常生长、开花、结果的一种促早熟栽培模式。

4 产地环境

优选光照充足、地势平坦、排灌方便、土层深厚、土质疏松、排灌方便的田块;中性微酸,pH 为 5.6～6.5 的土壤较适宜;避选经常积水地块;栽培场地周边 10 km 内无化学污染源;距公路主干线 1 km 以上;每年均应进行土壤改良。

5 品种(苗木)选择

5.1 选择原则

应选择适合本地区栽培、休眠浅、抗性强、早熟、商品性好,较耐储运的品种。

5.2 品种选用

北方地区建议选择红颜(红颊)、红玉、章姬、童子 1 号(卡玛罗莎)、京藏香、京桃香、枥乙女、佐贺清香、甜查理、蒙特瑞、丰香、女峰、鬼怒甘、吐德拉、弗吉尼亚、静香、静宝、明宝、丽红、卡麦若莎、宝交早生、甜宝、华艳、隋珠等。

南方地区建议选择红颜(红颊)、章姬、童子 1 号(卡玛罗莎)、阿尔比、艳香、丰香、鬼怒甘、枥乙女、越丽、华艳、法兰地、天仙醉、贵妃香、隋珠等。

5.3 种苗要求

选择品种纯正、健壮、无病虫害的脱毒种苗,苗龄以 40 d～50 d 为宜。

外观选择具有叶柄短,具 4 片以上展开功能叶,叶大、叶肉厚,苗高 20 cm 左右,新茎粗 0.8 cm 以上,苗重 30g 以上。一级根 25 条以上,根系发达的种苗。

5.4 种苗处理

定植前去除老叶和黄叶,按种苗新茎粗度分开定植。

裸根种苗可使用广谱性杀菌剂 72％代森锰锌 800 倍～1 000 倍液浸泡。也可使用寡雄腐霉 500 倍～800 倍液蘸根。

6 土壤改良消毒、整地与定植

6.1 土壤改良消毒

对已连续种植草莓多年的地块,应在每季生产前进行土壤改良。每年7月~8月全年太阳辐射能量最大,气温最高的时期进行太阳能消毒处理。将大棚内的残株、杂草清除干净,深翻土壤。每亩增施2 000 kg长度为2 cm~3 cm的秸秆、70 kg石灰氮(氰胺化钙),撒匀后翻入土中。大水漫灌后覆盖地膜,使用自然光进行暴晒至少40 d以上。消毒后,撒膜晾晒和通风10 d以上。

也可根据土传病害发生的情况加入棉隆、多菌灵等化学药剂进行土壤处理。

6.2 整地

清除作物残株,破畦,深翻土壤25 cm~30 cm,整平耙平,使其土层深厚,上暄下实,细碎平整。

6.3 定植

定植前7 d~10 d起垄。垄距80 cm~100 cm,垄高30 cm~40 cm,垄上宽40 cm~60 cm、下宽60 cm~80 cm。

8月下旬至9月中旬定植。采取双行"丁"字形交错定植,植株距垄边10 cm~15 cm。株距15 cm~25 cm。每亩定植6 000株~9 000株。定植时,根系顺直,花芽苞(弓背弯)朝外,深不埋心,浅不露根。阳光太足时要搭设遮阳网,避免因暴晒失水而死。缓苗后,再逐步撤去遮阳网。

促成栽培要在草莓顶芽开始花芽分化(即草莓新茎分化顶部的生长点,由分化叶芽向分化花芽转变)后30 d左右,或外界夜间温度降至8℃左右时覆棚膜保温,棚膜选用透光性好的优质聚乙烯保温长寿无滴膜,减少骨架遮光。

扣棚膜7 d~10 d后铺地膜,地膜覆盖要在开花前完成。地膜可选用黑色、银灰色或黑色与银灰色双色膜。铺设地膜应在晴天下午进行,盖膜后立即破膜提苗,叶片和花序要引出膜面,切忌遗漏,并用土封牢破膜口。

7 田间管理

7.1 灌溉

定植时浇透水,定植后1周内勤浇水。每天早晨或傍晚浇水,以利于植株早缓苗。小水勤浇,不能缺水。定植后15 d左右土壤湿度保持在65%~85%。

浇水一般在晴天上午进行,避免下午浇水引起土壤温度降低而降低夜温。如果草莓苗在清晨新叶边缘不吐水时应适当补水。果实发育期要特别注意保持土壤湿润。

7.2 施肥

基肥:移栽前30 d每亩撒施充分腐熟的农家肥3 000 kg~5 000 kg,并保持土壤一定的湿度,或根据产品说明撒施商品有机肥800 kg~1 500 kg、氮磷钾复合肥30 kg~40 kg、过磷酸钙30 kg~40 kg作基肥,用旋耕机深旋耕。

追肥一般与灌水结合进行。追肥应注重几个关键时期:第一次氮肥在植株顶现花蕾时期,每亩用复合肥10 kg兑水均匀浇施,也可条施在畦中间;第二次追肥一般在盖地膜前后进行,每亩用复合肥5 kg,宜采用浇施或通过滴灌施入;以后视草莓生长状况和天气情况每隔15 d~20 d追肥1次,追肥时通过滴管渗入土中,肥料浓度在0.4%以内。

7.3 病虫草鼠害防治

7.3.1 防治原则

"预防为主,综合防治"。以农业防治、物理防治和生物防治为主,科学使用化学防治技术。

7.3.2 常见病虫草鼠害

草莓生长周期比较长,其间病、虫、草、鼠害均可能发生,其中病、虫害发生较多,草害育苗期明显,鼠害随时都有。

草莓常见的病虫害包括白粉病、灰霉病、炭疽病、根腐病、枯萎病、叶斑病、芽枯病和病毒病;虫害主要有红蜘蛛、蚜虫、白粉虱、蓟马、斜纹夜蛾、蛴螬、棉铃虫、金龟子等;地下害虫以蝼蛄为主。

7.3.3 防治措施

7.3.3.1 农业防治

选用抗病虫性强的品种和脱毒原种苗繁育的种苗进行生产;及时清除病株、病叶、病果;合理调控温湿度;科学施肥,合理灌溉。

7.3.3.2 物理防治

虫害防治方法:杀虫灯每棚悬挂1盏;植株上方30 cm~50 cm悬挂黄板、蓝板,每亩60块;离地1 m处挂信息素诱集器,每亩3个~5个,每隔30 d更换1次诱芯;大棚表面或通风、放风口安装防虫网,隔离蓟马等害虫入侵;大棚周围铺设银灰双色膜驱避蚜虫等。

白粉病防治方法:可用电热式自控熏蒸器加硫黄法进行防治,将产品垂直挂高1.5 m,离后墙2 m,一个熏蒸器有效使用面积80 m²~100 m²,熏蒸器间距16 m左右,每次用硫黄20 g~30 g,装在托盘内,于晚间通电加热熏蒸。熏2 h~4 h。时间可视具体情况而调整。预防每天2.5 h左右,如已发病较重可以每天使用8 h以上,病情控制后恢复正常即可。

7.3.3.3 生物防治

7.3.3.3.1 虫害防治

蚜虫:可选用异色瓢虫,释放益害比为1:100,或每平方米挂瓢虫卵卡2张。直接将其挂放在植株上;也可选用东亚小花蝽,东亚小花蝽的释放量每次每亩释放500头,将其直接均匀撒在草莓叶片上。

红蜘蛛:发生初期可选用加州新小绥螨,按益害比1:5释放,一个月至少释放2次;危害较严重时应选用释放智利小植绥螨,根据益害比1:10释放,3头/m²~6头/m²,根据严重程度可增至20头/m²以上。

蓟马:可选用巴氏新小绥螨,预防性释放按50头/m²~150头/m²,防治性释放按:250头/m²~500头/m²,可挂放在植株的中部或均匀撒到植物叶片上;也可选用剑毛帕厉螨,预防性释放按50头/m²~150头/m²,防治性释放按:250头/m²~500头/m²;也可选用东亚小花蝽,释放量为每次每亩释放500头,在害虫低密度时或作物定植后不久适宜释放;每1周~2周释放1次。

粉虱:可选用津川钝绥螨,预防性释放按50头/m²~100头/m²,防治性释放按200头/m²~500头/m²,释放时将津川钝绥螨连同培养料撒于植物表面,每1周~2周释放1次;也可选用丽蚜小蜂,当粉虱成虫在0.2头/株以下时,每5 d释放丽蚜小蜂成虫3头/株,共释放3次,可有效控制粉虱危害。

7.3.3.3.2 病害防治

草莓病毒病、细菌真菌性病害:S-诱抗素0.1%水剂2 000倍液。

灰霉病:可选用木霉菌300亿/g 300倍液、多抗霉素10%可湿性粉剂500倍~750倍液、春雷霉素2%水剂75 mL~100 mL。

黄萎病、枯萎病、根腐病:可选用1 000亿活芽孢/g枯草芽孢杆菌可湿性粉剂1 000倍液、2亿活芽孢子/g木霉菌可湿性粉剂500倍液、100万个活孢子/g寡雄腐霉7 500倍~10 000倍液浸根5 min~10 min后再栽植,并在栽种后5 d~7 d灌根1次~3次(根据田间病害严重程度而定),每株用水量200 mL~250 mL,或用0.5%氨基寡糖素水剂600倍液灌根,每株用水量200 mL。

炭疽病、灰霉病、白粉病:可选用1 000亿活孢子/g枯草芽孢杆菌可湿性粉剂1 000倍液、2亿活孢子/g木霉菌可湿性粉剂600倍液、3%多抗霉素水剂800倍液、3%中生菌素可湿性粉剂500倍液(防治炭疽病、白粉病等)、0.4%低聚糖素水剂250倍~400倍液(防治炭疽病、白粉病等)、2%宁南霉素水剂400倍液(防治白粉病等)、2%春雷霉素水剂500倍液(防治炭疽病、白粉病等)。在摘除病叶、病花、病果后,中心病株间隔5 d~7 d防治1次,连续防治2次~3次。

7.3.3.4 化学防治

具体病虫防治用药参见附录 A。

7.4 其他管理措施

7.4.1 育苗

促成草莓应采用移植断根育苗、营养钵育苗、遮光育苗或高冷地育苗等促花育苗措施。

育苗宜选择有机质含量高、土质疏松、透气、肥沃、排灌方便，未种过草莓或已轮作过其他作物的沙壤土地作苗圃。场地的前茬不应是茄科作物、土豆、烟草、果树苗圃地以免发生共性病害。

7.4.2 植株管理

及时摘除植株抽生的匍匐茎，做到随见随除，集中清出室外销毁。

摘除枯叶、弱芽。一般除主芽外，再保留 2 个～3 个侧芽，其余生于植株外侧的小芽全部摘除。

疏花疏果。把高级次小花去除，大型果的品种保留 1、2 级序花蕾；中、小型果品种保留 1、2、3 级序的花蕾。一般第 1 花序保留 6 个～8 个果，第 2、3 花序保留 4 个～6 个果。

7.4.3 阻止休眠

促成草莓栽培中，提早保温具有阻止休眠的效果。

当外界夜间气温降到 7℃ 左右时，开始覆膜保温。北方地区 10 月下旬为保温适期，南方一般在 11 月上旬左右。保温过早，室温过高，不利于腋花芽分化；过迟，植株休眠，会造成植株矮化，不能正常结果。

7.4.4 室内温湿度调节

草莓整个生长周期应严格控制温湿度。

保温初期，为防止草莓进入休眠，温度要相对高些，一般白天控制在 28℃～30℃，夜间 12℃～15℃，最低不低于 8℃；相对湿度控制在 85%～90%。

开花期白天温度控制在 22℃～25℃，最高不能超过 28℃，温度过高过低均不利于授粉受精；夜温 10℃ 左右为宜，最低不能低于 8℃，最高不能超过 13℃，夜温过高腋花芽退化，雌雄蕊发育受阻；北方日光温室开花期白天的相对湿度应控制在 40%～50%；南方春秋大棚控制相对湿度应低于 50%～65%。

果实膨大期和成熟期，白天温度 20℃～25℃，夜间 4℃～6℃，相对湿度 60%～70%。

常用保温措施有：改善光照条件，增加太阳入射辐射；采用防寒沟，减少土壤热量横向传导损失；适当加大土壤湿度，使土壤导热率加大；地面覆盖，减少土壤水分蒸发的热损失；封闭温室并多层覆盖（草帘或膜），减少缝隙放热和贯流放热。

降温措施有：通风、遮光、灌水等。

减少湿度的方法有地膜覆盖、垄顶滴灌、及时通风换气等。

7.4.5 光照管理

光照不足应补充光照延长日照时数。在雾霾、阴雨天早晨/傍晚增加补光照 1 h。

促进光合作用的措施有：搞好温室采光设计；应用无滴棚膜，减少骨架遮光；温室北面悬挂反光幕；电照补光。

7.4.6 辅助授粉

棚内有 5% 左右开花时放蜂，一般以 1 只蜜蜂 1 株草莓的比例放养。放蜂时间为 8:00～9:00 和 15:00～16:00，大棚温度在 15℃～25℃。一般以 1 只蜜蜂 1 株草莓的比例放养，放蜂时间为 8:00～9:00 和 15:00～16:00，大棚温度为 15℃～25℃。

放蜂期间如需打药，应尽量选用对蜜蜂毒性小的农药，且应提前将蜂箱搬出大棚。药效过后再搬回棚内。一般杀菌剂需 1 d～2 d，杀虫剂需 5 d～7 d 搬回。

8 采收

草莓果实表面着色达 70% 以上即可采收。采收应在清晨露水干后或傍晚转凉后进行。采摘的果实要带有 1.5 cm～2 cm 的果柄,不损伤花萼,无机械损伤,无病虫危害。轻摘缓放。采摘人员采收时应戴手套,避免机械损伤。

盛装草莓果实应选择深度浅、底平的带透气孔的塑料透明盒。外包装箱应坚固抗压、清洁卫生、干燥、无异味,对产品其有良好的保护作用,有通风气孔。

采收后可以快速预冷,在温度为 0℃～2℃、相对湿度 90%～95% 条件下储藏。

9 生产废弃物处理

生长过程的植株残体等要及时移出园外。其中病株、病叶、病果等应集中深埋。健康植株残体可密封在编织袋(肥料袋)中待发酵后废弃或沤制腐熟。

地膜、农药及肥料包装袋等统一收集,分类后送至垃圾站点,由卫生环保部门统一处理。

10 生产档案管理

应建立绿色食品促成草莓栽培生产档案,并指定专人负责。生产档案应保存 3 年以上。

档案应保持完整的生产管理和销售记录,包括购买或使用生产基地内外的所有物质的来源和数量,作物种植管理、收获、加工和销售的全过程记录。尤其是农药和肥料的使用情况需特别注意(如名称、使用日期、使用量、使用方法、使用人员等)。

草莓上市销售的日期、品种、物流量及销售对象、联系电话等也应记录在案,以便于追溯。

附　录　A

（资料性附录）

绿色食品促成草莓生产主要病虫害防治方案

绿色食品促成草莓生产主要病虫害防治方案见表 A.1。

表 A.1　绿色食品促成草莓生产主要病虫害防治方案

防治对象	防治时期	农药名称	使用剂量	使用方法	安全间隔期,d
土传病害	土壤处理	98%棉隆微粒剂	30 g/m²～40 g/m²	拌施	—
炭疽病	发病前或发病初期	25%嘧菌酯悬浮剂	40 mL/亩～60 mL/亩	喷施	7
	发病初期	25%戊唑醇水乳剂	20 mL/亩～28 mL/亩	喷施	5
白粉病	发病初期或开花期	50%醚菌酯水分散粒剂	3 000 倍～5 000 倍液	喷施	3
	发病初期或开花期	枯草芽孢杆菌 100 亿芽孢/g 可湿性粉剂	300 倍～600 倍液	喷施	—
	发病初期或开花期	12.5%粉唑醇悬浮剂	30 mL/亩～60 mL/亩	喷施	7
	发病初期或开花期	300 g/L 醚菌·啶酰菌酰菌悬浮剂	25 mL/亩～50 mL/亩	喷施	7～14
	发病初期	0.4%蛇床子素可溶液剂	100 mL/亩～125 mL/亩	喷施	7
	发病初期	30%氟菌唑可湿性粉剂	15 g/亩～20 g/亩	喷施	—
	发病初期	30%苯甲·嘧菌酯悬浮剂	1 000 倍～1 500 倍液	喷施	7
灰霉病	发病初期或开花期	枯草芽孢杆菌 1 000 亿孢子/g 可湿性粉剂	40 g/亩～60 g/亩	喷施	—
	以预防为主,用药最佳时期在草莓花序现蕾期	50%啶酰菌胺水分散粒剂	30 g/亩～45 g/亩	喷施	7～10
	以预防为主,用药最佳时期在草莓花序现蕾期	80%克菌丹水分散粒剂	600 倍～1 000 倍液	喷施	3
	以预防为主,用药最佳时期在草莓花序现蕾期	38%唑醚·啶酰菌水分散粒剂	40 g/亩～60 g/亩	喷施	7
	发病初期	400 g/L 嘧霉胺悬浮剂	45 mL/亩～60 mL/亩	喷施	5
	发病初期	16%多抗霉素可溶粒剂	20 g/亩～25 g/亩	喷施	3
蚜虫	发生初期	1.5%苦参碱可溶液剂	40 mL/亩～46 mL/亩	喷施	10
	发生初期	10%吡虫啉可湿性粉剂	20 g/亩～25 g/亩	喷施	5
红蜘蛛	发生初期	43%联苯肼酯悬浮剂	20 mL/亩～30 mL/亩	喷施	3
	低龄幼虫期或卵孵化盛期	0.5%藜芦碱可溶液剂	120 g/亩～140 g/亩	喷施	10
斜纹夜蛾	发生初期	5%甲氨基阿维菌素苯甲酸盐水分散粒剂	3 g/亩～4 g/亩	喷施	7

注:农药使用以最新版本 NY/T 393 的规定为准。

绿色食品生产操作规程

LB/T 069—2020

长 江 流 域
绿色食品油菜籽生产操作规程

2020-08-20 发布

2020-11-01 实施

中国绿色食品发展中心 发布

前　言

本规程由中国绿色食品发展中心提出并归口。

本规程起草单位：华中农业大学、湖北省绿色食品管理办公室、中国绿色食品发展中心、湖北省油菜办公室、全国农业技术推广服务中心、江苏省绿色食品办公室、浙江省农产品质量安全中心、安徽省绿色食品管理办公室、江西省绿色食品发展中心、河南省绿色食品发展中心、四川省绿色食品发展中心、重庆市农产品质量安全中心、贵州省绿色食品发展中心、云南省绿色食品发展中心。

本标准主要起草人：蒯婕、杨远通、张宪、孙海艳、刘芳、蔡俊松、汪波、周广生、周先竹、廖显珍、胡军安、陈永芳、徐园园、刘颖、沈熙、王皓瑀、郭征球、代振江、李文彪、刘远航、杜志明、杨立勇、邓彬、蔡祥、李政、张海彬、杭祥荣。

长江流域绿色食品油菜籽生产操作规程

1 范围

本规程规定了长江流域绿色食品油菜籽的产地环境、播种准备、水稻秸秆全量翻压还田、种植技术、病虫草害防治、收获、储藏、生产废弃物处理和生产档案管理。

本规程适用于江苏、浙江、安徽、江西、河南、湖北、湖南、四川、重庆、贵州和云南的绿色食品油菜籽的生产。此规程中的油菜籽有别于生产上的油菜种子，其主要用于压榨食用菜籽油。

2 规范性引用文件

下列文件对于本文件的应用是必不可少的。凡是注日期的引用文件，仅注日期的版本适用于本文件。凡是不注日期的引用文件，其最新版本（包括所有的修改单）适用于本文件。

GB 4407.2 经济作物种子 第2部分：油料类

NY 414 低芥酸低硫苷油菜种子

NY/T 391 绿色食品 产地环境质量

NY/T 393 绿色食品 农药使用准则

NY/T 394 绿色食品 肥料使用准则

NY/T 500 秸秆粉碎还田机 作业质量

NY/T 1056 绿色食品 储藏运输准则

3 产地环境

产地环境应符合 NY/T 391 的要求。选择生态环境良好、无污染地区；土壤疏松肥沃、排灌便利、远离工矿区和公路、铁路干线，避开污染源。

4 播种准备

4.1 大田准备

优先选用水田种植油菜。前茬水稻机械收获前 12 d～15 d 排水晒田。

4.2 品种选择

选择高产、耐密、抗病、抗倒，且在长江流域审定或登记的油菜品种。种子品质符合 NY 414 的要求，质量符合 GB 4407.2 的要求。长江上游地区可选择川油 36、蓉油 18；长江中游地区可选择华杂 62、中油杂 19；长江下游地区可选择宁杂 1818、浙油 50 等品种。

4.3 茬口安排

前茬优先选择水稻，实行水稻-油菜轮作，合理搭配品种。油菜采用直播栽培模式，长江上、中游前茬水稻收获期不迟于 9 月下旬；长江下游前茬水稻收获期不迟于 10 月上旬。

4.4 肥料运筹

水稻秸秆全量粉碎翻压还田，酌情减施氮、磷、钾肥。一般田块可选用全营养油菜专用缓释肥一次性底施，在越冬前 20 d～25 d 看苗追肥，肥料施用符合 NY/T 394 的要求。

5 水稻秸秆全量翻压还田

5.1 收割机械要求

选用集秸秆粉碎与抛洒装置的半喂式履带联合收割机。

5.2 水稻秸秆还田作业

水稻黄熟后机械收获。要求留茬高度为 20 cm～25 cm,秸秆粉碎长度 10 cm～15 cm。控制收割机前进速度,确保秸秆粉碎并均匀抛撒在田面。水稻收获后,选用一次性完成深旋 20 cm～25 cm、灭茬、秸秆翻压还田、开沟、做畦、播种、施肥及镇压等多种工序联合作业的油菜直播机作业。秸秆粉碎合格率在 90％以上,田间不得有秸秆堆积,不得漏切,还田秸秆符合 NY/T 394、NY/T 500 的要求。

6 种植技术

6.1 播种期

长江上、中游直播油菜适宜播种期为 9 月下旬至 10 月上旬;长江下游直播油菜适宜播种期为 9 月底至 10 月中旬。

6.2 播种量

直播油菜个体生长不足,秸秆翻压还田后油菜在越冬期易吊根死苗,应适当加大种植密度。适当密植还可有效抑制农田杂草和花期菌核病发生。

每亩播种量在常规用量的基础上增加 0.05 kg～0.10 kg,并根据播种期及千粒重调整。在 9 月下旬至 10 月上旬播种,每亩用种量为 0.30 kg～0.35 kg,确保越冬期每亩达到 3.0 万～3.5 万株的基本苗要求;在此基础上,如播期每推迟 5 d 左右,则每亩的播种量相应增加 25 g～30 g。低洼田及墒情较差的田块应增加播种量。

6.3 播种施肥

选用一次性完成深旋 20 cm～25 cm、灭茬、秸秆翻压还田、开沟、做畦、播种、施肥及镇压等多种工序联合作业的油菜直播机播种。

播种时,按照宽行 25 cm、窄行 15 cm 的宽窄行配置播种,根据天气实时抢播,播种深度控制在 1.0 cm～2.0 cm,并适当镇压,促进种子与土壤接触,提高田间出苗率。

底肥每亩施 N-P_2O_5-K_2O-微量元素含量为 25％-7％-8％-5％的全营养油菜专用缓释肥35 kg～40 kg。

播种结束后清理"三沟",厢沟、腰沟、围沟的深度分别达到 15 cm～20 cm、20 cm～25 cm、25 cm～30 cm,确保"三沟"配套、沟沟相通,厢面无积水,可减轻后期菌核病危害。

6.4 追肥

使用追肥应符合 NY/T 394 的要求。越冬期前 20 d～25 d,脱肥田块抢墒、抢雨,每亩撒施尿素 5.0 kg～7.5 kg。

7 病虫草害防治

7.1 主要病虫草害

长江流域直播油菜田的病害主要有菌核病,部分区域需防控根肿病;虫害主要有菜青虫、蚜虫。草害主要有禾本科杂草、阔叶类杂草。

7.2 防治原则

按照"预防为主,综合防治"的植保方针,坚持以"农业防治、物理防治、生物防治为主,化学防治为辅"的原则。

7.3 防治措施

7.3.1 农业防治

在有根肿病发生的田块,采用种植抗病品种、避免与十字花科蔬菜连作、合理密植、有机无机肥配施、深耕晒垡、培育壮苗等综合措施,可提高油菜抗病性,减轻根肿病的危害。如种植抗根肿病品种,则比常规播期推迟 10 d 左右,可错开根肿病发病高峰,有效降低根肿病的发生。油菜秸秆还田,并实行水旱轮作可有效降低菌核病发生。合理密植,种植密度宜为 3.0 万株/亩～3.5 万株/亩、结合中耕松土的方法抑制草害发生。

用 1%～3% 过磷酸钙液在菜青虫成虫产卵始盛期喷油菜叶片,可使植株上着卵量减少 50%～70%,并且有叶面施肥效果。

7.3.2 物理防治

清洁田园、杀灭菜青虫虫蛹,减少下代虫源。幼虫盛发期在清晨露水未干时进行人工捕捉,或在成虫活动时进行网捕。

在田间均匀悬挂大小为 30 cm×60 cm 的黄板 20 片/亩～30 片/亩,黄板上均匀涂抹黄油,诱杀有翅成蚜,黄板悬挂高度以高出植株 40 cm～50 cm 为宜。

7.3.3 生物防治

菜青虫:在幼虫 3 龄前喷洒微生物杀虫剂苏云金杆菌乳剂、粉剂(每克含活孢子 100 亿)800 倍液,施药时间较防治适期提前 2 d～5 d,且要避开强光照、低温、暴雨等不良天气;或 2.5% 多杀霉素悬浮剂 1 000 倍～1 500 倍液喷雾防治,施药时间较普通杀虫剂提早 3 d 左右。或选用植物性杀虫剂 1% 印楝素水剂 800 倍～1 000 倍液喷雾。

蚜虫:保护天敌或人工饲养释放蚜茧蜂、草青蛉、食蚜蝇、多种瓢虫及蚜霉菌等可减少蚜害,每亩田间释放蚜茧蜂 3 500 头,控制蚜虫效果较好,其间不宜悬挂黏虫板和杀虫灯,为天敌创造良好生存环境。

菌核病:在播种油菜时,采用喷雾方法将生防菌盾壳霉可湿性粉剂均匀覆盖地表或随灌溉水至油菜根围,或拌种撒播至油菜田,腐烂土壤中菌核,抑制菌核萌发,实现菌核病与播种一体化;在油菜初花期,向油菜地上部分均匀喷雾盾壳霉可湿性粉剂。在收获油菜籽时,对油菜秸秆喷施复合生物菌剂(木霉等),可以腐解菌核,减少田间菌源数量。一般可在联合收割机上安装喷雾施药装置,实现油菜收割、秸秆还田和菌核病防控一体化。

7.3.4 化学防治

播前选择高效、低毒、低残留的种衣剂进行拌种或种子包衣,种衣剂用药量不超过种子量的 2%。选择 70% 噻虫嗪种衣剂可有效减轻病虫害发生。

甜菜夜蛾防治重点时期在其低龄期—苗期,大田中百株虫量达到 20 头～40 头时,需进行防治,或花期菜粉蝶危害时可进行化学防治。

蚜虫防治应抓住苗期、蕾薹期、花角期施药。当苗期和蕾薹期有蚜株率达到 10% 以上,花角期有蚜枝率达到 10% 时,进行防治。

菌核病在油菜主茎开花率达 90%～100% 时,叶病株率在 10% 左右,对植株中下部茎叶及时施药。在油菜种植连片、面积较大区域可考虑无人机进行飞机喷施。

以上农药使用应符合 NY/T 393 的要求。严格按照农药安全施用间隔期用药,具体病虫草害化学用药情况参见附录 A。

8 收获

植株中上部茎秆明显退绿、角果枯黄时,可用机械收割,做到边收、边捆、边拉、边堆,收获后堆放 4 d～5 d 促进后熟,然后脱粒、晒干、储藏。有条件的地区宜采用油菜联合收获方式收获,可一次性完成切割、茎秆分离、脱粒、油菜籽清洗等工序。

9 储藏

当油菜籽粒含水量在8%以下时装袋入库。储藏设施、周围环境、卫生要求、出入库、堆放等应符合NY/T 1056的要求。

10 生产废弃物处理

生产过程中,农药、投入品等包装袋集中收集进行无害化处理,油菜秸秆在收获的同时粉碎还田,适当提前灌水泡田,优先种植水稻,可减少菌核数量。

11 生产档案管理

生产者应建立生产档案,记录品种、施肥、病虫草害防治、采收及田间操作管理措施;所有记录应真实、准确、规范,并具可追溯性;生产档案应专人专柜保管,至少保存3年。

附　录　A

（资料性附录）

长江流域绿色食品油菜籽生产主要病虫草害防治方案

长江流域绿色食品油菜籽生产主要病虫草害防治方案见表 A.1。

表 A.1　长江流域绿色食品油菜籽生产主要病虫草害防治方案

防治对象	防治时期	农药名称	使用剂量	使用方法	安全间隔期,d
草害	播种结束	960 g/L 精异丙甲草胺乳油	45 mL/亩～60 mL/亩	土壤喷雾	15
禾本科杂草	杂草 2 叶～4叶期	5%精喹禾灵乳油	50 mL/亩～60 mL/亩	喷雾	10
阔叶类杂草	杂草 2 叶～5叶期	75%二氯吡啶酸可溶粒剂	8 g/亩～10 g/亩	喷雾	7
蚜虫	花角期有蚜枝率达到10%	25%噻虫嗪水分散粒剂	6 g/亩～8 g/亩	喷雾	21
	发生初期	5%啶虫脒可湿性粉剂	20 g/亩～30 g/亩	喷雾	5
甜菜夜蛾	幼虫低龄以前	5%甲氨基阿维菌素苯甲酸盐微乳油	4 g～5 g 兑水 40 kg～50 kg	喷雾	5
菜青虫	幼虫 3 龄以前	4.5%高效氯氰菊酯水乳剂	50 mL/亩～70 mL/亩	喷雾	14
菌核病	油菜盛花期和终花期菌核病发病前或发病初期	50%多菌灵可湿性粉剂	100 g～150 g 兑水 40 kg～50 kg	喷雾	48

注:农药使用以最新版 NY/T 393 的规定为准。

绿 色 食 品 生 产 操 作 规 程

LB/T 070—2020

长 江 流 域
绿色食品菜油两用油菜生产操作规程

2020-08-20 发布

2020-11-01 实施

中国绿色食品发展中心 发布

前　言

本规程由中国绿色食品发展中心提出并归口。

本规程起草单位:湖南省绿色食品办公室、中国绿色食品发展中心、湖南省作物研究所。

本规程主要起草人:杨青、张志华、王培根、王同华、邓彬、贺良明、郭一鸣、梁潇。

长江流域绿色食品菜油两用油菜生产操作规程

1 范围

本规程规定了长江流域绿色食品菜油两用油菜的产地环境、品种选择、整地播种、田间管理、采收、生产废弃物处理、运输储藏和生产档案管理。

本规程适用于江苏、浙江、安徽、江西、河南、湖北、湖南、四川、重庆、贵州和云南等地区的绿色食品菜油两用油菜生产。

2 规范性引用文件

下列文件对于本文件的应用是必不可少的。凡是注日期的引用文件，仅注日期的版本适用于本文件。凡是不注日期的引用文件，其最新版本（包括所有的修改单）适用于本文件。

GB 4407.2　经济作物种子　第2部分：油料类

NY/T 415　低芥酸低硫苷油菜籽

NY/T 391　绿色食品　产地环境质量

NY/T 393　绿色食品　农药使用准则

NY/T 394　绿色食品　肥料使用准则

NY/T 1056　绿色食品　储藏运输准则

3 产地环境

产地农田土壤、灌溉用水、大气环境质量应符合 NY/T 391 的要求，且地势平坦，排灌方便，耕层深厚，肥力水平中、上等。

4 品种选择

选择适合本区域种植的半冬性中偏早熟，蕾薹期营养体生长旺盛，再生能力强，菜薹口味佳，菜籽产量高的菜油兼用型的"双低"甘蓝型油菜品种，如华油杂 62、中双 9 号、中油杂 19、大地 199、沣油 520、赣油杂 2 号等，要求"双低"品质达到 GB 4407.2 和 NY/T 415 的要求。

5 整地播种

5.1 种子处理

播种前进行拌种，每 100 kg 种子，用 800 mL～1 600 mL 30％噻虫嗪，均匀搅拌后于通风干燥处晾干，即可播种。

5.2 茬口安排

前茬为水稻等水田作物或十字花科作物连作不超过 2 年的其他旱土作物，收获期应在 9 月上旬以前。

5.3 大田准备

前茬作物收获后及时进行耕翻，耕深 25 cm～30 cm，要求耕深一致，不漏耕。开沟机开沟做厢，沟宽 40 cm～50 cm，沟深 30 cm～40 cm，要求沟向平直，沟沟相通，厢宽一般为 1.5 m～2.0 m，厢长根据田块而定，一般不超过 30 m 需作中沟，要求厢面田平、草净、墒足、土壤上虚下实。田间老草防治用药参见附录 A。

5.4 底肥施用

肥料施用应符合 NY/T 394 的要求。每亩底施腐熟农家肥 3 000 kg～4 000 kg、氮磷钾三元复合肥 (N：P₂O₅：K₂O＝16：8：18)20 kg,含量 10％硼砂 1 kg,或氮磷钾三元复合肥 25 kg～30 kg,含量 10％硼砂 1 kg,要求分厢等量施用,做到用肥均匀。底肥施用移栽方式采用穴施,直播方式采用撒施或机施。禁用含有垃圾、污泥、工业废料和未知来源的农家肥。

5.5 移栽种植

5.5.1 播种期

移栽育苗播种期长江以北地区 8 月中下旬,长江以南地区 9 月中上旬。

5.5.2 苗床

选择土壤肥沃、排灌方便,且不含十字花科作物活体种子的地块用作苗床。苗床与大田用地面积比在 1：5 左右。要求土壤细碎、厢面平整,厢宽 1.3 m～1.5 m,厢沟深 15 cm～20 cm,且围边沟要深于厢沟。

5.5.3 苗床施肥

亩施有机肥 1 500.0 kg,过磷酸钙 50.0 kg、氯化钾 15.0 kg、硼砂 1.0 kg 或 45％的三元复合肥 40.0 kg、硼砂 1.0 kg。用肥混合均匀撒于厢面,禁用来源不明的农家肥,特别是十字花科作物秸秆堆制的有机肥。

5.5.4 苗床播种

苗床亩播种量 0.4 kg～0.5 kg,采用分厢定量匀播,并以火土灰或细土浅层覆盖,厚度控制在 2 cm～3 cm。播种后沟灌润土,确保灌水到每条厢沟,但水面不超过厢面,待表层土充分湿润后排除存水。

5.5.5 苗床管理

出苗期 5 d 内遇干旱及时泼浇保苗,遇多雨则需排水防渍。齐苗后及时疏苗,一般在第 1 片真叶进行间苗以拔除丛生苗为主,3 叶～4 叶期进行定苗,每平方米留 100 株～130 株。定苗后每亩追施尿素 4 kg～5 kg。湖南、湖北、江西南部地区遇晴朗高温天气,可覆盖遮阳网避免油菜苗灼伤。

5.5.6 大田移栽

移栽前将移栽田块前茬残留作物及时清除,深翻耕后晒土 3 d～5 d。用开沟机开沟、做厢,沟宽 40 cm～50 cm,沟深 30 cm～40 cm,要求厢沟、腰沟、边沟沟向平直,且沟沟相通。厢宽一般为 1.5 m～2.0 m,厢长根据田块而定,一般超过 30 m 需作中沟,要求做到厢面田平、草净、墒足、土壤上虚下实,并进行田间杂草防治(参见附录 A)。移栽前 1 d～2 d 根据种植密度进行挖穴,并参照 5.3 的规定进行穴施底肥。移栽密度偏早熟品种每亩在 8 000 株～12 000 株,行距 25 cm～30 cm,株距 25 cm 左右;中熟品种 7 000 株～8 000 株,行距 30 cm～35 cm,株距 30.0 cm 左右。在苗龄 30 d～35 d 时及时移栽于备用大田,移栽前 1 d 将苗床浇透,起苗时尽量带土护根。移栽时按幼苗大小分级种植,并做到苗正、根直、栽稳,边栽边浇定根水。

5.6 直播种植

5.6.1 播种期

直播播种期长江以北地区 9 月中下旬,长江以南地区 10 月上中旬。

5.6.2 播种量

每亩播种 250 g/亩～350 g/亩,早播、条播、点播、机播取下限值,迟播、撒播、喷播取上限值。

5.6.3 播种方式

采取开沟条播、挖窝点播或在田面撒播 3 种方式。撒播、喷播方式可每亩混配 2 kg～3 kg 尿素分厢定量匀播,机播方式可按面积定量在大田底肥施用时同步操作。

5.6.4 直播出苗及管理

播种后沿厢沟灌,确保水能到达每条厢沟,且水面不超过厢面。灌水后 1 d 左右及时排干"跑马水",并参见附录 A 进行防治进行芽前封闭除草。出苗后 2 片~3 片真叶时进行间苗,5 片~6 片真叶时进行定苗。条播、穴播每亩留苗 1.5 万株~2.0 万株;撒播每亩留苗 2 万株~3 万株。棉田密度适当减少,稻田密度适当增加。

6 田间管理

6.1 苗期管理

油菜出苗后视虫害发生情况适时防治跳甲、菜青虫等危害,防治药剂和方法参见附录 A。可在 3 片~6 片真叶时进行中耕除草 1 次。菜油两用油菜重在秋发栽培,秋季如遇干旱,应及时灌水抗旱保旺苗,并视苗情于冬前增施 45％三元复合肥 10 kg~20 kg。

6.2 蕾薹期管理

蕾薹期应注意田间清沟排渍,清理厢围沟,做到厢沟、中沟和围沟"三沟"配套,厢面无积水;应尽量选择晴朗天气进行摘薹,摘薹后及时增施 5 kg/亩尿素促进恢复生长。

6.3 花期和角果期管理

摘薹田块每亩用 200 g 多菌灵兑水 50 L 均匀喷雾,预防菌核病发生。在初花期前后每亩喷施 0.3％的硼肥溶液 50 L 左右,以预防油菜花而不实现象。

6.4 病虫草害防治

采取"预防为主,综合防治"的原则,采用农业防治、物理防治、生物防治及符合 NY/T 393 要求的药剂进行综合防治。菜油两用油菜生产提倡轮作换茬,播前将播种田块内病叶、病株和病源杂草清理干净,保持田间清洁;苗期和成熟期在田间设置诱虫黄板诱杀有翅成虫或利用瓢虫、食蚜蝇、蚜茧蜂等天敌进行控制虫害,或参照附录 A 的方法进行药剂防治;提倡在摘薹后盛花期和终花期参照附录 A 的方法各防治 1 次菌核病。油菜田草害防治主要采取播前杀灭前茬老草、播后苗期前土壤封闭除草和直接杀灭田间杂草 3 个阶段,具体参照附录 A 的方法进行。

7 采收

7.1 油菜薹收获

油菜薹高度达到 30 cm 左右时开始采摘,一般收取主茎上部 15 cm~20 cm,保留桩 10 cm 左右。应依据油菜薹高度取大留小分批采摘,切忌大小薹同时采摘,以免影响菜薹产量与质量。收取的菜薹宜及时上市,常温保存期为 1 d~2 d,低温保存可适当延长保鲜期。

长江中、上游地区油菜薹采收时间不迟于 2 月中旬,长江下游地区油菜薹采收时间不迟于 2 月中旬,采收过迟不仅会影响油菜薹的口感,且会影响后期菜籽的产量。采收次数一般控制在 2 次~3 次为宜。

7.2 油菜籽收获

人工收获以 80％左右的油菜角果成琵琶黄色,下部角果籽粒开始变褐时为最佳收获期。割倒并晾晒 5 d~7 d 后进行脱粒。机械联合收获务必达到完熟,在下部角果籽粒转黑时开始收获。

8 生产废弃物处理

机收的秸秆可粉碎后直接还田,人工收获的可搬运至晒场收打或在田间收打后集中堆沤腐熟后还田;对同时产生的少量农药、肥料包装袋等不可降解垃圾,应及时分类回收,交由垃圾处理站统一处理。

9 运输储藏

油菜籽收获后应在晴天及时曝晒,晾晒后必须完全冷凉后方可入仓。若需存放到夏季高温前进行加工榨油,含水量应在 10％以下;若需较长时期保藏,含水量应降至 8％以下矮堆或包装堆存,供陆续加工榨油;菜籽含水量在 10%以上,达不到加工榨油要求,一般只能保存 1 周~3 周,需要及时晾晒至含水量合格。油菜籽产品储藏与运输按照 NY/T 1056 的规定执行。

10 生产档案管理

生产者应建立生产档案,记录种子、农药、化肥等生产投入品的采购、出入库情况,记录品种、施肥、病虫草害防治、采收以及田间操作管理措施等,记录应真实、准确、规范,并具有可追溯性,生产档案应由专人专柜保管,至少保存 3 年以上。

附　录　A

（资料性附录）

长江流域绿色食品菜油两用油菜生产主要病虫草害防治方案

长江流域绿色食品菜油两用油菜生产主要病虫草害防治方案见表 A.1。

表 A.1　长江流域绿色食品菜油两用油菜生产主要病虫草害防治方案

防治对象	防治时期	农药名称	使用剂量	使用方法	安全间隔期,d
播后草籽	播种覆土后至出苗前 3 d	33%二甲戊灵乳油	200 mL/亩～250 mL/亩	喷雾	—
苗期嫩草	2 叶～4 叶期	5%精喹禾灵乳油	50 mL/亩～60 mL/亩	喷雾	—
	6 叶期	75%二氯吡啶酸可溶粒剂	9 g/亩～14 g/亩	喷雾	—
蚜虫	出苗至入冬期间、次年开花结果期	25%噻虫嗪水分散粒剂	6 g/亩～8 g/亩	喷雾	21
猿叶虫、跳甲	油菜苗期	3%辛硫磷颗粒剂	6 000 g/亩～8 000 g/亩	喷雾	—
菌核病	盛花期、终花期	36%甲基硫菌灵悬浮剂	1 500 倍液	喷雾	30
注:农药使用以最新版本 NY/T 393 的规定为准。					

绿色食品生产操作规程

LB/T 071—2020

北 方 地 区
绿色食品花生生产操作规程

2020-08-20 发布　　　　　　　　　　　　　　2020-11-01 实施

中国绿色食品发展中心 发布

前　言

本规程由中国绿色食品发展中心提出并归口。

本规程起草单位:河南省绿色食品发展中心、河南省农业科学院经济作物研究所、中国绿色食品发展中心、安阳市农产品质量安全检测中心、驻马店市农产品质量安全检测中心、河北省绿色食品办公室、山东省绿色食品发展中心、山西省农产品质量安全中心、内蒙古农畜产品质量安全中心。

本规程主要起草人:宋伟、张扬、张志华、李惠文、王月勇、刘启、崔超、姬伯梁、王飞、胡英会、马丽娜、郝西、张俊、连燕辉、冯世勇、郑必昭、李岩。

北方地区绿色食品花生生产操作规程

1 范围

本规程规定了北方地区绿色食品花生的产地环境、品种选择、整地播种、田间管理、采收、包装、运输及储藏、生产废弃物处理、生产档案管理。

本规程适用于淮河以北的河南北部、河北、山西、内蒙古、辽宁、吉林、黑龙江、江苏北部、安徽北部、山东、陕西、甘肃、青海、宁夏、新疆的绿色食品花生的生产。

2 规范性引用文件

下列文件对于本文件的应用是必不可少的。凡是注日期的引用文件，仅注日期的版本适用于本文件。凡是不注日期的引用文件，其最新版本（包括所有的修改单）适用于本文件。

GB 4407.2 经济作物种子 第2部分：油料类

GB 5084 农田灌溉水质标准

GB 5491 粮食、油料检验 扦样、分样法

GB 13735 聚乙烯吹塑农用地面覆盖薄膜

GB/T 14489.1 油料 水分及挥发物含量测定

NY/T 391 绿色食品 产地环境质量

NY/T 393 绿色食品 农药使用准则

NY/T 394 绿色食品 肥料使用准则

NY 525 有机肥卫生标准

NY/T 658 绿色食品 包装通用准则

NY/T 855 花生产地环境技术条件

NY/T 1056 绿色食品 储藏运输准则

3 产地环境

产地环境应符合 NY/T 391 和 NY/T 855 的要求。生产基地应选择在无污染和生态条件良好的地区，远离工矿区和铁路干线。地块应选择肥力中等以上、排灌方便、土传病害轻的中性或微酸、微碱性土壤，以土层深厚、富含有机质、疏松肥沃的沙壤土为宜。

4 品种选择

4.1 选择原则

选用通过国家或省级部门审（鉴、认）定或登记的花生品种，种子质量应达到纯度≥96%、净度≥99%、发芽率≥80%、含水量＜10%等标准，符合 GB 4407.2 和 GB 5491 的要求。

品种应选择适应当地气候条件、种植模式、优质、专用、抗逆性强的花生品种。

4.2 春播

4.2.1 播期

春播花生一般在 5 d 内 5 cm 平均地温稳定在 15℃以上播种；对于高油酸品种，宜选择 5 d 内 5 cm 平均地温稳定在 18℃以上播种。黄淮海地区（河南北部、河北、山东、安徽北部、江苏北部等）春播花生，一般播期为 4 月下旬至 5 月上旬，地膜覆盖栽培可提前至 4 月中下旬；而东北、内蒙古、新疆等地区一般播期为 4 月下旬至 5 月上旬。

4.2.2 品种选择

黄淮海地区(河南北部、河北、山东、安徽北部、江苏北部等)一年一熟制春播宜选用中晚熟大果型花生品种,生育期一般为 125 d～130 d,适宜品种为豫花 9326、豫花 15、远杂 9847、豫花 9719、开农 176、开农 1715、山花 9 号、花育 35 号、冀花 4 号、冀花 11、冀花 16、徐花 16、山花 11、花育 25、山花 10 号、潍花 8 号、花育 33 等。

东北、内蒙古、新疆等地区一年一熟制春播宜选用中早熟中、小果型花生品种,生育期一般在 120 d 以内,适宜品种为四粒红、花育 20、花育 23、阜花 12、远杂 9102、豫花 22、远杂 9847、豫花 37、豫花 65、山花 10 号、潍花 14、花育 33 等。

4.3 麦垄套种

4.3.1 播期

麦垄套种花生,一般播期为小麦收获前 15 d～20 d(5 月中旬)。

4.3.2 品种选择

麦垄套种选用中熟大果型花生品种,生育期一般为 120 d～125 d,适宜品种为豫花 9326、豫花 15、远杂 9847、开农 176、开农 1715、山花 9 号、花育 35、冀花 4 号、冀花 11、冀花 16、徐花 16、山花 11、花育 25、山花 10、潍花 8 号、花育 33 等。

4.4 夏直播

4.4.1 播期

麦后夏直播花生,一般播期为 5 月下旬至 6 月上中旬。

4.4.2 品种选择

麦后夏直播宜选用中早熟小果型品种,生育期一般 100 d～110 d,适宜品种为豫花 22、远杂 6 号、远杂 12、远杂 9847、豫花 37、豫花 65、山花 10、潍花 14、花育 33、花育 52、徐花 14 等。

5 整地播种

5.1 整地

前茬作物收获后及时清运秸秆或者粉碎灭茬,及时耕翻,精细整地,耕地前应施足底肥。做到深耕细耙,地面平整,确保无垡块、秸秆、杂草等杂物。

每隔 2 年～3 年宜深耕 1 次,以保证耕层深度 20 cm～30 cm。

5.2 播种

5.2.1 种子处理

播种前 10 d～15 d 内剥壳,剥壳前可选择晴天带壳晒种 2 d～3 d,结合剥壳剔除病果、烂果、秕果,选择籽粒饱满、皮色鲜亮、无病斑、无破损的种子。

播种前用精甲霜灵、多菌灵可湿性粉剂等拌种,也可选用其他符合绿色食品生产要求的拌种剂。具体用量参见附录 A。

5.2.2 种植密度

春播一般每亩种植 8 000 穴～10 000 穴,每穴播种 2 粒,播种深度 3 cm～5 cm。机械化单粒播种时,种植密度为 15 000 穴/亩。

麦垄套种一般种植密度为 10 000 穴/亩～11 000 穴/亩,双粒播种。

麦后夏直播一般种植密度为 12 000 穴/亩～13 000 穴/亩,双粒播种;机械化单粒播种时,种植密度为 16 000 穴/亩～18 000 穴/亩。

5.2.3 足墒播种

花生播种时底墒要足,墒情不足时,应造墒播种。适宜墒情为土壤最大持水量的 60%～70%,一般掌握在土壤手握成团,松开即散的程度。

5.2.4 种植方式

种植方式有平作和起垄种植两种。

平作种植,春播花生行距一般 40 cm 左右,穴距 16 cm～18 cm;夏播花生行距一般 33 cm 左右,穴距 16 cm～18 cm。

起垄种植一般采用一垄双行,垄高为 10 cm～15 cm,垄距为 75 cm～80 cm,垄沟宽 30 cm,垄面宽 45 cm～50 cm,垄上小行距为 20 cm～25 cm,保持花生种植行与垄边有 10 cm 以上的距离,利于花生下针。

起垄种植也可采用地膜覆盖,宜选用厚度 0.01 mm、符合 GB 13735 规定的地膜。

6 田间管理

6.1 排灌

农田灌溉水质应符合 GB 5084 的要求。

足墒播种的花生,苗期一般不需浇水也能正常生长。

开花下针期及结荚期对水分敏感,应及时旱浇涝排。当花生叶片发生萎蔫并且到傍晚时仍不能恢复,则需及时浇水,灌溉以沟灌、喷灌、滴灌形式最好,尽量避免大水漫灌,并避开中午阳光强照时的高温时间。7月～8月,常常降雨集中,雨后及时清理沟畦,排除田间积水,避免造成花生涝灾渍害。

6.2 施肥

肥料使用应符合 NY/T 394 和 NY 525 的规定。施肥应采取化肥与有机肥配合施用的原则,花生播种前结合耕翻、整地和起垄一次施足基肥,每亩可施农家肥 2 000 kg～3 000 kg,尿素 14 kg～18 kg,过磷酸钙 50 kg～60 kg,硫酸钾 14 kg～18 kg。缺钙地块,每亩可增施钙肥[(石灰(酸性土壤)或石膏(碱性土壤)]40 kg～50 kg。

麦垄套种花生,由于播种前无法施肥,在种植前茬作物小麦时应施足基肥,做到一肥两用,一般亩施农家肥 2 000 kg～3 000 kg、尿素 18 kg～20 kg、过磷酸钙 33 kg～45 kg、硫酸钾 7 kg～12 kg;小麦收获后,结合灭茬每亩追施尿素 10 kg,磷酸二铵 15 kg～20 kg,促苗早发。

花生进入结荚期后,如出现脱肥情况,可叶面喷施 1% 的尿素和 2%～3% 的过磷酸钙澄清液,或 0.1%～0.2% 磷酸二氢钾水溶液 2 次～3 次(间隔 7 d～10 d),每次喷洒 50 kg/亩～75 kg/亩,也可选用其他符合绿色食品生产要求的叶面肥。

6.3 合理化控

高肥水田块或有旺长趋势的田块,当株高达到 35 cm 时,用烯效唑等生长调节剂进行叶面喷施 1 次～2 次,间隔 7d～10 d,最终植株高度控制在 45 cm～50 cm。具体用量参见附录 A。

6.4 病虫草鼠害防治

6.4.1 防治原则

农药使用应符合 NY/T 393 的规定。花生有害生物防治应以防为主、以治为辅,防治兼顾,协调运用。合理地采用农业、生物防治,辅以化学防治。

6.4.2 常见病虫草鼠害

6.4.2.1 主要病害

叶斑病和网斑病、根腐病和茎腐病等。

6.4.2.2 主要虫害

蛴螬、蚜虫、地老虎等。

6.4.2.3 主要草害

马齿苋、马唐、莎草、牛筋草、狗尾草、田旋花、龙葵等。

6.4.3 防治措施

6.4.3.1 农业防治

选用抗病品种，在花生生产中针对当地病虫害发病规律、主要病害的类型，宜用适合当地栽培的、具有较强综合抗性的花生品种。

轮作换茬，花生宜与玉米、小麦等禾本科作物进行轮作，轮作年限一般 2 年～4 年。

适度深耕、起垄种植，深耕可破坏病菌、草籽、地下害虫的生存环境，一般要求深耕 30 cm～35 cm。起垄种植易于旱浇涝排，便于田间管理，增加群体通风透光性，减少病害的发生。

清洁田园，生长后期加强病害防治，直接减少病虫基数，并在花生收获后，彻底清除田间残株、败叶，对易感根系病害的还要清除残根。

调整播期，根据当地病虫草害发生规律，在保证生育期的前提下，合理调整播期，避开高温、高湿季节，有效减少病虫草害发生。

6.4.3.2 物理防治

悬挂黄、蓝等颜色胶纸(板)诱杀蚜虫、蓟马等害虫；应用黑光灯、白炽灯、高压汞灯、频振式诱虫灯等物理装置诱杀蛾类成虫；宜用无色地膜、有色膜、防虫网等驱避、阻隔害虫；宜用糖醋液、性诱剂、杨树枝、蓖麻等诱杀害虫；应用捕鼠夹、笼压板等捕杀害鼠；应结合田间管理铲除杂草、拔出病株和摘除受害荚果等。

6.4.3.3 生物防治

利用白僵菌、土蜂等防治蛴螬等害虫。参见附录 A。

6.4.3.4 化学防治

严格按照农药安全使用间隔用药，常见花生病虫草鼠害化学防治方法参见附录 A。

7 采收

花生成熟(植株中、下部叶片脱落，上部 1/3 叶片变黄，荚果饱果率超过 80%)时或昼夜平均温度低于 15℃时，应及时收获。

8 包装、运输及储藏

花生收获摘果后，应及时晾晒或机器烘干，当花生荚果含水量降至 10% 以下时，入库储藏。花生荚果含水量的测定应符合 GB/T 14489.1 的要求。

储藏环境应有良好的通风环境，温度不超过 20℃，相对湿度不得超过 75%，储藏地点做好防虫防鼠工作，每隔 3 个月或半年翻晒 1 次，保持干燥。室内储藏如发现种子堆内水分、温度超过界限，应在晴天及时开窗通风，必要时倒仓晾晒。储藏标准应符合 NY/T 1056 的要求。

花生果或花生仁的包装应符合 NY/T 658 的要求。

9 生产废弃物处理

生产过程中，农药、化肥投入品等包装袋、地膜应分类收集，进行无害化处理或回收循环利用。未进行地膜覆盖栽培的花生秧可以作为养殖业饲草，采用地膜覆盖栽培的花生秧在清除大块地膜后可进行秸秆粉碎还田。

10 生产档案管理

建立生产档案，主要包括生产投入品采购、入库、出库、使用记录，农事操作记录，收获记录及储运记录等，生产档案保存 3 年以上。

附　录　A

（资料性附录）

北方地区绿色食品花生生产病虫草害防治方案

北方地区绿色食品花生生产病虫草害防治方案见表A.1。

表 A.1　北方地区绿色食品花生生产病虫草害防治方案

防治对象	防治时期	农药名称	使用剂量	使用方法	安全间隔期,d
叶斑病、网斑病	发病率达到5%～7%	80%代森锰锌可湿性粉剂	60 g/亩～75 g/亩	喷雾	17
倒秧病		40%多菌灵悬浮剂	125 mL/亩～150 mL/亩	喷雾	20
根腐病	播种前	350 g/L精甲霜灵种子处理微囊悬浮剂	每100 kg种子40 mL～80 mL	拌种	—
	发病初期	40%多菌灵胶悬剂	125 mL/亩～150 mL/亩	根部喷淋	20
蛴螬	6月下旬至7月中下旬	3%辛硫磷颗粒剂	4 000 g/亩～8 000 g/亩	撒施	—
		150亿个孢子/g球孢白僵菌可湿性粉剂	250 g/亩～300 g/亩	拌毒土撒施	—
地老虎	幼苗期	5%辛硫磷颗粒剂	4 200 g/亩～4 800 g/亩	撒施	—
蚜虫	播种前	10%吡虫啉可湿性粉剂	每100千克种子1 400 g～2 600 g	拌种	—
		30%噻虫嗪微乳剂	每100千克种子200 mL～400 mL	种子包衣	—
草害	芽前杂草	24%乙氧氟草醚乳油	40 g/亩～60 g/亩	喷施	—
		33%二甲戊灵乳油	150 mL/亩～200 mL /亩	播后苗前土壤喷雾	—
	苗后除草	150 g/L精吡氟禾草灵乳油	50 mL/亩～67 mL/亩	喷施	—
		5%精喹禾灵乳油	60 mL/亩～80 mL/亩		—
		480 g/L灭草松水剂	150 mL/亩～200 mL/亩		—
旺长田块	株高达到35 cm	5%烯效唑可湿性粉剂	400倍～800倍液	喷施	—

注:农药使用以最新版本NY/T 393的规定为准。

绿 色 食 品 生 产 操 作 规 程

LB/T 072—2020

黄淮海及环渤海湾地区
绿色食品甘蓝生产操作规程

2020-08-20 发布

2020-11-01 实施

中国绿色食品发展中心 发布

前　言

本规程由中国绿色食品发展中心提出并归口。

本规程起草单位：江苏省绿色食品办公室、江苏省农业技术推广总站、中国绿色食品发展中心、河南省绿色食品办公室、山东省绿色食品办公室、安徽省绿色食品办公室、辽宁省绿色食品办公室。

本规程主要起草人：徐继东、吴东梅、李建斌、张志华、曾晓萍、余方伟、许琦、纪祥龙、任旭东、金丹、李铁庄。

黄淮海及环渤海湾地区绿色食品甘蓝生产操作规程

1 范围

本规程规定了绿色食品结球甘蓝的产地环境,品种选择,生产技术,病虫害防治,采收,生产废弃物处理,包装、储运和生产档案管理。

本规程适用于北京、天津、河北、山西、内蒙古(赤峰和乌兰察布地区)、辽宁东西南部、江苏中北部、安徽中北部、山东和河南地区的绿色食品结球甘蓝生产。

2 规范性引用文件

下列文件对于本文件的应用是必不可少的。凡是注日期的引用文件,仅注日期的版本适用于本文件。凡是不注日期的引用文件,其最新版本(包括所有的修改单)适用于本标准。

GB 16715.4　瓜菜作物种子　甘蓝类

NY/T 391　绿色食品　产地环境质量

NY/T 393　绿色食品　农药使用准则

NY/T 394　绿色食品　肥料使用准则

NY/T 658　绿色食品　包装通用准则

NY/T 746　绿色食品　甘蓝类蔬菜

NY/T 1056　绿色食品　储藏运输准则

3 产地环境

要选择地势高燥、排灌方便、地下水位较低、土层深厚疏松、前茬为非十字花科蔬菜的地块,并符合NY/T 391 的要求。

4 品种选择

4.1 选择原则

应符合 GB 16715.4 中杂交种二级以上要求,且不得使用转基因品种。

4.2 品种选用

根据甘蓝的种植区域和生长特点,选择本区域适应性广、抗病虫、优质、高产、商品性好、适应市场需求的品种。同时,春甘蓝要特别注重选择冬性强、耐抽薹的早、中熟品种;夏甘蓝要选择耐热、抗病的品种;秋冬甘蓝选用耐寒、耐储藏的中晚熟品种。

4.3 种子处理

根据栽培季节、栽培目的,选择合适的品种,甘蓝商品种不需前期处理,直接播种。商品种的种子包衣剂应符合 NY/T 393 的要求。

5 生产技术

5.1 育苗准备

5.1.1 育苗设施

根据栽培季节可在保护设施中或露地育苗,冬季采用塑料大棚育苗,夏季采用防雨遮阳防虫棚。

5.1.2 育苗基质

选用近 3 年来未种过十字花科作物的肥沃园土和腐熟的有机肥配制而成。按体积计算,无病菌的园土和腐熟的有机肥比例为 3∶1;若用腐熟的鸡粪,可按 5∶1 比例配制。也可使用育苗基质,工厂化育苗基质一般使用草炭、椰糠和蛭石配制,草炭和蛭石的比例为 2∶1,添加适量的腐熟农家肥或复合肥。

5.2 播种

5.2.1 播种期

不同品种的甘蓝对温度的敏感性差异很大,应根据上市期和品种特性,选择适宜的播期。一般温室和早春塑料拱棚甘蓝 11 月下旬至 12 月上旬;春甘蓝 12 月下旬至翌年 1 月下旬;夏甘蓝 3 月下旬至 5月上旬;秋甘蓝 6 月下旬至 7 月上旬。

5.2.2 播种量

根据播种方法和定植密度及种子的大小,每亩栽培面积育苗用种量 16 g～60 g。育苗盘每穴播种 1粒,苗床每平方米播种 3g。

5.2.3 播种方法

苗床育苗,苗床一般选择地势较高、排灌便利的地段,做成宽 1.5 m,长不超过 20 m 的畦面,播种前苗床水浇透。采用撒播、条播或点播法播种。条播,可按行距 5 cm～8 cm 开沟,撒播以 3 g/m² 播种,点播则以每 5 cm² 营养土块播 2 粒～3 粒种子为宜。播后均匀覆上一层 0.2 cm～0.3 cm 细土或基质,浇水以土壤湿润而不板结为度。一般 4 d 可齐苗,揭掉畦面上覆盖物;穴盘育苗,直接购买育苗基质和育苗穴盘,播种前基质拌水,达到用水握不滴水状态,然后装入穴盘,穴盘上面轻轻压一个 0.1 cm 深的小坑,备于放置种子,可以直接人工点播或者播种机播种(面积大可选用播种机),采用播种机播种作业中,应注意检查吸种器是否堵塞、缺穴。播种后处理和管理同苗床育苗。苗床育苗用种量大,达到 50 g/亩,穴盘育苗用种量仅需 16 g/亩左右。

5.3 苗期管理

5.3.1 苗期温度和水分管理

温度管理:出苗期地温 20℃左右。出苗后地温降至 18℃以下,白天气温 25℃左右,夜间 8℃～10℃,分苗缓苗期地温 18℃～20℃,缓苗后温度恢复到分苗前标准。

水分管理:播种后如土壤底水足,出苗前可不再浇水;否则,应在覆盖物(草帘、遮阳网)上喷水补足。

5.3.2 分苗

甘蓝一般不需分苗,当地习惯如需分苗,当幼苗 2 片～3 片真叶时,可分苗于苗床上或营养钵内。夏秋育苗,要在防雨遮阳防虫棚中分苗。

5.3.3 分苗后管理

缓苗后床土不干不浇水,浇水宜浇小水或喷水。定植前 7 d 炼苗。要防止床土过干,也要在雨后及时排除苗床内积水。

5.3.4 壮苗标准

植株健壮,植株大小均匀,真叶为 5 片～6 片叶,叶柄较短,叶片肥厚,叶丛紧凑,根系发达,无病虫害。

5.4 定植

5.4.1 施肥原则

按照 NY/T 394 的规定执行,限制使用含氯化肥。

5.4.2 施肥整地

根据土壤养分测定结果及甘蓝需肥特点,提倡平衡配方施肥。在中等肥力土壤条件下,结合整地,每亩施经无害化处理的有机肥 3 000 kg～4 000 kg,合理配合使用化肥。肥料撒施,与土壤混匀,耙细作畦。耕整土壤一般采用配旋耕机作业,作业时应保持匀速前进一般以低二挡操作,作业深度 15 cm~20 cm,结合定植方式,确定起垄或开沟,垄(畦)高 15 cm~20 cm,垄顶宽 80 cm~200 cm,沟宽大于20 cm。垄(畦)行排列整齐,垄面平整。

5.4.3 定植时间

10 cm 地温稳定在 5℃以上时皆可定植。

5.4.4 定植密度及方法

定植密度应根据品种特性、气候条件和土壤肥力等确定,一般每亩定植早熟种 3 000 株~5 000 株、中熟种 2 500 株~4 500 株、晚熟种 1 600 株~3 500 株。

定植前翻土起畦,一般畦面宽 1 m~1.5 m 或 2 m,沟深和宽均为 0.3 m。定植前幼苗进行低温锻炼 1 周左右,采用带土垛或基质定植,有利于缓苗和植株健壮生长。定植当天浇足起苗水,带垛起苗。定植时浅栽轻压,以子叶露出地面为宜,定植后及时浇定根水。

采用机械移栽,作业前应进行株距、行距和栽植深度的调整,保证不漏苗、不倒伏。可选用乘坐式蔬菜移栽机,如选用 PVHR2 乘坐式蔬菜移栽机,搭载 0.17 kW 四冲程汽油发动机。其轮间距 845 mm~1 045 mm,适应垄高 10 cm~33 cm,最大作业效率 3 600 株/h。1 d 可移植 0.4 hm²~0.67 hm²,是人工种植效率的 10 倍以上。

5.4.5 定植后管理

定植后 4 d~5 d 浇缓苗水,随后结合中耕培土 1 次~2 次。气温高、雨量少的时期,要定期浇水,如采用灌水模式,灌水后须立即排除沟内余水,防止浸泡时间过长,发生沤根。秧苗活棵后到植株封行前,要进行 2 次~3 次中耕除草,并在中耕除草时培土护根。叶球生长完成后,停止灌水,以防叶球开裂。

追肥应结合灌水进行,一般在莲座期和结球初期,根据实际情况追肥,采用灌水及喷滴灌方式的,以0.1%~0.5%的沼肥或有机肥浸出液为宜;浇水方式追肥的,以 0.5%~1%的沼肥或有机肥浸出液较为适合。

如采用滴灌灌溉系统,可采用水肥一体喷灌基站灌溉。每亩铺设直径 16 mm 迷宫式或内镶片式微滴管 800 m~1 000 m,根据天气情况及甘蓝的生长需要,3 d~15 d 滴灌 1 次。

6 病虫害防治

6.1 主要病虫害

病害以霜霉病、黑腐病、软腐病、菌核病、猝倒病、立枯病等为主;虫害以小菜蛾、菜青虫、蚜虫、夜蛾科害虫为主。

6.2 病虫害防治原则

贯彻"预防为主,综合防治"的植保方针,优先采用农业防治、物理防治、生物防治,配合科学合理地使用化学防治,将结球甘蓝有害生物的危害控制在允许的经济阈值以下,达到生产安全、优质的绿色食品甘蓝的目的。

6.3 农业防治

实行 3 年~4 年轮作;选用抗病品种;创造适宜的生长环境条件,培育适龄壮苗,提高抗逆性;控制好温度和空气湿度;测土平衡施肥,施用经无害化处理的有机肥,适当少施化肥;深沟高畦,严防积水;在采收后将残枝败叶和杂草及时清理干净,集中进行无害化处理,保持田间清洁。

6.4 物理防治

用黄板诱杀蚜虫、粉虱等小飞虫;采用悬挂迷向信息素散发器,扰乱鳞翅目害虫的交配;达到虫口密度,用防虫网密封阻止害虫迁入;用频振式诱虫灯诱杀成虫。

6.5 生物防治

保护利用天敌,防治病虫害。使用苦参碱、印楝素等植物源农药和白僵菌、苏云金杆菌(Bt)、核型多角体病毒等微生物源农药防治病虫害。

6.6 化学防治

应严格按照 NY/T 393 的规定执行。具体防治措施参见附录 A。

7 采收

根据甘蓝的生长情况和市场的需求，在叶球大小定形、紧实度达到八成后，可陆续采收上市，产品质量应符合 NY/T 746 的要求。采收后按照大小、形状、品质进行分类分级。采收过程中，所用工具清洁、卫生、无污染。

8 生产废弃物处理

废弃物处理应要做到废弃物的资源化利用，严格采用菜帮、落叶等高温堆肥，短期发酵还田，洁净老叶、菜帮作饲料，过腹还田等措施；控制超薄农用地膜(厚度小于 0.01 mm)使用，推行农膜、农药包装、化肥包装、产品包装等废弃物的资源化回收再利用。

9 包装、储运

9.1 包装

按标准分级包装，根据销售需要装箱。包装物整洁、透气、牢固，包装应符合 NY/T 658 的要求。

9.2 储运

储藏温度控制在 2℃～10℃，相对湿度控制在 85%～95%。储藏场所清洁、卫生、通风，严禁有毒物质污染，应符合 NY/T 1056 的要求。

长途运输前应进行预冷，运输过程中注意防冻、防雨、防晒、通风等。

10 生产档案管理

建立并保存相关生产档案，记录内容主要包括肥水管理、病虫害防治、花果管理、包装、销售，以及产品销售后的申诉、投诉处理等，为生产活动可追溯提供有效的证据。生产档案至少保存 3 年。

附　录　A

（资料性附录）

黄淮海及环渤海湾地区绿色食品甘蓝生产主要病虫害防治方案

黄淮海及环渤海湾地区绿色食品甘蓝生产主要病虫害防治方案见表 A.1。

表 A.1　黄淮海及环渤海湾地区绿色食品甘蓝生产主要病虫害防治方案

防治对象	防治时期	农药名称	使用剂量	使用方法	安全间隔期，d
霜霉病	发病初期用药	40%三乙膦酸铝可湿性粉剂	235 g/亩～470 g/亩	喷雾	7
软腐病	发病初期用药	5%大蒜素微乳剂	60 g/亩～80 g/亩	喷雾	—
小菜蛾	发生期	2%甲氨基阿维菌素苯甲酸盐乳油	8 mL/亩～10 mL/亩	喷雾	3
蚜虫	发生期	1.3%苦参碱可溶液剂	25 mL/亩～40 mL/亩	喷雾	7
注：农药使用以最新版本 NY/T 393 的规定为准。					

绿色食品生产操作规程

LB/T 073—2020

长 江 流 域
绿色食品甘蓝生产操作规程

2020-08-20 发布

2020-11-01 实施

中国绿色食品发展中心 发布

前　　言

本规程由中国绿色食品发展中心提出并归口。

本规程起草单位:湖北省农业科学院经济作物研究所、湖北省绿色食品管理办公室、中国绿色食品发展中心、上海市绿色食品发展中心、江苏省绿色食品办公室、浙江省农产品质量安全中心、安徽省绿色食品管理办公室、江西省绿色食品发展中心、重庆市农产品质量安全中心、四川省绿色食品发展中心、贵州省绿色食品发展中心、云南省绿色食品发展中心。

本规程主要起草人:邓晓辉、崔磊、张志华、甘彩霞、廖显珍、杨远通、胡军安、周先竹、郭征球、陈永芳、刘颖、沈熙、王皓瑀、徐园园、高照荣、梁潇、李文彪、杜志明、沈海斌、邓小松、刘萍、李政、张海彬、杭祥荣。

长江流域绿色食品甘蓝生产操作规程

1 范围

本规程规定了长江流域绿色食品甘蓝的产地环境、栽培季节、品种选择、育苗、定植、田间管理、采收、运输储藏、生产废弃物处理及生产档案管理。

本规程适用于上海、江苏南部、浙江、安徽南部、江西、湖北、湖南、重庆、四川、贵州和云南北部等长江流域地区的绿色食品甘蓝的生产。

2 规范性引用文件

下列文件对于本文件的应用是必不可少的。凡是注日期的引用文件，仅注日期的版本适用于本文件。凡是不注日期的引用文件，其最新版本（包括所有的修改单）适用于本文件。

GB 16715.4　瓜菜作物种子　甘蓝类

NY/T 391　绿色食品　产地环境质量

NY/T 393　绿色食品　农药使用准则

NY/T 394　绿色食品　肥料使用准则

NY/T 658　绿色食品　包装通用准则

NY/T 746　绿色食品　甘蓝类蔬菜

NY/T 1056　绿色食品　储藏运输准则

3 产地环境

生产基地环境应符合 NY/T 391 的规定，要求连续 3 年未种植过十字花科作物、土壤疏松肥沃、排灌便利、相对集中连片、距离公路主干线 100m 以上、交通方便。

4 栽培季节

4.1 春茬

12 月至翌年 1 月播种育苗，2 月～3 月移栽，5 月～6 月采收。

4.2 秋茬

7 月～8 月播种，8 月～9 月移栽，10 月～11 月收获。

5 品种选择

5.1 选择原则

宜选用抗病性和抗逆性强、优质、高产、符合市场需要的甘蓝品种。

5.2 品种选用

春甘蓝：选择冬性强、不易抽薹、耐裂球的品种，如京丰 1 号、鸡心、牛心等；秋甘蓝：选择生育期短、耐热、抗病、耐裂球的早中熟品种，单球重 1 kg 左右，定植后到收获期 45d 左右，如中甘 101、瑞士多等。

5.3 种子处理

种子质量应符合 GB 16715.4 中有关甘蓝种子的要求。为防止种子带菌，播种前将种子用 55℃温水浸种 30 min，用清水洗净，晾干后播种。

6 育苗

6.1 春甘蓝

6.1.1 苗床准备

穴盘育苗，一般采用 72 孔穴盘育苗。苗床应选择通风良好、地势较高、排灌方便、未种过十字花科蔬菜、距定植田较近的无污染地块。苗床土的配方为 6 份田土、4 份腐熟的有机肥，每立方营养土加入 1 kg 45％硫酸钾(15-15-15)复合肥、80 g 多菌灵、100 g 辛硫磷颗粒剂，拌匀做畦，畦宽 1.2 m 左右，长度不限。

6.1.2 播种

以 12 月至翌年 1 月播种为宜。苗床育苗用种量为每亩大田 25 g～30 g。

6.1.3 苗床管理

播种后覆盖地膜或遮阳网，70％种子出苗后，揭开覆盖物，及时间苗。保持床土见干见湿，防止徒长，幼苗叶片变黄，表现缺肥时，每亩可用 0.3％磷酸二氢钾和 0.2％尿素混合液 30 kg～45 kg 辅助追肥 1 次～2 次。

6.1.4 炼苗

定植前 10 d，逐渐减少浇水和覆盖，培育壮苗。

6.2 秋甘蓝

6.2.1 苗床准备

同 6.1.1。

6.2.2 播种

秋甘蓝播时间为 7 月中下旬至 8 月底。采用 72 孔穴盘基质育苗、漂浮育苗方法或苗床育苗。苗床育苗，在准备好的苗床上灌足底水，将种子均匀撒上，覆细土厚 1 cm 左右，宜覆盖 1 层～3 层遮阳网保湿，待 70％小苗出土时搭小拱棚适当遮阳。幼苗长至 2 叶 1 心时(播后 10 d 左右)，进行 1 次分苗，宜在傍晚或阴天分苗，分苗水要暗沟浇透。

6.2.3 苗床管理

7 月～8 月温度高，通过覆盖遮阳网调节温度，及时防治蚜虫和粉虱，防止幼苗带毒下田，苗龄 25 d～30 d。苗床要及时浇水，保持土壤湿润，及时拔除田间杂草。

6.3 壮苗标准

株高 15 cm～18 cm，5 片～6 片真叶，叶色浓绿、肥厚、无病斑、无虫害；生长健壮，根坨成型，根系粗壮发达。

7 定植

7.1 定植前准备

7.2 整地施肥

选择前茬为非十字花科的地块为宜。在定植前 15 d 整好地。深耕土地，耕深 25 cm～30 cm，然后每亩施入商品有机肥 500 kg～1 000 kg 或腐熟农家肥 5 000 kg～6 000 kg、45％(15-15-15)复合肥 30 kg～35 kg，施用的基肥应符合 NY/T 394 的要求。采用高畦栽培，畦宽 85 cm～95 cm、沟宽 25 cm～30 cm、畦高 20 cm～25 cm。

7.3 定植时间

春茬选择在 3 月上中旬的冷尾暖头晴天定植；秋茬选择在 8 月中下旬至 9 月的阴天或晴天下午定植。

7.4 定植

每畦定植 2 行,行距 45 cm~55 cm,株距为 35 cm~40 cm,每亩植 2 500 株~3 000 株。定植深度以泥土不淹没子叶为宜,定植后及时浇足水。

8 田间管理

8.1 肥水管理

定植后进行中耕蹲苗,以促进地下生长。缓苗后及时浇水,保持土壤见干见湿,每亩施尿素 3 kg~4 kg,促进莲座叶生长;莲座期每亩追施 45%(15-15-15)复合肥 5 kg。进入结球期,要给予充足的肥水,适当增施磷、钾肥,每亩施磷酸二铵 4 kg~5 kg、硫酸钾 3 kg~4 kg,及时浇水,保持畦面湿润。

8.2 病虫害防治

8.2.1 防治原则

预防为主、综合防治,优先采用农业措施、物理防治、生物防治,科学合理地配合使用化学防治。农药施用严格按照 NY/T 393 的规定执行。

8.2.2 常见病虫害

苗期病害主要有猝倒病、软腐病、病毒病和霜霉病,主要害虫有蚜虫、小菜蛾、菜青虫、甜菜夜蛾、斜纹夜蛾等;生长期病害主要有黑腐病、霜霉病和病毒病等,虫害主要有黄曲条跳甲、蚜虫、小菜蛾、菜青虫、斜纹夜蛾、甜菜夜蛾。

8.2.3 防治措施

8.2.3.1 农业防治

选用抗(耐)病优良品种。合理布局,实行轮作倒茬,加强中耕除草,清洁田园,降低病虫源基数。

8.2.3.2 物理防治

地面覆盖银灰膜驱避蚜虫:每亩铺银灰色地膜 5 kg~6 kg,或将银灰膜剪成 10 cm~15 cm 宽的膜条,膜条间距 10 cm,纵横拉成网眼状。

设置黄板诱杀有翅蚜:用废旧纤维板或纸板剪成 100 cm×20 cm 的长条,涂上黄色油漆,同时涂上一层机油,制成黄板或购买商品黄板,挂在行间或株间,黄板底部高出植株顶部 10 cm~20 cm。当黄板黏满蚜虫时,再重涂一层机油,一般 7 d~10 d 重涂 1 次。每亩悬挂黄色黏虫板 30 块~40 块。

小菜蛾、菜青虫、斜纹夜蛾、甜菜夜蛾等虫害可用频振式杀虫灯、黑光灯、高压汞灯或双波灯诱杀。

8.2.3.3 生物防治

运用害虫天敌防治害虫,如释放捕食螨、寄生蜂等。保护天敌,创造有利于天敌生存的环境条件,不宜悬挂黏虫板和杀虫灯,选择对天敌杀伤力低的农药;用病毒如银纹夜蛾病毒(奥绿一号)、甜菜夜蛾病毒、小菜蛾病毒及白僵菌、苏云金杆菌制剂等防治菜青虫、甜菜夜蛾。用性诱剂防治小菜蛾、甜菜夜蛾和斜纹夜蛾。

8.2.3.4 化学防治

合理混用、轮换、交替用药,防止和推迟病虫害抗性的发生和发展。宜采用附录 A 介绍的方法。

9 采收

在叶球大小定型,紧实度达到八成时即可开始陆续采收上市。去掉黄叶或有病虫斑的叶片,然后按照球的大小进行分级。产品应符合 NY/T 746 的要求。

10 运输储藏

10.1 标识与标签

包装上应标明产品名称、产品的标准编号、商标(如有)、相应认证标识、生产单位(或企业)名称、详细地址、产地、规格、净含量和包装日期等,标识上的字迹应清晰、完整、准确。

10.2　包装

包装应符合 NY/T 658 的规定。用于产品包装的容器如塑料袋等须按产品的大小规格设计,同一规格大小一致,整洁、干燥、牢固、透气、美观、无污染、无异味,内壁无尖突物,无虫蛀、腐烂、霉变等现象。按产品的品种、规格分别包装,同一件包装内的产品需摆放整齐紧密。

每批产品所用的包装、单位净含量应一致。

10.3　储藏

储藏前应进行预冷,预冷应符合 NY/T 1056 的规定。预冷宜采用真空预冷。

储藏冷库温度应保持在−1℃～−0.6℃,空气相对湿度为90%。

库内堆码应保证气流均匀流通。

10.4　运输

运输应符合 NY/T 1056 的规定。未储藏的甘蓝运输前应进行预冷,运输过程中要保持适当的温度和湿度,注意防冻、防淋、防晒、通风散热。

11　生产废弃物处理

生产过程中农药与肥料等投入品的包装袋和地膜应集中回收,进行循环利用或无害化处理。对废弃的甘蓝叶片和残次叶球要进行粉碎还田或堆沤还田等资源化利用。

12　生产档案管理

应建立生产档案,记录产地环境条件、甘蓝品种、施肥、浇水、病虫害防治、采收以及田间操作等管理措施;所有记录应真实、准确、规范;生产档案应有专柜保管,至少保存 3 年,做到产品生产可追溯。

附　录　A

（资料性附录）

长江流域绿色食品甘蓝生产主要病虫害防治方案

长江流域绿色食品甘蓝生产主要病虫害防治方案见表 A.1。

表 A.1　长江流域绿色食品甘蓝生产主要病虫害防治方案

防治对象	防治时期	农药名称	使用剂量	使用方法	安全间隔期，d
小菜蛾、菜青虫、甜菜夜蛾	发生期	4.5%高效氯氰菊酯乳油	50 mL/亩～60 mL/亩	喷雾	7
		16 000 IU/mg 苏云金杆菌可湿性粉剂	25 g/亩～50 g/亩	喷雾	—
蚜虫	发生期	10%吡虫啉可湿性粉剂	15 g/亩～20 g/亩	喷雾	7
白粉虱	苗期	25%噻虫嗪水分散粒剂	7 g/亩～15 g/亩	喷雾	7
霜霉病	发生初期	40%三乙膦酸铝可湿性粉剂	235 g/亩～470 g/亩	喷雾	7
软腐病	发病初期	5%大蒜素微乳剂	60 g/亩～80 g/亩	喷雾	—
注：农药使用以最新版本 NY/T 393 的规定为准。					

绿 色 食 品 生 产 操 作 规 程

LB/T 074—2020

东 北 地 区
绿色食品日光温室豇豆生产操作规程

2020-08-20 发布

2020-11-01 实施

中国绿色食品发展中心 发布

前　　言

本规程由中国绿色食品发展中心提出并归口。

本规程起草单位:黑龙江省绿色食品发展中心、中国绿色食品发展中心、黑龙江大学农作物研究院、辽宁省绿色食品发展中心、吉林省绿色食品办公室、内蒙古自治区绿色食品发展中心。

本规程主要起草人:周东红、刘大军、李钢、刘艳辉、刘琳、宋剑锐、孙德生、韩玉龙、袁克双、赵勇、马云桥、叶博、史宏伟、李岩、刘明贤、鞠丽荣、罗旭。

东北地区绿色食品日光温室豇豆生产操作规程

1 范围

本规程规定了绿色食品日光温室豇豆的产地环境、品种选择、整地和播种、田间管理、采收、生产废弃物处理、运输储藏及生产档案管理。

本规程适用于内蒙古东部、辽宁北部、吉林和黑龙江中南部的绿色食品日光温室豇豆的生产。

2 规范性引用文件

下列文件对于本文件的应用是必不可少的。凡是注日期的引用文件,仅注日期的版本适用于本文件。凡是不注日期的引用文件,其最新版本(包括所有的修改单)适用于本文件。

NY/T 391 绿色食品 产地环境质量

NY/T 393 绿色食品 农药使用准则

NY/T 394 绿色食品 肥料使用准则

NY/T 1056 绿色食品 储藏运输准则

3 产地环境

应选择生态环境良好、无污染的地区,远离工矿区和公路、铁路干线,避开污染源。土壤质量、灌溉水质和空气气质量应符合 NY/T 391 的要求。

豇豆忌与豆类作物连作,一般要求地势较高、土层深厚、疏松肥沃、排水性良好的地块,以中性土壤为宜,过于黏重或低湿的土壤不适合种植豇豆。发芽最低温度为 8℃～12℃,最适温度 25℃～30℃,植株生育期适温为 20℃～25℃,10℃以下生长受抑制,5℃以下受害,接近 0℃死亡。

4 品种选择

4.1 选择原则

根据种植季节,选择生长快、高产、抗病、品质优良的品种,禁止选择转基因品种。

4.2 品种选用

豇豆品种很多,按照对光周期的需求不同可分为春豇豆和秋豇豆,春豇豆对光周期要求不严格,春夏秋冬都能栽培,秋豇豆要求短日照,春栽不易开花,选种时应当注意。

    a) 春季可以选种的豇豆品种:之豇特早 30、之豇 28-2、早豇 1 号、苏豇 1 号、苏豇 2 号、早豇 4 号、扬豇 40、之豇 106、绿豇 1 号、白籽无架豇豆、燕带豇、夏宝豇豆、镇豇 1 号、之青 3 号、之豇特长 80、白沙 7 号、之豇 19、高产 4 号、红嘴燕、美国无支架豇豆、天马三尺绿、朝研早豇豆;

    b) 秋季可以选择的豇豆品种:之豇 108、秋豇 512、秋紫豇 6 号。

4.3 种子处理

种子质量要求纯度不低于 94%、净度不低于 98%、发芽率不低于 85%、含水量不高于 12%。

播种前须对种子进行精选,选用粒大、饱满、无病虫的种子。播种前用种子量 4%的 50%多菌灵拌种消毒;也可以采用温汤浸种的方式将筛选好的种子晒 1 d～2 d,播种前用 55℃温水烫种,不断搅拌至30℃后,浸种 4 d,捞出后播种。病虫鼠害较重地区可于播前 1 d～2 d 对种子进行包衣处理,以防苗期病虫鼠害,但种衣剂的使用应符合 NY/T 393 的要求。

5 整地和播种

5.1 整地要求

播种前应该深翻 25 cm,整地后做畦,畦宽 1.2 m～1.3 m,畦高 120 cm～150 cm,覆盖白色或黑色地膜增温除草。

5.2 播种时间

温室播种可分为春提早栽培、秋延后栽培和与番茄套种栽培模式。春提早栽培,3 月初播种,5 月初采收;秋延后栽培,7 月初播种,8 月下旬采收。

5.3 播种量

每亩 3 000 穴～3 600 穴,种植 10 000 株左右,亩播种量 3 kg 左右。

5.4 播种密度

穴播或定植,每穴播 3 粒或定植 2 株,留苗 2 株。每畦种植 2 行,株距 22 cm 左右。

5.5 播种深度

直播播深 2 cm 左右。

6 田间管理

6.1 灌溉

宜采用膜下滴灌。定植 3 d～5 d 后浇一次缓苗水,开花结荚前少浇水,结荚后视墒情浇水,盛收以后避免缺水,雨季注意排水排涝。浇水应在晴天上午进行,可结合追肥灌水。

6.2 施肥

6.2.1 基肥

整地深翻时施用基肥,宜采用测土配方施肥,按土壤有机质含量 2.5%～4.5% 的标准增施或维持有机肥的施用量。一般每亩施用有机肥 5 000 kg～6 000 kg、磷酸二铵 15 kg～20 kg、钾肥 15 kg～25 kg。

6.2.2 追肥

追肥应符合 NY/T 394 的要求。减控化肥用量,其中无机氮素用量不得高于当季作物需求量的一半。测土施肥,宜采用滴管技术,进行肥水一体化管理,按需肥要求分次追施肥料或以叶面喷肥方式加以补充。隔一次水追一次肥,每亩每次施氮磷钾(15-15-15)复合肥 10 kg～15 kg(或 10 L 液体的土壤调理剂滴灌追施),中后期可以喷施叶面肥防止早衰。一般在豇豆插架后至结荚前,不需要追施肥水。

"三位一体"生态模式温室,应用沼气肥水进行土壤施肥和叶面追肥,可代替化肥。

少追无机肥,以防总氮量过大(超过 50%),以保证(基肥+追肥)总氮量不大于 50% 即可。

6.3 病虫害防治

6.3.1 防治原则

"预防为主,综合防治"。以农业措施、物理防治、生物防治为主,化学防治为辅。

6.3.2 常见病虫害

    a) 常见病害包括:锈病、灰霉病、白粉病、炭疽病、斑枯病、病毒病等;

    b) 常见虫害包括:粉虱、豆荚螟、蚜虫、潜叶蝇等。

6.3.3 防治措施

6.3.3.1 农业防治

选用抗病性、抗逆性强的优良品种;深翻土地和改良土壤;清洁田园,及时摘除老叶、病叶、病果、黄叶和杂草,拔除病株,并带出地块进行无害化处理,降低病虫害基数;加强苗床环境控制,培育适龄壮苗,加强养分管理提高抗逆性;加强水分管理,控制好温湿度;深沟高畦,严防积水;采用测土配方施肥,增施有机肥和磷钾肥;实行严格的轮作、间种套种,与非豆类作物轮作 3 年以上;温室采用无滴膜(地面用银灰色膜或条膜覆盖,或银灰色膜剪成 10 cm～15 cm 宽的膜条绑在设施骨架上),起垄盖地膜;放风口用防虫网(温室通风口用 20 筛～25 筛尼龙纱网密封,阻止蚜虫、白粉虱、斑潜蝇成虫迁入)封闭,夏季育苗和栽培应采用防虫网和遮阳网,防虫栽培,减轻病虫害发生;每个生产季结束后,及时用 0.2％高锰酸钾液对竹竿架材进行消毒处理。

6.3.3.2 物理防治

利用杀虫灯、黄板等诱杀害虫;在夏季覆盖薄膜利用太阳能进行高温闷棚,杀灭棚内及土壤表面的病、虫、菌、卵等。

6.3.3.3 生物防治

利用瓢虫、草蛉、丽蚜小蜂等昆虫捕食害虫。使用生物农药,如多抗霉素、春雷霉素等防治白粉病、灰霉病,苦参碱防治蚜虫,苏云金杆菌防治豆荚螟等。

6.3.3.4 化学防治

农药使用应符合 NY/T 393 的要求。严格按农药标签说明控制施药剂量、施药次数和安全间隔期等。注意农药不应酸碱混配。主要病虫害防治推荐农药使用方案参见附录 A。

6.4 其他管理措施

6.4.1 消毒

应对温室设施、营养土、营养钵或苗盘进行消毒。

a) 温室设施消毒。可在夏季高温歇茬季节在棚内灌水后进行高温闷棚 5 d～7 d;也可在播种或定植前每亩用硫黄粉 2 kg～3 kg,加 6 kg 锯末拌匀,分 10 堆点燃,密闭棚室 1 昼夜,再放风 3 d～5 d,彻底无味后使用;也可用 98％棉隆微粒剂每亩 20 kg～30 kg 与土混匀,浇水后密闭 12 d～20 d,此方法也可与基肥结合施用,但注意基肥一定在施药前加入。

b) 营养土消毒。每平方米床土可用 50％多菌灵、代森锰锌各 800 g,加水 3 L 喷洒;或用 30 倍～50 倍液的石灰水全面喷洒 1 次,然后用塑料膜闷盖 3 d 后揭膜,待气体散尽后装入苗盘备用。

c) 营养钵或苗盘消毒。可用 0.1％～0.2％高锰酸钾浸泡 1 h。

6.4.2 育苗

采用营养钵育苗,营养土由 40％大田土、30％草炭土、30％农家肥混匀制成,营养钵装好后摆放到苗床上,浇透水,每钵播种 2 粒～3 粒,播后覆盖 2 cm 左右的营养土,覆盖地膜保墒增温,70％出苗后揭去地膜。白天温度控制在 25℃左右,夜晚温度控制在 16℃左右,适当控水,定植前降温炼苗。

6.4.3 定植

当 5 cm 深处地温稳定在 12℃以上,最低气温不低于 5℃,即可定植。定植苗龄不宜超过 30 d。

6.4.4 插架

当植株长至 5 片～6 片叶时即可吊绳插架。

6.4.5 理枝整蔓

植株抽蔓后及时引蔓上架;及时摘除第一花序以下的侧枝,以上的侧枝留 1 个～2 个叶摘心;当主蔓爬至架顶时,要及时打顶摘心。

6.4.6 温度管理

缓苗期白天 28℃～30℃,夜间不低于 18℃;缓苗后至坐荚前,白天 20℃～25℃,夜间不低于 15℃;结荚期白天 28℃～30℃,夜间 18℃～20℃。空气相对湿度宜在 70％～80％。

7 采收

7.1 采收时间

果实达到商品成熟,即荚果饱满、籽粒微显、线条直、无畸形时即可采收,但要确保所施农药超过安全间隔期。一般播种后 60 d,开花后 11 d 即可采收。

7.2 采收方法

采收嫩荚宜在傍晚进行,严格掌握采收标准,3 d~4 d 采收 1 次,采收时注意保护花蕾。采收过程中所用工具要清洁、卫生、无污染。

7.3 收后处理

采收后及时销售或加工处理。

8 生产废弃物处理

地膜、农药包装物等废弃物不能随意丢弃,应该设立垃圾箱,将地膜、农药物等集中起来送交指定回收点统一处理。秸秆、落叶可与粪肥一起堆积发酵等,进行综合利用。

9 运输储藏

9.1 运输

宜专用车辆运输,运输前应彻底清扫、清洗车厢。运输应符合 NY/T 1056 的要求。

9.2 储藏

储藏应符合 NY/T 1056 的要求。豇豆可以采取以下 2 种储藏方式:

a) 窖藏:温度以-3℃~-2℃为宜;
b) 气调储藏:2%~3%氧气和 4%~5%二氧化碳,温度 0℃~1℃,相对湿度 90%~95%。

10 生产档案管理

生产全过程,要建立质量追溯体系,健全生产记录档案,包括:地块档案和整地、播种、定植、灌溉、施肥、病虫害防治、采收、运输储藏和销售记录等。记录保存期限不得少于 3 年。

附　录　A

（资料性附录）

东北地区绿色食品日光温室豇豆生产主要病虫害防治方案

东北地区绿色食品日光温室豇豆生产主要病虫害防治方案见表 A.1。

表 A.1　东北地区绿色食品日光温室豇豆生产主要病虫害防治方案

防治对象	防治时期	农药名称	使用剂量	使用方法	安全间隔期,d
锈病	结荚期	70％硫黄·锰锌可湿性粉剂	150 g/亩～250 g/亩	喷雾	—
		40％腈菌唑可湿性粉剂	13 g/亩～20 g/亩	喷雾	10
白粉病	结荚期	0.4％蛇床子素可溶液剂	600 倍～800 倍液	喷雾	—
炭疽病	结荚期	325 g/L 苯甲·嘧菌酯悬浮剂	40 mL/亩～60 mL/亩	喷雾	7
蚜虫	结荚期	10％溴氰虫酰胺可分散油悬浮剂	33.3 mL/亩～40 mL/亩	喷雾	3
		1.5％苦参碱可溶液剂	30 mL/亩～40 mL/亩	喷雾	10
蓟马	结荚期	5％啶虫脒乳油	30 mL/亩～40 mL/亩	喷雾	3
美洲斑潜蝇	发病初期	10％溴氰虫酰胺可分散油悬浮剂	14 mL/亩～18 mL/亩	喷雾	3
甜菜夜蛾	结荚期	30 亿 PIB/mL 甜菜夜蛾核型多角体病毒悬浮剂	20 mL/亩～30 mL/亩	喷雾	—
豆荚螟	结荚期	30％茚虫威水分散粒剂	6 g/亩～9 g/亩	喷雾	3
注:农药使用以最新版本 NY/T 393 的规定为准。					

绿色食品生产操作规程

LB/T 075—2020

黄淮海及环渤海湾地区
绿色食品日光温室豇豆生产操作规程

2020-08-20 发布

2020-11-01 实施

中国绿色食品发展中心 发布

前　言

本规程由中国绿色食品发展中心提出并归口。

本规程起草单位：天津市农业发展服务中心、山东农业工程学院、中国绿色食品发展中心、河南省绿色食品发展中心、农业农村部乳品质量监督检验测试中心、天津农垦宏达有限公司、天津市蓟州区绿色食品发展中心、北京市农业绿色食品办公室、安徽省亳州市农副产品管理办公室、山西省农产品质量安全中心。

本规程主要起草人：王莹、刘文宝、刘艳辉、刘烨潼、任伶、张凤娇、马文宏、张玮、樊恒明、徐熙彤、刘晓宇、张磊、周优、张凤媛、李浩、段曦、王森、秦香苗、杨鸿炜。

黄淮海及环渤海湾地区绿色食品日光温室豇豆生产操作规程

1 范围

本规程规定了黄淮海及环渤海湾地区绿色食品日光温室豇豆的产地环境、茬口安排、品种选择、播种育苗、定植、田间管理、病虫草害防治、采收、生产废弃物处理、包装储运和生产档案管理。

本规程适用于北京、天津、河北、山西、内蒙古（赤峰和乌兰察布地区）、辽宁东西南部、江苏中北部、安徽中北部、山东、河南等地区的绿色食品日光温室豇豆的生产。

2 规范性引用文件

下列文件对于本文件的应用是必不可少的。凡是注日期的引用文件，仅注日期的版本适用于本文件。凡是不注日期的引用文件，其最新版本（包括所有的修改单）适用于本文件。

NY/T 391 绿色食品 产地环境质量

NY/T 393 绿色食品 农药使用准则

NY/T 394 绿色食品 肥料使用准则

NY/T 658 绿色食品 包装通用准则

NY/T 748 绿色食品 豆类蔬菜

3 产地环境

产地环境质量应符合 NY/T 391 的要求。产地应选择地势高燥、排灌方便、地下水位低的田块，中性或微酸、微碱性土壤皆可，以土层深厚、富含有机质、疏松肥沃的沙壤土为宜。基地应日照充足、交通方便且相对集中成片，与常规生产区域之间设置有效的缓冲带或物理屏障。

4 茬口安排

温室保温性能较好，可根据各地实际，灵活把握。在黄淮海和环渤海湾地区温室豇豆一般栽培 3 个茬口：早春茬、越夏茬、秋冬茬。早春茬一般在 2 月上中旬播种育苗，3 月上中旬定植（或者直播），5 月上中旬开始收获，6 月下旬至 7 月中下旬拉秧；越夏茬，4 月播种，8 月～9 月拉秧；秋冬茬 7 月～8 月播种，12 月至翌年 1 月拉秧。

5 品种选择

5.1 品种选择原则

选择适合当地环境条件、优质、高产、抗病、抗逆性强、商品性好、符合目标市场消费习惯的蔓生品种。

早春茬栽培选用早熟、耐低温弱光、持续结果能力强等品种；越夏茬栽培选用高抗病毒病、耐高温强光、光周期反应不敏感的品种；秋冬茬栽培选用高抗病毒病、温度适宜性强、光周期反应不敏感、结果集中的品种。

5.2 品种选用

早春茬栽培的适宜品种有：之豇特早 30、之豇特长 80、早生王、上海 33-47、青风豇豆、珍玉绿秀、珍玉极早生、之豇 28-2、张塘豆角、精品剑王等。

越夏栽培的适宜品种有：朝研 901、双丰 1 号、高产 4 号、青龙、赤裕 8 号等。

秋冬茬栽培的适宜品种有：秋丰、赤裕 3 号、大连 8 号、赤裕 8 号、秋研 518、荚荚乐、荚荚乐 2 号、青山绿水、青龙、珍玉油豇等。

6 播种育苗

6.1 播种量

每亩栽培面积的用种量育苗为 2 kg～3 kg,直播 3 kg～4 kg。

6.2 种子质量

种子质量指标应达到:纯度≥96％、净度≥98％、发芽率≥80％、含水量≤12％。

6.3 种子处理

播前进行选种,剔除饱满度差、虫蛀、破损和霉变的种子,进行晒种 1 d～2 d 后,用 50℃～55℃温水烫种,不断搅拌至 30℃后,浸种 1 h～2 h 后,捞出晾干待播。

6.4 育苗

温室栽培豇豆宜采用育苗移栽,越夏、秋延迟栽培也可采用直播的方法。育苗设施应选择温室,塑料大、中拱棚或小拱棚等设施。

6.4.1 穴盘选择与消毒

宜采用营养钵或 50 孔穴盘进行基质育苗,重复利用的需进行消毒。消毒方法:将穴盘在 2％次氯酸钠水溶液中浸泡 2h,取出,清水冲淋,晾晒备用。

6.4.2 基质选择

一般选用商品基质,或者用草炭、蛭石及珍珠岩三者体积比按 3∶1∶1 的比例进行混匀自配基质。基质应具有良好的保水性、保肥性和通气性,酸碱度适中,不含病原菌、虫卵和草籽。

6.4.3 播种

播种前,在营养钵或穴盘的孔中心压 2 cm 左右深的小穴,每穴放入 2 粒～3 粒经处理过的种子,播种后用基质覆盖,然后浇透水,穴盘表面用地膜覆盖保湿。

6.4.4 苗期管理

6.4.4.1 光照管理

当有 70％的种子出土后,应及时揭去覆盖穴盘的地膜。幼苗出土后,应增强光照,保持每天 10 h～11 h 的充足光照。

6.4.4.2 温度管理

早春育苗播后出苗前室内温度白天应达到 25℃～28℃,夜间 16℃～18℃;出土后白天气温应保持 20℃～25℃,夜间不低于 15℃,使幼苗长势平衡;定植前 5 d～7 d 降温炼苗,白天 15℃～18℃,夜间气温 12℃～15℃。夏季育苗注意用遮阳网等降温,用防虫网等预防病毒病,控制幼苗旺长。

6.4.4.3 水肥管理

出苗后保持基质最大含水量的 60％～85％,根据幼苗长势和基质水分情况及时补充水分,春季灌溉宜在晴天的上午进行,夏季灌溉宜在早晚进行。一般苗期不用追肥,若苗叶色发黄缺肥时可用 0.2％～0.3％磷酸二氢钾溶液或 0.2％尿素溶液进行叶面喷雾。

6.4.4.4 炼苗

定植前 5 d～7 d 开始炼苗。具体措施有加大通风量降温、适当控制浇水和延长见光时间等。

6.4.4.5 壮苗标准

苗龄 30 d 左右,具 2 片～3 片复叶,叶片深绿、无病虫,子叶完整无损,节间短、根系完好、不散坨。

7 定植

7.1 定植前准备

7.1.1 整地、施基肥

应在前茬作物收获后,及时深翻土地,早春茬栽培提前深翻冻垡,耕深应达到 25 cm～30 cm。结合整地,每亩施优质农家肥 3 000 kg～4 000 kg、过磷酸钙 30 kg～40 kg、硫酸钾 20 kg～30 kg。肥料使用应符合 NY/T 394 的规定。

7.1.2 棚室处理

早春茬栽培,应在定植前 20 d～25 d 扣棚增温,棚膜宜采用无滴防老化棚膜;秋延迟栽培,应在播种前 10 d～15 d 进行高温闷棚处理。因日光温室复种指数高、土壤理化性状劣化较快、土传病害严重,除必要的轮作倒茬外,有条件的在夏季高温时期须进行闷棚、晒棚、土壤消毒等棚室消毒处理。在定植前 10 d 将温室密封,经连续 3 d～5 d 晴天,温室内温度可达 60℃以上,闷棚 7 d～10 d。

7.1.3 做畦或起垄

开沟做畦,畦宽 100 cm、沟宽 30 cm、沟深 15 cm;或开沟起垄,垄宽 60 cm～70 cm,高 15 cm 左右,垄间距 60 cm。有条件的每畦或每垄铺设滴灌带 2 条,滴灌带铺设完毕后覆盖地膜。

7.2 定植时期

早春茬,待温室内 10 cm 地温稳定通过 15℃,气温稳定在 10℃以上时选冷尾暖头进行定植;越夏、秋冬茬栽培应选择阴天或晴天傍晚定植。

7.3 定植方法及密度

定植前 7 d 左右,浇水造墒。定植时每畦或垄栽 2 行,行距 60 cm,穴距为 25 cm～30 cm,每穴定植 2 株～3 株(或者直播种子 2 粒～3 粒),每亩栽 3 500 穴～4 000 穴。定植深度以子叶露出土面为宜。定植后及时浇定植水。

8 田间管理

8.1 查苗补苗

定植缓苗后(或直播出苗后)应及时检查,对缺苗或初生叶受损伤的幼苗应及时补苗,补苗后及时浇透水。

8.2 温度管理

8.2.1 早春茬

定植后 5 d 内应闭棚升温促进缓苗,缓苗期白天温度控制在 28℃～30℃,夜间≥18℃;缓苗后至坐荚前,白天温度应控制在 20℃～25℃,夜间 15℃～17℃;结荚期白天温度 28℃～30℃,夜间 18℃～20℃。当棚温超过 32℃时,应及时通风降温。若遇寒流大幅度降温时,应采取临时性增温措施防冻。

8.2.2 越夏茬

缓苗期白天温度控制在 28℃～30℃,夜间≥18℃;缓苗后至坐荚前,白天温度应控制在 20℃～25℃,夜间 16℃～18℃;结荚期白天温度 30℃～32℃,夜间 18℃～20℃,不超过 23℃。当白天棚温超过 32℃时,应及时通风降温。

8.2.3 秋冬茬

播种后应在棚外覆盖遮阳网降温,出苗后应根据天气情况揭盖遮阳网。晴天时中午前后覆盖遮阳网,阴雨天去掉遮阳网,8 月下旬以后应揭去遮阳网。9 月中下旬以后根据外界天气情况应及时覆盖两边裙膜。开花结荚期后,白天温度应保持在 30℃～32℃、夜间 15℃左右。10 月中旬以后,应以防寒保温为主。

8.3 水肥管理

推荐使用水肥一体化滴灌系统,达到省水、省肥、省工、防病、提质的目的。

豇豆在开花结荚以前,对水肥条件要求不高,管理上以控为主。基肥充足,一般不再追肥,天气干旱时,可适当浇水。当植株第一花序豆荚坐住、其后几节花序显现时结合追肥浇 1 次水,每亩施氮磷钾复合肥 10 kg～15 kg,灌水 20m³～30m³。结荚以后,应保持土壤湿润,地面见干时即可浇水,浇水后及时放风排湿。进入豆荚盛收期,根据植株长势及时追肥,每亩每次施氮磷钾复合肥(N∶P∶K＝15∶15∶15)10 kg～15 kg。中后期可喷施 0.2％～0.5％的钼酸铵和硼肥保花保荚。肥料使用应符合 NY/T 394 的规定,注意增施磷钾肥,适量施氮肥。

8.4 植株调整

当植株长出 5 片～6 片叶,开始伸蔓时应及时吊蔓,吊蔓工作宜在下午进行。主蔓第一花序以下的侧芽应及时抹去,以上各节位的侧枝宜留 2 片～3 片叶摘心;当主蔓生长达到钢丝吊绳上 20 cm～30 cm 时及时摘心,并及时摘除老、病叶,以利通风透光,减少病虫害发生。

9 病虫草害防治

9.1 常见病虫草害

9.1.1 主要病害

病毒病、锈病、枯萎病、茎基腐病、炭疽病、煤霉病、白粉病和疫病等。

9.1.2 主要虫害

蚜虫、豆荚螟、潜叶蝇、茶黄螨、烟粉虱、斜纹夜蛾、根结线虫和地老虎等。

9.1.3 主要草害

早熟禾、马塘、牛筋草、马齿苋等。

9.2 防治原则

按照"预防为主,综合防治"的植保方针,坚持"农业防治、物理防治、生物防治为主,化学防治为辅"的防治原则。

9.3 防治措施

9.3.1 农业防治

轮作换茬,实行严格的轮作制度,与非豆类实行 3 年以上轮作;选用抗病品种,据当地主要病虫害选用抗病、适应性强的优良品种;加强苗床环境调控,培育适龄壮苗,提高抗逆性;清洁田园,清除田间周围杂草,及时摘除病叶、病荚,带出地块进行无害化处理;加强养分管理,提高植株抗逆性;采用无滴膜降低棚内空气湿度;中耕除草。

9.3.2 物理防治

利用阳光晒种,温汤浸种;采用色板(黄板和蓝板)诱杀蚜虫、粉虱、蓟马等害虫;覆盖银灰色地膜驱避蚜虫,应用防虫网阻隔害虫;夏季棚室进行高温闷棚消毒;应用频振式灭虫灯诱杀蛾类成虫;利用黑地膜覆盖防除杂草。

9.3.3 生物防治

利用自然天敌如瓢虫、捕食螨、食蚜小蜂等对害虫进行控制。使用生物农药、植物源农药,如苏云金杆菌、枯草芽孢杆菌、苦参碱等防治病虫害。

9.3.4 化学防治

农药使用应符合 NY/T 393 的要求。严格控制农药安全间隔期和轮换用药。病虫害防治方法参见附录 A。

10 采收

根据品种特点和用途,豇豆以开花后 15d～20d,豆角饱满、豆粒刚刚显露突起时采收为好;采收宜在清晨或傍晚气温较低的时刻进行,采收时避免损伤花序上其他花蕾,扭伤豆柄,应抓住豆荚基部,轻轻左右扭动,然后摘下,并按豆荚的成熟度、色泽、品质进行分级,分别包装。产品质量应符合 NY/T 748 的要求,及时送至预冷库预冷。

11 生产废弃物处理

生产过程中,农药、化肥投入品等包装袋、地膜、防虫网、薄膜、遮阳网、废旧的穴盘等应分类收集,进行无害化处理或者回收循环利用。

拉秧后的豇豆秸秆晾晒后集中粉碎,作为生产有机肥的原料,或者高温堆肥、无害化处理后利用;有条件的可以直接进行粉碎还田以养地。

12 包装储运

12.1 包装

豇豆的包装箱、筐、袋等应牢固,内外壁平整。包装容器保持干燥、清洁、无污染。包装物应符合 NY/T 658 的要求。每批豇豆的包装规格、单位、净含量应一致。包装上的标志和标签应标明产品名称、生产者、产地、净含量和采收日期等,字迹应清晰、完整、准确。

12.2 运输

运输时要轻装、轻卸,严防机械损伤;运输工具要清洁卫生、无污染、无杂物。短途运输要严防日晒、雨淋。有条件的宜采用冷链运输。

12.3 储存

临时储存应保证有阴凉、通风、清洁、卫生的条件,防止日晒、雨淋、冻害以及有毒、有害物质的污染,堆码整齐。短期储存应按品种、规格分别堆码,要保证有足够的散热间距,温度以 5℃～9℃、相对湿度以 90% 为宜。

13 生产档案管理

生产者应建立绿色食品温室豇豆生产档案。详细记录产地环境条件、品种选用、农资使用、物候期记载、生产管理、用工管理、病虫草害防治、采收、运输、储存和生产废弃物处理方法等农事操作管理措施。

所有记录应真实、准确、规范,并具有可追溯性;生产档案应有专人专柜保管,至少保存 3 年。

附　录　A

（资料性附录）

黄淮海及环渤海湾地区绿色食品日光温室豇豆生产主要病虫害防治方案

黄淮海及环渤海湾地区绿色食品日光温室豇豆生产主要病虫害防治方案见表 A.1。

表 A.1　黄淮海及环渤海湾地区绿色食品日光温室豇豆生产主要病虫害防治方案

防治对象	防治时期	农药名称	使用剂量	使用方法	安全间隔期,d
锈病	侵染初期	70%硫黄·锰锌可湿性粉剂	214 g/亩～286 g/亩	喷雾	13
	发病初期	40%腈菌唑可湿性粉剂	13 g/亩～20 g/亩	喷雾	5
白粉病	发病初期	0.4%蛇床子素可溶液剂	600 倍～800 倍液	喷雾	7～10
豆荚螟	幼虫孵化初期	30%茚虫威水分散粒剂	6 g/亩～9 g/亩	喷雾	3
	低龄幼虫期	4.5%高效氯氰菊酯乳油	30 mL/亩～40 mL/亩	喷雾	3
蓟马	发生期	1%甲氨基阿维菌素苯甲酸盐微乳剂	18 mL/亩～24 mL/亩	喷雾	5
		25%噻虫嗪水分散粒剂	15 g/亩～25 g/亩	喷雾	28
斜纹夜蛾	低龄幼虫发生期	1%苦皮藤素水乳剂	90 mL/亩～120 mL/亩	喷雾	10
甜菜夜蛾	卵孵化高峰期	30 亿 PIB/mL 甜菜夜蛾核型多角体病毒悬浮剂	20 mL/亩～30 mL/亩	喷雾	—
蚜虫	发生初期	1.5%苦参碱可溶液剂	30 mL/亩～40 mL/亩	喷雾	10
美洲斑潜蝇	始花期	10%溴氰虫酰胺可分散油悬浮剂	14 mL/亩～18 mL/亩	喷雾	3
注:农药使用以最新版本 NY/T 393 的规定为准。					

绿 色 食 品 生 产 操 作 规 程

LB/T 076—2020

黄淮海及环渤海湾地区
绿色食品拱棚豇豆生产操作规程

2020-08-20 发布

2020-11-01 实施

中国绿色食品发展中心 发布

前　　言

本规程由中国绿色食品发展中心提出并归口。

本规程起草单位：河南省绿色食品发展中心、河南省农业大学园艺学院、中国绿色食品发展中心、濮阳市农产品质量安全检测中心、济源市农产品质量安全检测中心、欧兰德种业有限公司、河北省绿色食品办公室、天津市绿色食品办公室、内蒙古农畜产品质量安全中心、山东省绿色食品发展中心、山西省农产品质量安全中心。

本规程主要起草人：樊恒明、李胜利、魏钢、张志华、管立、翟尚功、尚光贞、张琪、张世兰、陈蕾、孙鉴铭、李文跃、连燕辉、王莹、李岩、冯世勇、郑必昭。

黄淮海及环渤海湾地区绿色食品拱棚豇豆生产操作规程

1 范围

本规程规定了黄淮海及环渤海湾地区绿色食品拱棚豇豆的产地环境、栽培季节、品种选择、设施选择、整地、播种育苗、定植、田间管理、病虫草害防治、采收、生产废弃物处理、包装储运及生产档案管理。

本规程适用于北京、天津、河北、山西、内蒙古（赤峰和乌兰察布地区）、辽宁东西南部、江苏中北部、安徽中北部、山东、河南等地区的绿色食品拱棚豇豆的生产。

2 规范性引用文件

下列文件对于本文件的应用是必不可少的。凡是注日期的引用文件，仅注日期的版本适用于本文件。凡是不注日期的引用文件，其最新版本（包括所有的修改单）适用于本文件。

NY/T 391　绿色食品　产地环境质量

NY/T 393　绿色食品　农药使用准则

NY/T 394　绿色食品　肥料使用准则

NY/T 658　绿色食品　包装通用准则

NY/T 1056　绿色食品　储藏运输准则

3 产地环境

生产基地应选择地形平整、地势高燥、排水良好，土层深厚、富含有机质、疏松肥沃的中性壤土或沙质壤土栽培；基地应日照充足、相对集中成片、交通方便。在绿色食品和常规生产区域之间应设置有效的缓冲带或物理屏障。产地环境应符合NY/T 391的规定。

4 栽培季节

4.1 早春茬栽培

内蒙古（赤峰和乌兰察布地区）和辽宁东西南部地区3月下旬播种育苗，4月下旬定植（或者直播），6月中旬开始收获，8月上旬拉秧。

黄淮海地区等地2月中下旬播种育苗，3月中旬定植（或者直播），5月中旬开始采收，7月上旬拉秧。

4.2 秋延迟栽培

内蒙古（赤峰和乌兰察布地区）和辽宁东西南部地区6月下旬至7月上旬直播，9月初开始收获，10月中旬拉秧。

黄淮海地区等地7月下旬直播，9月中下旬始收，10月底前后拉秧。

5 品种选择

5.1 选择原则

选用优质、抗病、丰产、商品性好、适合当地环境条件、符合目标市场消费习惯的品种。早春茬栽培选用的品种还应符合早熟、耐低温弱光、持续结果能力强等特性；秋延迟栽培选用的品种还应符合高抗病毒病、温度适宜性强、光周期反应不敏感、结果集中等特性。

5.2 品种选用

早春栽培的适宜品种有：荚荚乐 4 号、豇山、荚荚乐、青山绿水、之豇特早 30、青风豇豆、珍玉绿秀、珍玉极早生、之豇 28-2、之豇特长 80、青风豇豆等。

秋延迟栽培的适宜品种有：荚荚乐 4 号、荚荚乐、荚荚乐 2 号、青山绿水、青龙、珍玉油豇、珍玉金凤凰等。

6 设施选择

早春栽培选择塑料小拱棚和中拱棚，秋延迟栽培选择塑料中拱棚，有条件的地方宜选用塑料大棚栽培。

小拱棚棚体宽度 1 m～2 m，矢高 1 m～1.5 m，人员不能进行直立行走；中拱棚棚体宽度 2 m～4 m，矢高 1.5 m～2 m；塑料大棚棚体宽度 6 m～10 m，矢高 2.8 m～4.5 m。

7 整地

应在前茬作物收获后，及时深翻土地，早春茬栽培提前深翻冻垡，耕深应达到 25 cm～30 cm。结合整地，每亩施优质农家肥 3 000 kg～4 000 kg、过磷酸钙 30 kg～40 kg、硫酸钾 20 kg～30 kg。肥料使用应符合 NY/T 394 的要求。

8 播种育苗

8.1 播种量

每亩栽培面积的用种量为 2 kg～3 kg。

8.2 种子质量

种子质量指标应达到：纯度≥96％、净度≥98％、发芽率≥90％、含水量≤12％。

8.3 种子处理

播种前进行选种，剔除饱满度差、虫蛀、破损和霉变的种子；筛选后晒种（温度在 25℃～35℃）1 d～2 d 后，用 55℃温水烫种，不断搅拌至 30℃后，浸种 4 h 后，捞出晾干待播。

8.4 育苗

早春茬栽培宜采用育苗移栽，秋延迟栽培宜采用直播的方法。育苗设施应选择排水良好的塑料大、中拱棚或小拱棚等设施。

8.4.1 穴盘选择与消毒

宜采用 50 孔穴盘进行基质育苗，重复利用的穴盘进行消毒。消毒时将穴盘在多菌灵 500 倍液中浸泡 12 h，然后取出，清水冲淋，晾晒备用。

8.4.2 基质选择

应选用质轻、透气性和保水性良好的原料配制，一般选用草炭、蛭石及珍珠岩三者体积比按 3∶1∶1 的比例进行混匀。或选用商品基质，基质应具有良好的保水性、保肥性和通气性，酸碱度适中，不含病原菌、虫卵和草籽。

8.4.3 播种

播种前，在穴盘的孔中心压 2 cm 左右深的小穴，每穴放入 2 粒～3 粒经处理过的种子，播种后用基质覆盖，然后浇透水，穴盘表面用地膜覆盖保湿。

8.4.4 苗床管理

8.4.4.1 温度、光照管理

当有 70％的种子出土后，应及时揭去覆盖穴盘的地膜。幼苗出土后，应增强光照，保持每天 10 h～11 h 的充足光照。育苗温度管理见表 1。

表 1 苗期温度管理表

单位为摄氏度

时期	白天适宜温度	夜间适宜温度	最低夜温
播种至出土	25～30	16～18	16
出土后	20～25	15～16	15
定植前 4 d～5 d	18～22	12～15	12

8.4.4.2 水肥管理

出苗后保持基质最大含水量的 60%～85%,根据幼苗长势和基质水分情况及时补充水分。灌溉宜在晴天的上午进行,苗期缺肥时可选用 500 倍～1 000 倍液的尿素＋磷酸二氢钾溶液浇施。

8.4.4.3 炼苗

定植前 4 d～5 d 开始炼苗。具体措施有拉大穴盘间距、适当控制浇水、加大通风量和延长见光时间。

8.4.4.4 壮苗指标

苗龄 20 d～25 d,具 2 片～3 片复叶,叶片深绿、无病虫,子叶完整无损、节间短、根系完好、不散坨。

9 定植

9.1 起垄覆膜

在整地的基础上开沟起垄,垄宽 60 cm～70 cm,高 15 cm 左右,垄间距 60 cm。每垄铺设滴灌带 2 条,滴灌带铺设完毕后覆盖地膜。

9.2 棚室处理

早春茬栽培,应在定植前 20 d～25 d 扣棚增温,棚膜宜采用无滴防老化棚膜;秋延迟栽培,应在播种前 10 d～15 d 进行高温闷棚处理。

9.3 定植时期

早春茬,待棚内 10 cm 地温稳定通过 15℃、气温稳定在 10℃以上时进行定植;秋延迟栽培应选择阴天或晴天傍晚直播(或者移栽)。

9.4 定植(直播)方法及密度

定植前 7 d 左右,浇水造墒。定植时每垄栽 2 行,行距 60 cm,株距为 25 cm～30 cm,每穴定植 2 株～3 株(或者直播种子 2 粒～3 粒),每亩栽 3 500 穴～4 000 穴。定植深度以子叶露出土面为宜。定植后及时浇定植水。

10 田间管理

10.1 补苗

定植缓苗后(或直播出苗后)应及时检查,对缺苗或初生叶受损伤的幼苗应及时补苗,补苗后及时浇透水。

10.2 温度管理

10.2.1 早春茬

定植后 5 d 内应闭棚升温促进缓苗,缓苗期白天温度控制在 28℃～30℃,夜间≥18℃;缓苗后至坐荚前,白天温度应控制在 20℃～25℃,夜间 15℃～17℃;结荚期白天温度 28℃～30℃,夜间 18℃～20℃。当棚温超过 32℃时,应及时通风降温。若遇寒流大幅度降温时,应采取临时性增温措施防冻。

10.2.2 秋延迟茬

播种后应在棚外覆盖遮阳网降温,出苗后应根据天气情况揭盖遮阳网。晴天时中午前后覆盖遮阳网,阴雨天去掉遮阳网,8 月下旬以后应揭去遮阳网。9 月中下旬以后根据外界天气情况应及时覆盖两边裙膜。开花结荚期后,白天温度应保持在 30℃～32℃、夜间 15℃左右。10 月中旬以后,应以防寒保温为主。

10.3 水肥管理

10.3.1 早春茬

缓苗后应根据土壤墒情及时浇缓苗水,初花期应控制浇水,第一花序开花坐荚时及时灌溉,以后应保持土壤湿润,地面见干时应即可浇水。浇水后及时放风排湿。

开花结荚期,根据植株长势及时追肥,追肥时采用水肥一体化设备,结合浇水进行,每亩每次施大量元素水溶肥(N≥20％,P_2O_5≥10％,K_2O≥15％)3 kg～5 kg。中后期可喷施 0.2％～0.5％的钼酸铵和硼肥保花保荚。

10.3.2 秋延后茬

播种后应做好棚室周围排水防涝工作。苗期浇水宜在早晨或者傍晚时进行,开花初期应适当控水,进入结荚期应加强水肥管理。根据植株长势每次采收后及时追肥,追肥时采用水肥一体化设备,结合浇水进行,每亩每次施大量元素水溶肥(N≥20％,P_2O≥10％,K_2O≥15％)3 kg～5 kg。10 月上旬以后,应减少浇水次数,停止追肥。

10.4 植株调整

当植株长出 5 片～6 片叶,开始伸蔓时应及时吊蔓,吊蔓工作宜在下午进行。主蔓第一花序以下的侧芽应及时抹去,以上各节位的侧枝宜留 2 片～3 片叶摘心,当主蔓生长到离棚膜 25 cm 左右时应及时摘心。

11 病虫草害防治

11.1 防治原则

按照"预防为主,综合防治"的植保方针,坚持"农业防治、物理防治、生物防治为主,化学防治为辅"的防治原则。

11.2 常见病虫草害

11.2.1 主要病害

病毒病、锈病、枯萎病、茎基腐病、炭疽病、煤霉病、白粉病和疫病等。

11.2.2 主要虫害

根结线虫、地老虎、蚜虫、豆荚螟、潜叶蝇、茶黄螨、烟粉虱和斜纹夜蛾等。

11.2.3 主要草害

早熟禾、马塘、牛筋草、看麦娘、小黎和马齿苋等。

11.3 防治措施

11.3.1 农业防治

选择抗病品种,据当地主要病虫害选用抗病、适应性强的优良品种;清洁田园,清除田间周围杂草,及时摘除病叶、病荚,带出地块进行无害化处理;健株栽培,加强苗床环境调控,培育适龄壮苗。加强养分管理,提高植株抗逆性;轮作换茬,实行严格的轮作制度,与非豆类实行 3 年以上轮作;采用无滴膜降低棚内空气湿度;中耕除草。

11.3.2 物理防治

利用阳光晒种,温汤浸种;应用频振式灭虫灯诱杀蛾类成虫;采用色板(黄板和蓝板)诱杀蚜虫、粉虱、蓟马等害虫;覆盖银灰色地膜驱避蚜虫、防虫网阻隔害虫;夏季棚室进行高温闷棚消毒;地膜覆盖防除杂草。

11.3.3 生物防治

利用自然天敌如瓢虫、食蚜小蜂等对害虫进行控制。使用生物农药、植物源农药,如苏云金杆菌、枯草芽孢杆菌、苦参碱等防治病虫害。

11.3.4 化学防治

农药使用应符合 NY/T 393 的要求。严格按照农药安全使用间隔期用药,病虫害防治方法参见附录 A。

12 采收

豆荚应在开花完后 10 d～15 d 进行采收,采收宜在清晨或傍晚气温较低的时刻进行,采摘时应避免碰伤花蕾,扭伤豆柄。

13 生产废弃物处理

生产过程中,农药、化肥投入品等包装袋、地膜、防虫网、薄膜、遮阳网、废旧的穴盘等应分类收集,进行无害化处理或者回收循环利用。

拉秧后的豇豆秸秆晾晒后集中粉碎,作为生产有机肥的原料,或者高温堆肥、无害化处理后利用。

14 包装储运

14.1 包装

包装容器应保持干燥、清洁、无污染,符合 NY/T 658 的要求。包装上应标明产品名称、生产者、产地、净含量和采收日期等。

14.2 储运

豆角储藏的适宜温度为 7℃～9℃,空气相对湿度 90%～95%,存放容器之间应留有足够的散热间隙,有条件的宜采用气调储藏法。运输时应保持运输工具的清洁卫生、无污染,避免机械损伤,有条件的宜采用冷链运输。储藏运输应符合 NY/T 1056 的要求。

15 生产档案管理

生产者应建立绿色食品拱棚豇豆生产档案。记录产地棚室内环境、品种选用、农资使用、物候期记载、生产管理、用工管理、病虫草害防治、采收、运输储藏和生产废弃物处理方法等农事操作管理措施。

所有记录应真实、准确、规范,并具有可追溯性;生产档案应有专人专柜保管,至少保存 3 年。

附　录　A

（资料性附录）

黄淮海及环渤海湾地区绿色食品拱棚豇豆生产主要病虫害防治方案

黄淮海及环渤海湾地区绿色食品拱棚豇豆生产主要病虫害防治方案见表 A.1。

表 A.1　黄淮海及环渤海湾地区绿色食品拱棚豇豆生产主要病虫害防治方案

防治对象	防治时期	农药名称	使用剂量	使用方法	安全间隔期,d
锈病	发生期	70％的硫黄·锰锌可湿性粉剂	150 g/亩～200 g/亩	喷雾	14
炭疽病	发生期	325g/L 苯甲·嘧菌酯悬浮剂	40 mL/亩～60 mL/亩	喷雾	7
白粉病	发生期	0.4％蛇床子素可溶剂	600 倍～800 倍液	喷雾	7～10
美洲斑潜蝇	发生期	10％溴氰虫酰胺可分散油悬浮剂	14 mL/亩～18 mL/亩	喷雾	3
蓟马、蚜虫	发生期	10％溴氰虫酰胺可分散油悬浮剂	33.3 mL/亩～40 mL/亩	喷雾	3
		1.5％苦参碱可溶液剂	30 mL/亩～40 mL/亩	喷雾	5
豆荚螟	发生期	0.5％甲氨基阿维菌素苯甲酸盐微乳剂	36 mL/亩～48 mL/亩	喷雾	7
		4.5％高效氯氰菊酯乳油	30 mL/亩～40 mL/亩	喷雾	3
		25％乙基多杀菌素水分散粒剂	12 g/亩～14 g/亩	喷雾	7～10
		30％茚虫威水分散粒剂	6 g/亩～9 g/亩	喷雾	3
		10％溴氰虫酰胺可分散油悬浮剂	14 mL/亩～18 mL/亩	喷雾	3
		5％氯虫苯甲酰胺悬浮剂	30 mL/亩～60 mL/亩	喷雾	5
注:农药使用以最新版本 NY/T 393 的规定为准。					

绿色食品生产操作规程

LB/T 077—2020

黄淮海及环渤海湾地区
绿色食品露地豇豆生产操作规程

2020-08-20 发布

2020-11-01 实施

中国绿色食品发展中心 发布

前　言

　　本规程由中国绿色食品发展中心提出并归口。

　　本规程起草单位：河南省绿色食品发展中心、郑州市蔬菜研究所、中国绿色食品发展中心、平顶山市农产品质量安全检测中心、南阳市农产品质量安全检测中心、河南省农业大学园艺学院、河北省绿色食品办公室、天津市绿色食品办公室、内蒙古农畜产品质量安全中心、山东省绿色食品发展中心、山西省农产品质量安全中心。

　　本规程主要起草人：樊恒明、周建华、于璐、唐伟、赵阳、闫玉新、乔礼、何霞、王飞、介元芬、赵梦璐、李胜利、张黎、连燕辉、王莹、李岩、冯世勇、郑必昭。

黄淮海及环渤海湾地区绿色食品露地豇豆生产操作规程

1 范围

本规程规定了黄淮海及环渤海地区绿色食品露地豇豆的产地环境、栽培季节、品种选择、整地播种、田间管理、病虫草害防治、采收、生产废弃物处理、包装储运、生产管理档案。

本标规程适用于北京、天津、河北、山西、内蒙古(赤峰和乌兰察布地区)辽宁东西南部、江苏中北部、安徽中北部、山东、河南等地区的绿色食品露地豇豆的生产。

2 规范性引用文件

下列文件对于本文件的应用是必不可少的。凡是注日期的引用文件,仅注日期的版本适用于本文件。凡是不注日期的引用文件,其最新版本(包括所有的修改单)适用于本文件。

NY/T 391　绿色食品　产地环境质量

NY/T 393　绿色食品　农药使用准则

NY/T 394　绿色食品　肥料使用准则

NY/T 658　绿色食品　包装通用准则

NY/T 1056　绿色食品　储藏运输准则

3 产地环境

产地环境应符合 NY/T 391 的要求。生产基地宜选择连续 3 年未种植过豆类作物;地势高燥、排灌方便、土层深厚、富含有机质的沙质壤土;土壤 pH 以 5.0～7.2 为宜;日照充足、集中连片、交通方便;在绿色食品和常规生产区域之间应设有缓冲带或物理屏障。

4 栽培季节

4.1 春茬

内蒙古(赤峰和乌兰察布地区)和辽宁东西南部地区夏季气候较凉爽,一年栽培一季,生育期长达 130 d～150 d,该地区 5 月中下旬至 7 月上旬地膜露地直播,10 月上中旬拉秧。

黄淮海地区、天津、北京等地 4 月上旬至 5 月上旬露地定植(或者直播),6 月上旬开始采收,7 月底拉秧。

4.2 越夏茬

河北、河南、山东、山西、陕西、江苏北部地区、安徽北部地区 5 月中下旬播种,7 月中下旬采收,8 月底拉秧。

4.3 秋茬

黄淮海地区、天津、北京等地 6 月下旬至 7 月中下旬地膜露地直播,9 月中下旬始收,10 月底前后拉秧。

5 品种选择

5.1 选择原则

豇豆品种应选择优质、丰产、商品性好、抗病性强、适应性广、长势中等、分枝少、对光照要求不敏感、结荚期比较集中的品种。

5.2　品种选择

春茬和秋茬：荚荚乐 2 号、荚荚乐 3 号、青山绿水、珍玉绿绣、豇美人、荚多宝、荚荚乐等。

越夏茬：荚荚乐 5 号、青山绿水 2 号、之豇 19、秋豇 512、秋豇 6 号、珍玉绿绣、珍玉油豇、珍玉金凤凰、荚荚乐、豇美人。

5.3　种子处理

播种前淘汰有病斑、霉变、机械伤和裂皮的种子，选种有光泽、粒大饱满的种子，然后将经过筛选的种子晾晒 1 d～2 d，严禁暴晒。

6　整地播种

6.1　播种前准备

6.1.1　前茬：为非豆科作物，宜有 3 年～4 年的轮作期。

6.1.2　整地：露地种植高畦栽培，畦高 10 cm～15 cm。

6.1.3　基肥：宜在前茬作物收获后，及时深翻土地，栽培提前深翻冻垡，耕深应达到 25 cm～30 cm。结合整地，每亩施优质腐熟有机肥 3 000 kg～4 000 kg、过磷酸钙 30 kg～40 kg、硫酸钾 20 kg～30 kg。

6.2　播种

6.2.1　播种期：10 cm 地温稳定通过 ≥12℃ 为春夏露地豇豆栽培的适宜播种期，一般情况下，春茬 3 月下旬至 5 月中旬，秋茬 6 月下旬至 7 月上旬，越夏错季栽培 6 月上中旬；露地豆角宜干籽直播，防止春季低温或夏季高温条件下烂种。

6.2.2　方法：按行穴距要求挖穴点播，每穴 3 粒～4 粒种子，覆土 3 cm～4 cm，稍加踩压。播种时如土壤墒情不好，应提前 2 d～3 d 浇水造墒后播种，铺好滴灌带，每垄（畦）根据直播（定植）行距要求铺设。

6.2.3　密度：蔓生种宜用每亩为 2 300 穴～3 500 穴，行穴距（60～80）cm×（25～35）cm。

7　田间管理

7.1　补苗

缓苗后要及时检查，对缺苗或初生叶受损伤的幼苗应及时补苗，补苗后及时浇透水。

7.2　水肥管理

7.2.1　管理模式

膜下滴灌肥水一体化模式是豇豆科学、高效的灌溉方式，节约用水、用肥的同时，有效降低真细菌病害、某些虫害发生，减少农药施用，建议有条件的地区采用。肥料施用应符合 NY/T 394 的要求。

7.2.2　播前

播种前或定植苗前，土地足墒灌溉一次，保证苗期到坐荚前的水量。

7.2.3　苗期—坐荚前

直播后（或定苗后）直到坐荚前，不补充肥水，防止旺长。如遇底墒严重缺乏，无法保障苗维持正常生长时，可在苗期通过滴灌管适量补水一次。开花期严禁浇水冲肥。

7.2.4　荚期

第一花序坐住荚，第一花序以后几节的花序显现时，进行第一次水肥补充，之后每 7 d 补充水肥 1 次；结荚初期，每亩追施氮肥（N）4 kg（折尿素 8.7 kg），钾肥（K₂O）1 kg～2 kg（折硫酸钾 2 kg～4 kg）；进入开花结荚盛期，每亩追施氮肥（N）2 kg（折尿素 4.3 kg），钾肥（K₂O）1 kg～2 kg（折硫酸钾 2 kg～4 kg），此期可每隔 10 d～15 d 用 0.2% 磷酸二氢钾溶液或 0.01%～0.03% 钼酸铵进行叶面喷肥，可促进早熟丰产。

夏秋栽培或秋季栽培，正值高温多雨季节，应注意做好排水防涝工作，排水后浇一次清水或井水以降温补氧,防治大雨后死棵现象。

7.3 植株管理

豇豆甩蔓前要及时插杆(可吊绳)、搭架、引蔓。主蔓第一花序以下的侧芽全部去除,主蔓中上部的侧枝要去除,豆角爬满架时,可摘除主蔓顶芽,促使侧枝生长开花结荚,及时摘除下部老叶、病叶,以利通风透光。

8 病虫草害防治

8.1 防治原则

按照"预防为主,综合防治"的植保方针,坚持"农业防治、物理防治、生物防治为主,化学防治为辅"的防治原则。农药使用应符合 NY/T 393 的要求。

8.2 常见病虫草害
8.2.1 主要病害

锈病、白粉病、煤霉病、病毒病、枯萎病、炭疽病和疫病等。

8.2.2 主要虫害

蚜虫、豇豆荚螟、蓟马、白粉虱、潜叶蝇、螨类、红蜘蛛、线虫和斜纹夜蛾等。

8.2.3 主要草害

旱稗、千金子、马塘、牛筋草、看麦娘、鸭舌草、凹头苋、马齿苋、猪殃殃等。

8.3 防治措施
8.3.1 农业防治

选择抗病品种:据当地主要病虫害选用抗病、适应性强的优良品种。

轮作换茬:实行严格的轮作制度,与非豆类实行 3 年以上轮作。

冬灌深耕:越冬时,当温度低于零下时,土地进行大水冬灌,杀虫杀卵,春季播种前深耕土地,改善土壤状况,减少病害虫害发生。

清洁田园:及时中耕除草,清除田间周围杂草,及时摘除病叶、病荚,带出地块进行无害化处理。

8.3.2 物理防治

采用膜下滴灌水肥一体化管理,降低空气湿度,降低真细菌病害的反生。

利用阳光晒种,温汤浸种,防止烂种缺棵。

应用频振式灭虫灯诱杀蛾类成虫。

覆盖银灰色地膜驱避蚜虫(每亩铺银灰色地膜 5 kg,或将银灰膜剪成 10 cm～15 cm 宽的膜条,膜条间距 10 cm,纵横拉成网眼状)。

采用防虫网室栽培,可阻隔部分害虫危害。

8.3.3 生物防治

利用自然天敌如瓢虫、草蛉、蚜小蜂等对蚜虫自然控制;使用植物源农药、农用抗生素、生物农药等防治病虫,如苏云金杆菌、枯草芽孢杆菌、苦参碱、春雷霉素、井冈霉素等生物农药防治病虫害。

8.3.4 化学防治

严格按照农药安全使用间隔期用药,病虫害防治方法参见附录 A。

9 采收

根据品种特点和用途,一般在开花后 10 d～15 d,当荚条饱满、籽粒未显时采收。第 1、2 层荚果要早摘,采收最适宜时间为傍晚,采收夹勿伤及花序和花蕾。

10 生产废弃物处理

生产过程中,农药、投入品等包装袋应集中分类收集,宜使用可降解地膜或无纺布地膜。生产后期的豇豆秸秆一般采用集中粉碎，堆沤制有机肥料循环利用。

11 包装储运

11.1 包装

包装应符合 NY/T 658 的要求。豇豆的包装（箱、筐、袋）应牢固，内外壁平整。包装容器保持干燥、清洁、无污染。每批豇豆包装上的标志和标签应标明产品名称、生产者、产地、净含量和采收日期等，字迹应清晰、完整、准确。

11.2 储运

储运应符合 NY/T 1056 的规定。临时储存应保证有阴凉、通风、清洁、卫生的条件。防止日晒、雨淋、冻害以及有毒、有害物质的污染，堆码整齐；短期储存应按品种、规格分别堆码，要保证有足够的散热间距，温度以 2℃～5℃、相对湿度以 80%～90% 为宜。豇豆收获后应及时外运销售；运输时要轻装、轻卸，严防机械损伤；运输工具要清洁卫生、无污染、无杂物；短途运输要严防日晒、雨淋。

12 生产档案管理

生产者应建立生产档案，记录产地环境、品种、生产管理、病虫草鼠害防治、采收、包装储运和生产废弃物处理方法等田间操作管理措施；所有记录应真实、准确、规范，并具有可追溯性；生产档案应有专人专柜保管，至少保存 3 年。

附　录　A

（资料性附录）

黄淮海及环渤海湾地区绿色食品露地豇豆生产主要病虫害防治方案

黄淮海及环渤海湾地区绿色食品露地豇豆生产主要病虫害防治方案见表 A.1。

表 A.1　黄淮海及环渤海湾地区绿色食品露地豇豆生产主要病虫害防治方案

防治对象	防治时期	农药名称	使用剂量	使用方法	安全间隔期,d
锈病	发生期	70%的硫黄·锰锌可湿性粉剂	150 g/亩～200 g/亩	喷雾	14
炭疽病	发生期	325 g/L 苯甲·嘧菌酯悬浮剂	40 mL/亩～60 mL/亩	喷雾	7
白粉病	发生期	0.4%蛇床子素可溶剂	600 倍～800 倍液/亩	喷雾	7～10
蚜虫	发生期	10%溴氰虫酰胺可分散油悬浮剂	33.3 mL/亩～40 mL/亩	喷雾	3
		1.5%苦参碱可溶液剂	30 mL/亩～40 mL/亩	喷雾	5
豆荚螟	发生期	0.5%甲氨基阿维菌素苯甲酸盐微乳剂	36 mL/亩～48 mL/亩	喷雾	7
		4.5%高效氯氰菊酯乳油	30 mL/亩～40 mL/亩	喷雾	3
		25%乙基多杀菌素水分散粒剂	12 g/亩～14 g/亩	喷雾	7～10
		30%茚虫威水分散粒剂	6 g/亩～9 g/亩	喷雾	3
		10%溴氰虫酰胺可分散油悬浮剂	14 mL/亩～18 mL/亩	喷雾	3
		5%氯虫苯甲酰胺悬浮剂	30 mL/亩～60 mL/亩	喷雾	5
注:农药使用以最新版本 NY/T 393 的规定为准。					

绿 色 食 品 生 产 操 作 规 程

LB/T 078—2020

长 江 流 域
绿色食品拱棚豇豆生产操作规程

2020-08-20 发布

2020-11-01 实施

中国绿色食品发展中心 发布

前　　言

本规程由中国绿色食品发展中心提出并归口。

本规程起草单位:安徽省农业科学院园艺研究所、中国绿色食品发展中心、安徽省绿色食品办公室、宿州市埇桥区农业技术推广中心、怀远县菜篮子工程办公室、上海市蔬菜标准化技术委员会、太仓市农业委员会、江西省绿色食品发展中心、湖北省绿色食品管理办公室、四川省绿色食品发展中心、贵州省绿色食品发展中心、昭通市农产品质量安全中心。

本规程主要起草人:刘才宇、张宪、高照荣、朱培蕾、崔广胜、王建军、刘茂、杨龙斌、赵贵云、王朋成、张瑞明、朱晓峰、杜志明、杨远通、彭春莲、梁潇、刘萍。

长江流域绿色食品拱棚豇豆生产操作规程

1 范围

本规程规定了长江流域绿色食品拱棚豇豆的产地环境、栽培季节、品种选择、播种育苗、定植、田间管理、病虫草鼠害防治、采收、生产废弃物处理、包装储运、生产废弃物处理、生产档案管理。

本规程适用于上海、江苏南部、浙江、安徽南部、江西、湖北、湖南、四川、重庆、贵州、云南北部的绿色食品拱棚豇豆的生产。

2 规范性引用文件

下列文件对于本文件的应用是必不可少的。凡是注日期的引用文件,仅注日期的版本适用于本文件。凡是不注日期的引用文件,其最新版本(包括所有的修改单)适用于本文件。

NY/T 391　绿色食品　产地环境质量

NY/T 393　绿色食品　农药使用准则

NY/T 394　绿色食品　肥料使用准则

NY/T 658　绿色食品　包装通用准则

NY/T 748　绿色食品　豆类蔬菜

NY/T 1056　绿色食品　储藏运输准则

3 产地环境

生产基地环境应符合 NY/T 391 的要求。应选择连续 3 年未种植过豆类作物,地势高燥、排灌方便、地下水位低的田块,中性或微酸、微碱性土壤皆可,以土层深厚、富含有机质、疏松肥沃的沙壤土为宜。

4 栽培季节

4.1 早春茬

2 月中旬至 3 月上旬播种在拱棚内温床上,3 月上旬至 4 月上旬定植在拱棚内盖有地膜的畦面上,5 月中旬前后始收,6 月底拉秧。

4.2 延秋茬

7 月上旬至 8 月上旬播种在遮阳避雨拱棚内的苗床上,7 月下旬至 8 月下旬在遮阳避雨棚内定植,8 月下旬至 9 月上旬始收,10 月下旬至 11 月中旬拉秧。

5 品种选择

5.1 选择原则

豇豆的茎有矮性、半蔓性和蔓性 3 种类型,可根据市场要求、栽培茬口和拱棚高度,选择品种类型。拱棚早春茬,应选择早熟、耐低温弱光、抗病、前期产量高、品质优的早熟蔓性品种;拱棚延秋茬,应选择高抗病毒病,前期耐高温、后期耐低温,结果集中,优质高产的早中熟蔓性品种。

5.2 品种选用

根据目标市场和栽培茬口要求,长江流域拱棚豇豆可选用以下蔓性品种:之豇特早 30、之豇 28-2、扬早豇 12、绿豇豆 1 号、宁豇 3 号、宁豇 4 号、之豇 106、之豇 19、之豇特长 80、黑籽王、华豇 4 号、之豇 844、早生王、鄂豇豆 2 号、早翠、苏豇 3 号、扬豇 40、之豇 106 等。

6 播种育苗

6.1 播种量

蔓性品种用种量 1.5 kg/亩~2.5 kg/亩;半蔓性品种和矮生品种播种量 1.5 kg/亩~2.0 kg/亩。

6.2 种子质量

种子质量指标应达到:纯度≥97%、净度≥98%、发芽率≥90%、含水量≤12%。

6.3 种子处理

播种前先进行选种,剔除饱满度差、虫蛀、破损和霉变的种子;晒种 1 d~2 d 后,用 5 倍于种子量的 55℃热水烫种,迅速搅拌冷却至 25℃~28℃时,浸种 4 h~6 h 后晾干待播。

6.4 育苗

6.4.1 早春茬

6.4.1.1 播种准备及方法

可采用育苗移栽或直播的方式进行播种,推荐使用育苗移栽方法。

育苗移栽:选择排水良好的塑料大、中棚或小棚做育苗棚,采用 72 孔穴盘基质育苗;在穴盘孔穴基质中心挖 2 cm~3 cm 深的小穴,每穴播 2 粒种子,然后浇透水,用基质盖种,再用地膜覆盖保湿,25 d~30 d 后定植。

直播:深翻整地做畦后,每亩用 200 g/L 草铵膦水剂 200 mL~300 mL 均匀处理畦面,按株行距 30 cm×60 cm 穴播,每穴播 2 粒~3 粒种子,播种深度 2 cm~3 cm,每亩约 3 000 穴;播种后,用黑色地膜覆盖畦面,地膜紧贴土面,四周压实。有条件的地区可配套安装膜下微滴灌管带等节水滴灌设施后,再覆盖地膜。

6.4.1.2 温度管理

60%种芽出土后,揭去覆盖的地膜。育苗温度管理见表 1。

表 1 苗期温度调节表

单位为摄氏度

时期	白天适宜温度	夜间适宜温度	最低夜温
播种至出土	25~30	16~18	16
出土后	20~25	15~16	15
定植前 4 d~5 d	20~23	10~12	10

6.4.1.3 水肥管理

苗期应少浇水,如叶片有萎蔫现象,可在晴天中午浇少量水;根据幼苗叶色判断是否需要追肥,如果需要,可选用 1 000 倍液的尿素或磷酸二氢钾溶液浇施。

6.4.1.4 炼苗

定植前 4 d~5 d 开始炼苗,使温、光、水环境逐渐接近定植环境。

6.4.2 延秋茬

6.4.2.1 播种准备及方法

原则上同 6.4.1.1,但育苗穴盘不用加盖保湿地膜。

6.4.2.2 苗期管理

种子出土前,苗床温度白天控制在 30℃以下,夜间不超过 20℃;播种后 3 d~4 d,当 50%的种子萌芽出土时,浇轻水 1 次。此后要及时通风降温,苗床白天温度保持在 25℃~28℃,夜间温度 12℃~13℃。幼苗叶片出现萎蔫现象时,可在早晨或傍晚浇水;幼苗叶片颜色变淡,可用 1 000 倍液的尿素或磷酸二氢钾溶液浇施。

6.4.3 壮苗指标

早春茬,苗龄 25 d~30 d;延秋茬,苗龄 15 d~20 d。具 1 对初生叶和 1 片复叶,叶片深绿、无病虫,子叶完整无损;植株健壮,节间短、叶柄短粗有韧性,根系完好。

7 定植

7.1 定植时间

早春茬,当棚内栽培畦10 cm地温稳定通过15℃、棚内气温稳定在12℃以上时,选择晴天定植;延秋茬,在幼苗适龄期内选择阴天或晴天傍晚定植。

7.2 定植前准备

7.2.1 开排水沟

修好大棚两侧排水沟和周围的围沟,保证大雨后排水顺畅。

7.2.2 高温闷棚

延秋茬豇豆定植前,在6月~7月应实施闷棚。前茬作物拉秧后,将100 kg/亩~200 kg/亩粉碎的菜籽饼和经无害化处理的农家堆肥混合,均匀撒施在土壤表层,深翻土壤20 cm~25 cm使其混合均匀,再浇一次大水,覆盖地膜高温闷棚15 d以上,然后揭去地膜,放风5 d后可做垄定植。

7.2.3 施肥做畦

肥料使用应符合NY/T 394的要求。根据土壤肥力和目标产量确定施肥总量。肥料选择宜以经无害化处理的有机肥为主,结合施用矿质无机肥。

每亩施用经无害化处理的有机堆肥2 000 kg~2 500 kg、硼砂0.5 kg~1.0 kg、钙镁磷肥25 kg~30 kg、硫酸钾5 kg。深翻25 cm~30 cm,精细整地,疏松土壤,开沟做畦,畦宽100 cm、沟宽30 cm、沟深20 cm。

7.3 定植方法及密度

定植时每畦栽2行,行距50 cm~60 cm,株距为25 cm~30 cm,每亩4 500穴左右,每穴栽苗2株;定植深度以子叶露出土面为宜,定植后及时浇定根水。早春茬豇豆建议采用可降解地膜覆盖。

8 田间管理

8.1 温度管理

8.1.1 早春茬

定植后5 d,棚内保持高温高湿,白天温度控制在25℃~30℃,夜间15℃~18℃。缓苗后要通风、除湿、降温,白天棚内温度在20℃~25℃,夜间15℃~17℃。当棚温超过30℃时,要及时通风降温。进入开花期后,白天棚温以20℃~25℃为宜,夜间不低于15℃。

8.1.2 延秋茬

定植以后至9月中旬,以防高温高湿为主;豇豆进入开花结荚期后,当夜间气温降低至15℃时,要及时覆盖两边裙膜。敞棚栽培的应及时扣棚膜。扣膜后,前期要加强放风,白天保持在30℃左右、夜间15℃以上。随着外界气温下降,逐步提高白天温度。10月中旬以后,以防寒保温为主,只在白天中午气温较高时,进行短暂的通风换气。若外界气温急剧下降到15℃以下时,基本上不再通风。遇寒流和霜冻时,要在大棚下部的四周围上草帘保温或采取其他临时保温措施。

8.2 补苗

定植后要及时检查,对缺苗或初生叶受损伤的幼苗应及时补苗。

8.3 水分管理

8.3.1 早春茬

一般定植后隔3 d~5 d浇1次缓苗水,以后原则上不浇水。坐荚后,要供应较多的水分。当幼荚有2 cm~3 cm时开始浇水,以后每隔5 d~7 d浇水1次。雨季注意排水防渍。棚内最佳空气相对湿度指标为65%~75%。

8.3.2 延秋茬

苗期适当浇水,并注意中耕,但浇水不宜过多;雨水较多时,应及时排水防涝。开花初期适当控水,进入结荚期加强水肥管理，每 10d 左右浇 1 次水，到 10 月上旬以后应减少浇水次数。

8.4 追肥

8.4.1 早春茬

根据蔓生品种需肥量大的特点及植株生长发育状况，按照前期低浓度、后期较高浓度的原则，采用肥水一体化技术追肥。一般秧苗成活后追 1 次提苗肥，每亩施尿素 3 kg～5 kg、硫酸钾 2 kg～3 kg；现蕾开花时，每亩可追施尿素 5 kg～7 kg、硫酸钾 8 kg～10 kg；结荚后每亩施尿素 3 kg～5 kg、硫酸钾 2 kg～3 kg。开花结荚期，每亩施尿素 3 kg～5 kg、硫酸钾 2 kg～3 kg，或每 10 d～15 d 用 0.2％的磷酸二氢钾溶液叶面喷施 1 次。

8.4.2 延秋茬

采用肥水一体化技术，在幼苗活棵后每亩施尿素 3 kg～4 kg、硫酸钾 2 kg；若植株生长势较弱，可用 0.1％氨基酸＋0.1％磷酸二氢钾叶面追肥。初花期每亩追施 5 kg～6 kg、硫酸钾 7 kg～8 kg，并用 0.2％～0.3％硼、钼等微肥叶面喷施；结荚后，每亩追施尿素 3 kg～5 kg、硫酸钾 3 kg～5 kg；每采收 1 次豆荚，用 0.1％氨基酸＋0.1％磷酸二氢钾叶面肥喷施 1 次。10 月中旬以后，停止追肥。

8.5 中耕除草

延秋茬豇豆，畦面若不铺设地膜，需中耕除草。中耕松土，前期宜浅，后期略深，搭架前结合壅根培垄，可深锄 1 次。搭架后不再中耕。早春茬豇豆，采用地膜覆盖免耕。

8.6 搭架引蔓

蔓生种抽蔓后，及时插架引蔓。当植株长出 5 片～6 片叶，开始伸蔓时，要及时用竹竿搭"人"字形架，每穴插 1 根，在距植株基部 10 cm～15 cm 处将竹竿插入土中 15 cm～20 cm，中上部 4/5 的交叉处架横竿连接、扎牢。搭架后按逆时针方向引蔓 2 次～3 次，使植株茎蔓沿支架生长，以后让其自然生长。引蔓宜在下午进行，防止茎叶折断。

8.7 植株调整

蔓生种，主蔓第 1 花序出现后，及时抹除花序下侧芽。主蔓第 1 花序以上各节位的侧枝，应在早期留 2 片～3 片叶摘心。当主蔓生长到离棚膜 25 cm～30 cm 时及时摘心。

9 病虫草鼠害防治

9.1 防治原则

按照"预防为主，综合防治"的植保方针，坚持"农业防治、物理防治、生物防治为主，化学防治为辅"的防治原则。

9.2 常见病虫草鼠害

9.2.1 主要病害

锈病、炭疽病等。

9.2.2 主要虫害

蚜虫、豆荚螟、斑潜蝇和斜纹夜蛾等。

9.2.3 主要草害

双子叶杂草主要有马齿苋、铁苋菜、荠菜、蒲公英、车前草、夏枯草等；单子叶杂草有旱稗、牛筋草、看麦娘、马塘、狗尾草、早熟禾等。

9.2.4 主要鼠害

黑线姬鼠、高山姬鼠、褐家鼠、黄胸鼠、小家鼠等，统称为田鼠。

9.3 防治措施

9.3.1 农业防治

与非豆类作物实行 3 年以上轮作；选用抗病品种；创造适宜的环境条件；培育适龄壮苗，提高抗逆性;控制好温度和空气湿度;应用测土平衡施肥技术,增施经无害化处理的有机肥,适量使用矿质肥料;深沟高畦,严防积水;清除田间落叶、落荚、枯叶,及时将病残体清出田外深埋或烧毁。未使用地膜的豇豆,搭架前进行中耕除草,搭架后人工拔除杂草。

9.3.2 物理防治

利用阳光晒种,温汤浸种;采用黄板诱杀蚜虫、粉虱等小飞虫;蓝板诱杀斑潜蝇;银灰色地膜驱避蚜虫;应用防虫网阻隔害虫;应用频振式灭虫灯诱杀蛾类成虫。有色地膜或无纺布覆盖防除杂草;利用机械捕鼠器捕鼠。

9.3.3 生物防治

利用自然天敌如瓢虫、草蛉、蚜小蜂等控制蚜虫等害虫;利用性诱剂防治豆荚螟;使用农用抗生素、生物农药等防治病虫,如苏云金杆菌、苦参碱、乙基多杀菌素等生物农药防治病虫害。

9.3.4 化学防治

农药使用应符合 NY/T 393 的要求。严格按照农药安全使用间隔期用药,主要病虫草害防治方法参见附录 A。

10 采收

根据品种特点和用途,一般在开花后 10 d~15 d,当荚果饱满、籽粒未显时采收。第 1、2 层果要早摘,采收最适宜时间为傍晚,采收时勿伤及花序和花蕾。产品质量应符合 NY/T 748 的要求。

采收后应尽快按豆荚的成熟度、色泽、品质进行分级,分别包装。

11 包装储运

11.1 包装

豇豆的包装(箱、筐、袋)应牢固,内外壁平整。包装容器保持干燥、清洁、无污染。包装物应符合 NY/T 658 的要求。每批豇豆的包装规格、单位、净含量应一致。包装上的标志和标签应标明产品名称、生产者、产地、净含量和采收日期等,字迹应清晰、完整、准确。

11.2 储运

储藏运输应符合 NY/T 1056 的要求。

临时储存应保证有阴凉、通风、清洁、卫生的条件。防止日晒、雨淋、冻害以及有毒、有害物质的污染,堆码整齐;短期储存应按品种、规格分别堆码,要保证有足够的散热间距,温度以 2℃~5℃、相对湿度以 80%~90% 为宜。

豇豆收获后应及时外运销售;运输时要轻装、轻卸,严防机械损伤;运输工具要清洁卫生、无污染、无杂物;运输过程中要严防日晒、雨淋。

12 生产废弃物处理

及时将残枝落叶、杂草、秸秆等集中深埋或与禽畜粪便集中堆制,充分腐熟后用作有机肥料。农药、肥料包装袋、地膜、营养钵等收集一起,集中进行无害化处理。

13 生产档案管理

生产者应建立生产档案,记录产地环境、品种、生产管理、病虫草鼠害防治、采收、包装储运和生产废弃物处理方法等田间操作管理措施;所有记录应真实、准确、规范,并具有可追溯性;生产档案应有专人专柜保管,至少保存 3 年。

附　录　A

（资料性附录）

长江流域绿色食品拱棚豇豆生产主要病虫草害防治方案

长江流域绿色食品拱棚豇豆生产主要病虫草害防治方案见表 A.1。

表 A.1　长江流域绿色食品拱棚豇豆生产主要病虫草害防治方案

防治对象	防治时期	农药名称	使用剂量	使用方法	安全间隔期,d
锈病	发病初期	40%腈菌唑可湿性粉剂	13 g/亩～20 g/亩	喷雾	7～10
		70%硫黄·锰锌可湿性粉剂（代森锰锌 28%＋硫黄 42%）	200 g/亩～250 g/亩	喷雾	3
炭疽病	发生前或发生初期	325 g/L苯甲·嘧菌酯悬浮剂（嘧菌酯 200 g/L＋苯醚甲环唑 125 g/L）	40 mL/亩～60 mL/亩	喷雾	7
蚜虫	始花期	10%溴氰虫酰胺可分散油悬浮剂	33.3 mL/亩～40 mL/亩	喷雾	3
	发生初期	1.5%苦参碱可溶液剂	30 mL/亩～40 mL/亩	喷雾	10
豆荚螟	始花期	5%氯虫苯甲酰胺悬浮剂	30 mL/亩～60 mL/亩	喷雾	
	始花期和盛花期	25%乙基多杀菌素水分散粒剂	12 g/亩～14 g/亩	喷雾	7
	幼虫孵化初期	32 000 IU/mg 苏云金杆菌可湿性粉剂	75 g/亩～100 g/亩	喷雾	—
斑潜蝇	发生初期	60 g/L 乙基多杀菌素悬浮剂	50 mL/亩～58 mL/亩	喷雾	3
	始花期	10%溴氰虫酰胺可分散油悬浮剂	14 mL/亩～18 mL/亩	喷雾	3
斜纹夜蛾	低龄幼虫发生期	1%苦皮藤素水乳剂	90 mL/亩～120 mL/亩	喷雾	10
杂草	杂草出齐后	200 g/L 草铵膦水剂	200 mL/亩～300 mL/亩	喷雾	—
注:农药使用以最新版本 NY/T 393 的规定为准。					

绿 色 食 品 生 产 操 作 规 程

LB/T 079—2020

长 江 流 域
绿色食品露地豇豆生产操作规程

2020-08-20 发布

2020-11-01 实施

中国绿色食品发展中心 发布

前　言

本规程由中国绿色食品发展中心提出并归口。

本规程起草单位:四川省绿色食品发展中心、四川农业大学、中国绿色食品发展中心、成都市种子管理站、安徽省农业科学院园艺研究所、上海市农业科学院、浙江省农产品质量安全中心、湖北省绿色食品管理办公室、重庆市农产品质量安全中心。

本规程主要起草人:彭春莲、张静、杨文钰、刘卫国、唐伟、何舜、贺康、袁晋、刘才宇、沈海斌、李政、郭征球、张海彬、周熙、孟芳、敬勤勤。

长江流域绿色食品露地豇豆生产操作规程

1 范围

本规程规定了长江流域绿色食品露地豇豆的产地环境、栽培时间、品种选择、整地做畦、播种育苗、田间管理、病虫草害防治、采收、生产废弃物处理、包装、运输、储藏、生产档案管理。

本规程适用于上海、江苏南部、浙江、安徽南部、江西、湖北、湖南、四川、重庆、贵州和云南北部的绿色食品露地豇豆生产。

2 规范性引用文件

下列文件对于本文件的应用是必不可少的。凡是注日期的引用文件，仅注日期的版本适用于本文件。凡是不注日期的引用文件，其最新版本（包括所有的修改单）适用于本文件。

NY/T 391 绿色食品 产地环境质量

NY/T 393 绿色食品 农药使用准则

NY/T 394 绿色食品 肥料使用准则

NY/T 658 绿色食品 包装通用准则

NY/T 748 绿色食品 豆类蔬菜

NY/T 1056 绿色食品 储藏运输准则

3 产地环境

产地环境质量符合 NY/T 391 的要求。选择生态环境良好、无污染、远离公路铁路干线、土壤未受污染、地表水、地下水水质清洁的地区，生产基地应选择地势高燥、通风凉爽、土质肥沃、排灌方便且前两年未种植过豇豆的地块。

4 栽培时间

4.1 春夏茬

3 月中旬至 4 月下旬育苗，15 d～20 d 后定植。

4.2 夏秋茬

5 月上旬至 7 月中旬直播。

5 品种选择

5.1 选择原则

根据当地生态类型和市场需求，选择抗病、优质、丰产、耐储运、商品性好的品种，春夏栽培选用耐低温弱光、抗病性强的早、中、晚熟品种，夏秋选用耐高温、抗病性强的中、晚熟品种，严禁使用转基因品种。

5.2 品种选用

品种建议选用之豇 28-2、之豇特早 30、之豇 106、优胜 202、优胜 203、张塘豇豆角、美国无架豇豆、扬豇 40、苏豇 3 号等适应当地生态类型和市场需求的良种。

5.3 种子质量

种子质量指标应达到：纯度≥97%、净度≥98%、发芽率≥90%、含水量≤12%。

5.4 种子处理

播种前先选种,剔除饱满度差、破伤、虫蛀、霉变及有病斑的种子,晾晒 1 d～2 d。

6 整地做畦

选择土层深厚、富含有机质、保水及排水良好地块,前作收获后深耕 20 cm～30 cm,做成高畦,畦高 20 cm。

7 播种育苗

7.1 播种量

根据品种特性、栽培密度、土壤肥力等因素合理确定播种量,一般为 1.5 kg/亩～2 kg/亩。

7.2 春夏茬

7.2.1 设施育苗

选用 72 孔穴盘基质育苗,基质可用 2 份草炭加 1 份蛭石配制而成或购买专用育苗基质。播种前,在穴盘孔穴中心挖 2 cm～3 cm 深的小穴,将种子点播于穴盘中,每穴播 2 粒～3 粒。播种后穴盘应浇透水,并用基质盖种。

播种后,及时覆盖地膜或小拱棚,以利出苗。

7.2.2 温度管理

种子出苗前,育苗设施内温度白天控制在 25℃～30℃,夜间 16℃～18℃;出苗后白天温度 20℃～25℃,夜间 15℃～16℃;定植前 4 d～5 d,进行降温炼苗,白天温度 20℃～23℃,夜间 10℃～12℃。

当有 30% 出苗率后,应揭去地膜或撤掉小拱棚。

7.2.3 水肥管理

苗期以控水控肥为主,视墒情适当浇水。

7.2.4 壮苗标准

有 1 对初生叶和第 1 片复叶,叶片深绿,无病虫害,子叶完整无损,植株健壮,根系完好。

7.2.5 定植

7.2.5.1 定植方法

在栽培畦上挖穴,将带营养土的秧苗移入穴内,定植后浇缓苗水,水渗后覆土。

7.2.5.2 定植密度

育苗移栽,第一对真叶未展开时定植,定植掌握栽小、栽旱的原则,移栽时每穴栽 2 株。栽培 3 500 穴/亩～4 000 穴/亩,穴距 20 cm～30 cm,行距 50 cm～60 cm。

7.2.6 补苗

定植后要及时查苗补缺,对初生叶受损伤的幼苗应及时补苗,促进苗全,补苗后,及时浇透水。

7.3 夏秋茬

7.3.1 露地栽培

露地直播,在栽培畦上开穴,进行点播,每穴播 3 粒～4 粒种子,播深 2 cm～3 cm。

7.3.2 水肥管理

苗期以控水控肥为主,视墒情适当浇水。

7.3.3 间苗

出苗后每穴留 2 株,株距 0.26 m～0.33 m。

8　田间管理

8.1　中耕除草

露地栽培,应于苗期中耕除草1次～2次,或铺设地膜减少杂草发生。

8.2　灌溉

苗期视墒情适当浇水。结荚期第1花穗开花坐荚时浇第1次水,此后仍要控制浇水,防止徒长,促进花穗形成。当主蔓上约2/3花穗开花,再浇第2次水,以后地面稍干即浇水,保持土壤湿润。有条件的地方可采用水肥一体化技术,进行滴灌。

8.3　施肥

施肥应遵循持续发展、安全优质、化肥减控、有机肥料为主的原则,肥料选择和使用应符合NY/T 394的要求。

8.3.1　基肥

对种植区域进行测土配方施肥,结合整地施入腐熟有机肥3 000 kg/亩～4 000 kg/亩,过磷酸钙20 kg/亩～40 kg/亩,硫酸钾5 kg/亩～10 kg/亩。

8.3.2　追肥

蔓生豇豆在插架前,矮生豇豆在开花前追施一次肥。逐渐增加肥水,促进生长、多开花、多结荚,豆荚盛收开始,连续追肥,每隔4 d～5 d追施1次,连续追3次～4次。在行间或穴间开浅沟,施充分腐熟的有机肥1 000 kg/亩,施肥后浇水。有条件的地方可采用水肥一体化技术,追肥以滴肥为主,滴肥与滴水交替进行。

8.4　搭架引蔓

8.4.1　搭架

蔓生种抽蔓后,及时搭架引蔓,当植株成长有5片～6片叶时,用2 m～2.5 m长的竹竿搭"人"字架,每穴插一根,在距植株基部10 cm～15 cm处将竹竿斜插入土中15 cm～20 cm,在离地1.2 m左右交叉处横放一根竹竿,用绳子扎紧作横梁。

8.4.2　引蔓

搭架后及时引蔓上架,引蔓宜挑选晴天下午进行(防止茎叶折断),按逆时针方向将主蔓绕在架上,使植株茎蔓沿支架成长,一般引蔓2次～3次。

8.5　植株调整

主蔓第1花序出现后,及时摘除第1花序下侧芽。主蔓第1花序以上各节位侧枝,留1节～2节位摘心。

9　病虫草害防治

9.1　防治原则

遵循"预防为主,综合防治"的方针,优先采用农业措施,尽量利用物理和生物措施,必要时合理使用低风险农药,药剂选择和使用应符合NY/T 393的要求。

9.2　常见病虫草害

9.2.1　主要病害

锈病、疫病、白粉病、炭疽病、病毒病。

9.2.2　主要虫害

蚜虫、蓟马、豆荚螟、潜叶蝇。

9.2.3　主要草害

双子叶杂草主要有马齿苋、铁苋菜、荠菜、蒲公英、车前草、夏枯草等;单子叶杂草主要有旱稗、牛筋草、狗尾草、早熟禾等。

9.3 防治措施

9.3.1 农业防治

针对当地主要病虫控制对象,选用高抗、多抗的品种;深沟高畦,严防积水,清洁田园,避免侵染性病害发生,加强中耕除草;加强园区管理,及时清除田间枯枝落叶,及时将病叶、残枝和杂草清理干净;实行轮作制度防止连作障碍,如与非豆类作物轮作 3 年以上,有条件的应实行水旱轮作,如与水稻轮作。

9.3.2 物理防治

利用阳光晒种、温汤浸种,对种子进行杀毒;使用黄板、频振式杀虫灯诱杀粉虱、甜菜夜蛾等害虫,黄板规格 25 cm×40 cm,每亩 30 块～40 块;铺银灰色地膜或张挂银灰膜条避蚜虫;利用性诱剂诱捕害虫;使用地膜覆盖防除杂草。

9.3.3 生物防治

积极保护利用天敌,控制病虫害的危害,如瓢虫对蚜虫进行控制。利用生物药剂防治病虫害,使用植物源农药、生物农药等防治病虫,如印楝素、苦参碱、枯草芽孢杆菌等生物农药。

9.3.4 化学防治

严格按照 NY/T 393 的规定执行。加强病虫草害的预测预报,适时用药;注重药剂的轮换使用和合理混用;严格按照农药安全使用间隔期、规定用药浓度用药。对化学农药的使用情况进行严格、准确记录,主要病虫草害化学防治方案参见附录 A。

10 采收

开花后经 10 d～15 d,荚充分长成、种子刚刚显露时及时采收,采摘初期每隔 4 d～5 d 采 1 次,盛果期每隔 1 d～2 d 采 1 次,采摘时注意不要损伤花序上其他花蕾。采收期 30 d～60 d,矮性种亩产 600 kg～800 kg,蔓性种 1 250 kg～1 500 kg。产品质量应符合 NY/T 748 的要求。

11 生产废弃物处理

生产过程中使用的农药、肥料等投入品包装应集中收集处理,病叶、残枝败叶和杂草清理干净,集中粉碎,进行无害化处理,堆沤有机肥料循环使用,保持田间清洁。

12 包装、运输、储藏

12.1 包装

剔除病、虫果荚,根据果荚长短进行分级包装,避免包装运输、储藏中的二次污染,包装物应符合 NY/T 658 的要求。

12.2 储藏

一般在开花后 11 d～14 d 的成熟期采摘,豇豆在保鲜库储藏,堆垛之间一定要留有适当的空隙,保证冷气均匀分散,储藏温度 7℃～10℃,相对湿度 85%～90%。储藏环节应符合 NY/T 1056 的要求。

12.3 运输

运输工具应清洁、卫生、无污染、无杂物,具有防晒、防雨、通风和控温措施,可采用保温车、冷藏车等。装载时包装箱应顺序摆放,防止挤压,运输中应稳固装载,留通风空隙。运输环节应符合 NY/T 1056 的要求。

13 生产档案管理

生产者应建立绿色食品豇豆生产档案,记录产地环境条件、生产技术、品种使用、肥水管理、病虫草害发生和防治、采收及采后处理、储藏运输等,所有记录应真实、准确、规范,并具有可追溯性;生产档案应有专人专柜保管,记录保存 3 年以上。

附　录　A

（资料性附录）

长江流域绿色食品露地豇豆生产主要病虫草害防治方案

长江流域绿色食品露地豇豆生产主要病虫草害防治方案见表 A.1。

表 A.1　长江流域绿色食品露地豇豆生产主要病虫草害防治方案

防治对象	防治时期	农药名称	使用剂量	使用方法	安全间隔期,d
炭疽病	发生初期	325 g/L 苯甲·嘧菌酯悬浮剂	40 mL/亩～60 mL/亩	喷雾	7
锈病	发生初期	40％腈菌唑可湿性粉剂	13 g/亩～20 g/亩	喷雾	5
蚜虫	发生初期	1.5％苦参碱可溶液剂	30 mL/亩～40 mL/亩	喷雾	10
蓟马	发生初期	25％噻虫嗪水分散粒剂	15 g/亩～20 g/亩	喷雾	3
豆荚螟	发生初期	30％茚虫威水分散粒剂	6 g/亩～9 g/亩	喷雾	3
杂草	发生期	200 g/L 草铵膦水剂	200 mL/亩～300 mL/亩	定向茎叶喷雾	14
注:农药使用以最新版本 NY/T 393 的规定为准。					

绿 色 食 品 生 产 操 作 规 程

LB/T 080—2020

华 南 地 区
绿色食品冬春豇豆生产操作规程

2020-08-20 发布

2020-11-01 实施

中国绿色食品发展中心 发布

前　言

本规程由中国绿色食品发展中心提出并归口。

本规程起草单位:福建省绿色食品发展中心、福建省农业科学院作物研究所、中国绿色食品发展中心、广东省绿色食品发展中心、广西壮族自治区绿色食品办公室、云南省绿色食品发展中心、海南省绿色食品办公室。

本规程主要起草人:熊文恺、林国强、周乐峰、杨芳、张宪、陈濠、胡冠华、陆燕、全勇。

华南地区绿色食品冬春豇豆生产操作规程

1 范围

本规程规定了华南地区绿色食品冬春豇豆的产地环境、栽培季节、品种选择、整地做畦、播种、田间管理、病虫害防治、采收、包装、储运、生产废弃物处理和生产档案管理。

本规程适用于福建中南部、广东、广西、海南和云南中南部的绿色食品冬春豇豆生产。

2 规范性引用文件

下列文件对于本文件的应用是必不可少的。凡是注日期的引用文件，仅注日期的版本适用于本文件。凡是不注日期的引用文件，其最新版本（包括所有的修改单）适用于本文件。

NY/T 391　绿色食品　产地环境质量

NY/T 393　绿色食品　农药使用准则

NY/T 658　绿色食品　包装通用准则

NY/T 1056　绿色食品　储藏运输准则

3 产地环境

选择连续 2 年以上未种植过豆科作物，土壤疏松肥沃，土层深厚，通透性好，排灌便利，不受工业"三废"及农业、生活、医疗废弃物污染生态环境良好的农业生产区域。产地环境应符合 NY/T 391 的要求。

4 栽培季节

4.1 春季栽培

春季栽培于 2 月下旬至 3 月下旬育苗，3 月下旬至 4 月下旬定植，6 月上旬至 8 月中旬采收，7 月下旬至 8 月上旬采种。适用于福建中南部、广西、广东、云南中南部春豇豆生产。

4.2 冬季栽培

冬季栽培于 12 月上旬至翌年 2 月上旬初播种，1 月中旬至 4 月上旬采收。适用于海南、云南南部和广西沿海地区冬豇豆生产。

5 品种选择

春冬栽培宜选择耐冷、生长势旺盛、适应性广、抗病丰产、商品性好的品种。

根据消费习惯、市场需求和当地茬口安排等特点，优先选择当地自育的适宜品种。

6 整地做畦

整地前清除前茬残留物，并在田边挖沟排水。

结合整地施基肥，播种前 15 d，基肥均匀撒施后深翻 30 cm 以上，晾晒。基肥以有机肥为主、化肥为辅，减量使用化肥，中等肥力土壤每亩施腐熟有机肥 3 000 kg、过磷酸钙 30 kg～40 kg、氯化钾 10 kg～15 kg，或配施高浓度三元复合肥 30 kg，耙碎拉平。

华南多雨涝，宜做深沟高畦与田边排水沟对接，按长 10 m～15 m、畦宽 90 cm、沟宽 30 cm，做成高 12 cm 左右龟背状的栽培畦。

7 播种

7.1 种子选择

选择籽粒饱满的种子,剔除病斑粒、虫食粒及杂质。种子纯度≥98%,净度≥99%,发芽率≥85%,含水量≤13%。

7.2 播种时间

选种后阳光下晒种 1 d~2 d,后用 45℃的温水浸种 5 h~6 h,置 25℃~28℃条件下催芽 1 d~2 d,待有 50%的种子钻尖露白时即可播种。一般掌握在当地气温稳定在 12℃以上时即可播种。

7.3 播种量

每亩播 3 000 穴~3 500 穴,每亩用种量 1.5 kg~1.8 kg;育苗移栽用种子数量少些,直播用种子量多些。

7.4 播种方式

7.4.1 直播

在栽培畦上开穴,行距 60 cm~80 cm,穴距 25 cm~30 cm。双行穴播,每穴播种 2 粒~3 粒,出苗后每穴定苗 2 株。播后镇压。视墒情播种,遇旱及时浇水。深度以 2 cm~3 cm 为宜,沙壤土可深点,黏壤土略浅。细土覆盖,薄厚一致,以保证一次全苗、齐苗。

7.4.2 育苗

早春可用育苗移栽方式,用保温苗床或营养钵育苗。播种后盖塑料膜小拱棚。注意不要过湿,以免徒长,温度宜在 20℃左右。出苗后,北风天不要揭膜,平时要注意通风换气。定植前 4 d~5 d 炼苗,增加其抗逆性。苗床育苗,一般于第 1 复叶展开前移植,营养钵育苗可推迟到第 2 片~3 片复叶展开时移植。播前营养钵应浇透水,播深 2 cm~3 cm。

8 田间管理

8.1 间苗补苗

直播齐苗后需尽早间苗,淘汰弱苗、病苗和杂苗。发现缺苗,立即移苗补足。也可利用间苗时间出的苗,选长势较好的移补到空缺处。一般在子叶刚展开时进行,在第 1 片真叶展开前结束,通常每穴留 2 株。

8.2 中耕、除草、培土

应及时中耕除草,结合中耕用细土堆培基部,防止倒伏。通常中耕 2 次~3 次。

8.3 肥水管理

8.3.1 灌溉与排水

春天雨水多,容易造成田间积水,应注意开沟排水,以防止烂荚。局部旱地播种的田块要提供足够的水分,以利于出苗。盛花期要注意灌水抗旱,以免落花、落荚。结荚盛期,如出现旱情,要及时灌水。

8.3.2 追肥

每生产 1 000 kg 豇豆,需要纯氮(N)10.2 kg、磷(P_2O_5)4.4 kg、钾(K_2O)9.7 kg,结合当地测土配方施肥技术,立足基肥,及时追肥。豇豆开花结荚前,以控肥控水为主。肥水过多,造成前期不结荚或结荚节位高。开花结荚后,要增加肥水,控制氮肥用量,每亩可追施复合肥 15 kg,施后培土。

用浓度为 2%~3%的过磷酸钙浸出液或磷酸二氢钾溶液(或可溶性高磷肥)喷洒叶面,每亩每次用50 kg 左右,连续 2 次,相隔 10 d 喷 1 次。同时,可加入 0.01%~0.05%的钼酸铵水溶液喷洒叶面,可促进产量。

8.4 植株整理

8.4.1 搭架

植株开始抽蔓有 5 片~6 片叶时,要及时搭架,一般用"人"字形架。初期,选在露水未干或阴天人工扶助引蔓上架,防止折断。

8.4.2 整枝打杈

根据其茎蔓和花序形成的特点进行整枝。主蔓第 1 花序下的侧芽全部打掉,促进早花。及时摘除混合节上的叶芽,若侧枝长出,可留 1 叶摘心,使其侧蔓第 1 节形成花序。当主蔓长到 210 cm～220 cm时,应及时打顶,以促进各花序上的副花芽形成,也有利于采收。主蔓中上部的侧枝,应及早打顶。

9 病虫害防治

9.1 防治原则

以"预防为主,综合防治"为基本方针,以农业防治为基础,实行物理防治和生物防治,在病虫危害较大时辅以化学防治。

9.2 主要病虫害

豇豆主要病害有叶斑病、锈病、白粉病、炭疽病等,主要虫害为蓟马、蛴螬、地老虎、美洲斑潜蝇、豆荚螟、白粉虱和蚜虫等。

9.3 防治措施

9.3.1 农业防治

应制订与禾本科等非豆科作物的 3 年轮作计划,避免重、迎茬,通过水旱轮作减少蛴螬、地老虎等地下害虫;选用抗病品种;及时清除残株败叶,病叶、病荚及时收集带出田块异地深埋处理,采后及时清洁田园,深耕深翻。

9.3.2 物理防治

用黄板、杀虫灯光诱杀蚜虫、白粉虱、潜叶蝇等害虫。

9.3.3 生物防治

营造优良生态环境,积极保护利用天敌。利用丽蚜小蜂等防治白粉虱;使用苦参碱防治蚜虫;使用苏云金杆菌防治豆荚螟等。

9.3.4 化学防治

病虫害的防治方法参见附录 A。

10 采收、包装、储运

根据市场需求和豇豆产品成熟度分批及时采收。荚果柔软饱满、种子未明显膨大时为收获适期。采收初期 3 d～5 d 采收 1 次,盛期 2 d～3 d 采收 1 次。采收过程中所用工具要清洁、卫生、无污染。

采收后未及时上市的豇豆应放在 4℃ 的冷库中进行短期储藏保鲜;储藏设施、周围环境、卫生要求、出入库、堆放等应符合 NY/T 1056 的要求。

产品的包装、储藏、运输需严格按照 NY/T 658 和 NY/T 1056 的规定执行。

11 生产废弃物处理

生产过程中,农药、肥料等投入品的包装物应及时收集,集中统一按规定处理,尽量使用可降解地膜或无纺布地膜,减少对环境的危害。生产后期的豇豆秸秆一般采用集中粉碎,堆沤有机肥料循环利用。

12 生产档案管理

建立生产档案,及时做好记录,记录品种、施肥、病虫草害防治、采收以及田间操作管理等措施;所有记录应真实、准确、规范,并具有可追溯性;生产档案应有专人专柜保管,至少保存 3 年。

附　录　A

（资料性附录）

华南地区绿色食品冬春豇豆生产主要病虫害防治方案

华南地区绿色食品冬春豇豆生产主要病虫害防治方案见表 A.1。

表 A.1　华南地区绿色食品冬春豇豆生产主要病虫害防治方案

防治对象	防治时期	农药名称	使用剂量	使用方法	安全间隔期,d
锈病	发病初期	40%腈菌唑可湿性粉剂	13 g/亩～20 g/亩	喷雾	5
白粉病	发病初期	0.4%蛇床子素可溶液剂	600 倍～800 倍液	喷雾	—
炭疽病	发病前或发病初期	325 g/L 苯甲·嘧菌酯悬浮剂	40 mL/亩～60 mL/亩	喷雾	7
蓟马	发生初期	25%噻虫嗪水分散粒剂	15 g/亩～20 g/亩	喷雾	3
蓟马	豇豆始花期	10%溴氰虫酰胺可分散油悬浮剂	33.3 mL/亩～40 mL/亩	喷雾	3
蚜虫	豇豆始花期	10%溴氰虫酰胺可分散油悬浮剂	33.3 mL/亩～40 mL/亩	喷雾	3
蚜虫	发生初期	1.5%苦参碱可溶液剂	30 mL/亩～40 mL/亩	喷雾	10
豆荚螟	幼虫孵化初期	30%茚虫威水分散粒剂	6 g/亩～9 g/亩	喷雾	3
豆荚螟	幼虫孵化初期	32 000 IU/mg 苏云金杆菌可湿性粉剂	75 g/亩～100 g/亩	喷雾	—
美洲斑潜蝇	幼虫期	60 g/L 乙基多杀菌素悬浮剂	50 mL/亩～58 mL/亩	喷雾	3
注:农药使用以最新版本 NY/T 393 的规定为准。					

绿 色 食 品 生 产 操 作 规 程

LB/T 081—2020

黄淮海及环渤海湾地区
绿色食品秋萝卜生产操作规程

2020-08-20 发布

2020-11-01 实施

中国绿色食品发展中心 发布

前　言

本规程由中国绿色食品发展中心提出并归口。

本规程起草单位：天津市农业发展服务中心、山东农业工程学院、中国绿色食品发展中心、河南省绿色食品发展中心、农业农村部乳品质量监督检验测试中心、天津农垦宏达有限公司、天津市蓟州区绿色食品发展中心、北京市农业绿色食品办公室、安徽省宿州市绿色食品管理办公室、山西省农产品质量安全中心、山东省济宁市鱼台县农业局。

本规程主要起草人：张凤娇、刘文宝、张志华、王莹、马文宏、张玮、刘烨潼、任伶、樊恒明、杨鸿炜、徐熙彤、张金环、王佳佳、韩玥、庞博、柳斌斌、王小娟、刘希柱。

黄淮海及环渤海湾地区绿色食品秋萝卜生产操作规程

1 范围

本规程规定了黄淮海及环渤海湾地区绿色食品秋萝卜的产地环境、品种选择、整地播种、田间管理、采收、生产废弃物处理、运输储藏及生产档案管理。

本规程适用于北京、天津、河北、山西、内蒙古(赤峰和乌兰察布地区)、辽宁东西南部、江苏中北部、安徽中北部、山东、河南等地区的绿色食品秋萝卜生产。

2 规范性引用文件

下列文件对于本文件的应用是必不可少的。凡是注日期的引用文件,仅注日期的版本适用于本文件。凡是不注日期的引用文件,其最新版本(包括所有的修改单)适用于本文件。

NY/T 391　绿色食品　产地环境质量

NY/T 393　绿色食品　农药使用准则

NY/T 394　绿色食品　肥料使用准则

NY/T 745　绿色食品　根菜类蔬菜

NY/T 1056　绿色食品　储藏运输准则

3 产地环境

应符合 NY/T 391 的要求,宜选择前茬未种过十字花科作物、耕层深厚、排水良好、疏松、透气的壤土或沙壤土。

4 品种选择

4.1 选择原则

应根据栽培目的和当地的气候、土质条件选用优质、丰产、抗逆性强以及符合目标消费习惯的品种。

4.2 品种选用

喜欢青皮青肉口感好的可选用潍县青萝卜、鲁萝卜1号、胶东翘头青、天津卫青萝卜;喜欢青皮红肉的可选用满堂红、辽冀大红;白萝卜可选用白将军等。

4.3 种子处理

选用饱满、健全、无霉变的种子。播前先将种子晾晒1 d~2 d。为了减少出苗后菜青虫和小菜蛾危害,可以用种衣剂对种子进行处理,种衣剂的使用应符合 NY/T 393 的要求。

5 整地播种

5.1 整地

前茬作物收获后及早清洁田园,进行耕翻晒垡。整地要精细,做到耕透、耙细、耢平,使土壤上虚下实。耕地深度根据品种而定,大型品种需深耕40 cm以上,中小型品种需深耕25 cm~35 cm。

5.2 起垄

肥料使用后,充分耙匀,清除田间大块石头、草根以及废塑料薄膜等杂物,整地做垄。大型品种多高垄栽培,垄高20 cm~30 cm,垄间距40 cm~50 cm,每垄种1行;中小型品种,垄高20 cm~25 cm,垄间距35 cm~40 cm,每垄种1行;在排水良好的地方,中小型品种也可采用平畦栽培,畦宽1 m~2 m,沟宽 30 cm～40 cm。

5.3 播种

5.3.1 播种量

大型品种每亩用种量 0.4 kg～0.5 kg;中小型品种每亩用种量 0.6 kg～1.2 kg。

5.3.2 播种期

秋萝卜一般 7 月中下旬至 8 月上中旬均可播种,根据收获期、品种特性及当地气候条件灵活掌握。

5.3.3 播种方法

大型品种多采用穴播,中小型品种多采用条播或撒播。播种前,先浇水造墒,播种后覆土,覆土厚度为 1 cm。

5.3.4 种植密度

大型品种行距 40 cm～50 cm,株距 20 cm～30 cm;中小型品种行距 35 cm～40 cm,株距 15 cm～25 cm。大型品种每亩留苗 4 500 株～8 000 株,中小型品种每亩可留苗 6 500 株～10 000 株。

5.4 温度管理

发芽期的适宜温度为 20℃～25℃;幼苗期适应的温度范围较广,肉质根生长期,适宜温度为 18℃～20℃。

5.5 间苗定苗

5.5.1 间苗

一般在第 1 片真叶展开时,第 1 次间苗,拔除细弱苗、病苗、畸形苗和不具有原品种特征的苗,每穴留苗 2 株～3 株。

5.5.2 定苗

一般在萝卜"破肚"时,即幼苗具有 4 片～5 片真叶时进行,选留具有原品种特征特性的健壮苗 1 株,按规定株距定苗,拔出其余生长较弱的苗。

5.5.3 中耕除草

萝卜的中耕应掌握先浅后深再浅的原则,直至封行后停止中耕。大中型萝卜行距较大,应多次中耕除草。定苗至封垄前,雨后或浇水后进行 2 次～3 次中耕,封垄后若有杂草应及时拔除。

6 田间管理

6.1 灌溉

6.1.1 出苗期

一般播种前应充分浇水,保证土壤含水量为田间最大持水量的 80％以上。播种后到出苗一般不浇水。

6.1.2 苗期

出苗后要少浇勤浇,保证土壤含水量为田间最大持水量的 60％以上。苗全后适当少浇水进行蹲苗。

6.1.3 叶片生长期

可掌握"地不干不浇,地表发白才浇"的原则,适当增加灌水量。保证土壤含水量为田间最大持水量的 60％～70％。

6.1.4 肉质根膨大期

充分均匀供水,一般以土壤含水量为田间最大持水量的 70％～80％为宜。肉质根膨大后期,仍应适当浇水。秋季栽培以傍晚浇水为好。雨水多时应及时排水降渍。

推荐使用水肥一体化,节水节肥,减少土壤板结和盐碱化,降低病害发生。

6.2 施肥

6.2.1 基肥

施肥按照 NY/T 394 的规定执行。一般以每亩施用优质腐熟的土杂肥 3 000 kg～4 000 kg 配合使用硫酸钾型复合肥 30 kg～40 kg 及过磷酸钙 25 kg～30 kg。

6.2.2 追肥管理

一般幼苗 2 片～3 片真叶时追施 1 次提苗肥,可以施尿素 3 kg/亩～5 kg/亩;肉质根膨大期,追第 2 次肥,施尿素 10 kg/亩配合硫酸钾 10 kg/亩,追肥需结合浇水冲施进行。

6.3 病虫害防治

6.3.1 防治原则

按照"预防为主,综合防治"的植保方针,坚持"农业防治、物理防治、生物防治为主,化学防治为辅"的原则。

6.3.2 常见病虫草鼠害

萝卜主要病害有:细菌性软腐病、黑腐病、霜霉病、病毒病等。

萝卜主要虫害有:蚜虫、菜青虫、小菜蛾、黄条跳甲等。

6.3.3 防治措施

6.3.3.1 农业防治

选用抗病品种,合理轮作,深耕晒垡,加强栽培管理,培育健壮植株,中耕除草,及时摘除病残体,清洁田园等。

6.3.3.2 物理防治

田间设置黑光灯或频振式杀虫灯,诱杀地下害虫和鳞翅目害虫等,也可在幼虫发生初期采用物理杀虫剂硅藻土 celite 610 进行防治。

6.3.3.3 生物防治

保护利用天敌昆虫防治虫害,使用生物药剂或生物菌剂防治细菌性或者真菌性病害。

6.3.3.4 化学防治

严格按照 NY/T 393 的规定执行。在主要防治对象的防治适期,根据病虫害发生特点和农药特性,选择适当的施药方式和施药时间,注意轮换用药,严格控制安全间隔期。主要病虫害化学防治方法参见附录 A。

7 采收

秋萝卜一般 10 月下旬左右收获。采收时将萝卜着生叶片部分带叶一同削掉,去掉附带的泥土,须根、分叉,将个头均匀,无畸形、无糠心、无伤口、无灰心的萝卜按照长短、粗细进行分级。不同地区和消费市场对萝卜分级的要求不同,因此具体分级标准要根据市场需要确定。产品质量应符合 NY/T 745 的要求。

8 生产废弃物处理

萝卜采收后可将萝卜叶子、不够销售级别的小萝卜、长病虫害的萝卜和不能食用的畸形萝卜收集起来,放到不透气的大塑料袋子中,然后加入固体石灰氮,石灰氮用量 0.5 kg/m³～0.7 kg/m³,混匀,加入少量水,封口,7 d～10 d 后倒出来,摊开,晾 1 d～2 d,加入 EM 菌后粉碎,作为有机肥混入土壤中。

农药包装袋等废弃物不能乱扔,要收集起来,统一放到有毒废弃物处理桶中,由专业公司集中统一处理。

9 运输储藏

按照 NY/T 1056 的规定进行。运输时要轻装、轻卸,严防机械损伤。运输工具要清洁卫生、无污染、无杂物。短途运输要严防日晒、雨淋。临时储存应保证有阴凉、通风、清洁、卫生的条件。防止日晒、雨淋、冻害以及有毒、有害物质的污染,应按品种、规格分别堆码,要保证有足够的散热间距,温度控制在0℃~4℃,相对湿度保持在85%~95%。

10 生产档案管理

建立绿色食品萝卜生产档案,详细记录产地环境条件、生产过程中关键控制点、病虫害防治和采收、包装、运输、储藏等各环节等情况并保存记录3年以上,做到农产品生产可追溯。

附　录　A

（资料性附录）

黄淮海及环渤海湾地区绿色食品秋萝卜主要病虫害防治方案

黄淮海及环渤海湾地区绿色食品秋萝卜主要病虫害防治方案见表 A.1。

表 A.1　黄淮海及环渤海湾地区绿色食品秋萝卜主要病虫害防治方案

防治对象	防治时期	农药名称	使用剂量	使用方法	安全间隔期,d
霜霉病	发病初期	40%三乙膦酸铝可湿性粉剂	235 g/亩～470 g/亩	喷雾	7
蚜虫	发病初期	0.3%苦参碱可溶液剂	150 g/亩～200 g/亩	喷雾	10
菜青虫、小菜蛾	幼苗期	40%辛硫磷乳油	50 mL/亩～75 mL/亩	喷雾	7
黄条跳甲	黄条跳甲发生初期	5%啶虫脒乳油	60 mL/亩～120 mL/亩	喷雾	14
注:农药使用以最新版本 NY/T 393 的规定为准。					

绿 色 食 品 生 产 操 作 规 程

LB/T 082—2020

长 江 流 域
绿色食品秋萝卜生产操作规程

2020-08-20 发布

2020-11-01 实施

中国绿色食品发展中心 发布

前　　言

本规程由中国绿色食品发展中心提出并归口。

本规程起草单位：湖北省农业科学院经济作物研究所、湖北省绿色食品管理办公室、中国绿色食品发展中心、上海市绿色食品发展中心、江苏省绿色食品办公室、浙江省农产品质量安全中心、安徽省绿色食品管理办公室、江西省绿色食品发展中心、重庆市农产品质量安全中心、四川省绿色食品发展中心、贵州省绿色食品发展中心、云南省绿色食品发展中心。

本规程主要起草人：邓晓辉、甘彩霞、张志华、崔磊、周先竹、胡军安、於校青、廖显珍、陈永芳、杨远通、沈熙、王皓瑀、刘颖、徐园园、郭征球、高照荣、张建新、李文彪、杜志明、彭震、孟芳、康敏、李政、张海彬、杭祥荣。

长江流域绿色食品秋萝卜生产操作规程

1 范围

本规程规定了秋季萝卜栽培中的产地环境、栽培季节、品种选择、整地播种、田间管理、采收、包装、储藏、运输、生产废弃物处理和生产档案管理。

本规程适用于上海、江苏南部、浙江、安徽南部、江西、湖北、湖南、重庆、四川、贵州和云南北部等长江流域地区的绿色食品秋萝卜生产。

2 规范性引用文件

下列文件对于本文件的应用是必不可少的。凡是注日期的引用文件,仅注日期的版本适用于本文件。凡是不注日期的引用文件,其最新版本(包括所有的修改单)适用于本文件。

GB 16715.2　瓜菜作物种子　第2部分:白菜类

NY/T 391　绿色食品　产地环境质量

NY/T 393　绿色食品　农药使用准则

NY/T 394　绿色食品　肥料使用准则

NY/T 658　绿色食品　包装通用准则

NY/T 745　绿色食品　根菜类蔬菜

NY/T 1056　绿色食品　储藏运输准则

3 产地环境

生产基地环境应符合NY/T 391的规定,要求连续3年未种植过十字花科作物、土壤疏松肥沃、排灌便利、相对集中连片、距离公路主干线100 m以上、交通方便。

4 栽培季节

海拔800 m～1 200 m,8月中旬至9月上旬播种,10月～12月收获;平原和低丘8月中下旬至9月上中旬播种,10月中下旬至12月收获。

5 品种选择

5.1 选择原则

宜选用抗病性和抗逆性强、优质、耐储运、高产、符合市场需求的萝卜品种。

5.2 品种选用

根据市场和栽培茬口要求,长江流域秋萝卜种植可选用以下品种:长白萝卜类型有特新白玉春、雪单1号、凯撒198和南畔洲等,红皮萝卜品种有满身红、七叶红、大红袍和向阳红等,青皮萝卜类型有791、维县青和武青等。

6 整地播种

6.1 整地做畦

及时翻耕,三犁三耙。耕地深度25 cm～40 cm。双行或三行栽培,包沟畦宽75 cm～80 cm,畦面高20 cm～30 cm,畦面宽50 cm～55 cm,畦沟深20 cm～30 cm。

6.2 种子处理

6.2.1 种子质量

种子质量应符合 GB 16715.2 的要求。

6.2.2 种子处理

播种前将种子晾晒 1 d,然后用 55℃ 温水浸种 30 min,其间不断搅拌,再晾干播种。

6.3 播种

每亩用种量均为 100 g～150 g。可干播或湿播,机械或人工播种。大型萝卜行距 20 cm～35 cm,株距 15 cm～20 cm,小型萝卜行距 15 cm～30 cm,株距 10 cm～15 cm。每穴播 1 粒～2 粒种子,播后覆 0.5 cm～1 cm 厚细土;土壤含水量为 70% 时抢墒播种,土壤墒情不够时补充水分,保持土壤墒情适宜。

7 田间管理

7.1 间苗定苗

在 2 叶 1 心时开始间苗;在 5 片～6 片真叶(肉质根破肚时)定苗,每穴定苗 1 株。

7.2 水分管理

播种后土壤有效含水量宜在 70% 左右。苗期土壤有效含水量宜在 60% 左右。肉质根膨大盛期需水大,土壤有效含水量宜在 70%～80%。

7.3 肥料管理

7.3.1 施肥原则

施肥应符合 NY/T 394 的要求。有机肥为主,化学肥料减控施用;避免偏施氮肥,重视磷肥、钾肥和硼肥的施用。

7.3.2 施肥方法

基肥应占到总肥量的 70% 以上,基肥以腐熟的农家肥或商品有机肥为主,尽量少施用化肥。每亩施用商品有机肥 600 kg～1 000 kg 或农家肥 5 000 kg～6 000 kg,45% 硫酸钾复合肥(15-15-15)25 kg～30 kg,硼砂 2 kg～3 kg;苗期和生长盛期以追施氮肥为主,每亩施用尿素 2 kg～4 kg,肉质根生长盛期应多施入磷钾肥,每亩可施用氮磷钾复合肥 20 kg,收获前 20 d 内不施用速效氮肥,可喷施叶面肥。

7.4 病虫害防治

7.4.1 防治原则

预防为主、综合防治。优先采用农业措施、物理防治、生物防治,科学合理地配合使用化学防治。农药施用严格按照 NY/T 393 的规定执行。

7.4.2 主要病虫害

苗期病害主要有病毒病和霜霉病,虫害主要有黄曲条跳甲、小菜蛾、甜菜夜蛾和斜纹夜蛾等。生长期病害主要有黑腐病、霜霉病和黑斑病等,虫害主要有黄曲条跳甲、蚜虫、小菜蛾、菜青虫、斜纹夜蛾和甜菜夜蛾等。

7.4.3 防治措施

7.4.3.1 农业防治

选用抗(耐)病优良品种。合理布局,实行轮作倒茬,深耕晒垡,加强中耕除草,清洁田园,降低病虫基数。

7.4.3.2 物理防治

采用地面覆盖银灰膜避蚜:每亩铺银灰色地膜 5 kg～6 kg,或将银灰膜剪成 10 cm～15 cm 宽的膜条,膜条间距 10 cm,纵横拉成网眼状。

设置黄板诱杀有翅蚜:用废旧纤维板或纸板剪成 100 cm×20 cm 的长条,涂上黄色油漆,同时涂上一层机油,制成黄板或直接购买商品黄板,挂在行间或株间,黄板底部高出植株顶部 10 cm～20 cm,当黄板黏满蚜虫时,再重涂一层机油,一般 7 d～10 d 重涂 1 次。每亩悬挂黄色黏虫板 30 块～40 块。

小菜蛾、菜青虫、斜纹夜蛾、甜菜夜蛾等害虫可用频振式杀虫灯、黑光灯、高压汞灯或双波灯诱杀。

7.4.3.3 生物防治

运用害虫天敌防治害虫,如释放捕食螨、寄生蜂等。保护天敌,创造有利于天敌生存的环境条件,不宜悬挂黏虫板和杀虫灯,选择对天敌杀伤力低的农药;释放天敌,用病毒如银纹夜蛾病毒(奥绿一号)、甜菜夜蛾病毒、小菜蛾病毒及白僵菌、苏云金杆菌制剂等防治菜青虫、甜菜夜蛾。用性诱剂防治小菜蛾、甜菜夜蛾和斜纹夜蛾。

菜青虫可每亩用 100 亿活芽孢/g 苏云杆菌可湿性粉剂 36 g～45 g 倍液喷雾。蚜虫和菜青虫均可用 1％苦参碱水剂 27 g/亩～32 g/亩喷雾防治。

7.4.3.4 化学防治

合理混用、轮换、交替用药,防止和推迟病虫害抗性的发生和发展。参见附录 A。

8 采收

萝卜圆腚即可开始采收,根据市场需求适时采收。产品应符合 NY/T 745 的要求。

9 包装

包装应符合 NY/T 658 的要求。用于产品包装的容器如塑料袋等须按产品的大小规格设计,同一规格大小一致,整洁,干燥,牢固,透气,美观,无污染,无异味,内壁无尖突物,无虫蛀、腐烂、霉变等现象。包装袋应符合 GB/T 8946 的要求。

按产品的品种、规格分别包装,同一件包装内的产品需摆放整齐紧密。

每批产品所用的包装、单位净含量应一致。

10 储藏

储藏前应先预冷,预冷应符合 NY/T 1056 的要求。

冷库温度应保持在 0℃～3℃,空气相对湿度保持在 85％～90％。

库内堆码应保证气流均匀流通,不挤压。

11 运输

运输应符合 NY/T 1056 的要求。未储藏萝卜运输前应进行预冷,运输过程中要保持适当的温度和湿度,注意防冻、防雨淋、防晒、通风散热。

12 生产废弃物处理

生产过程中的农药、肥料等投入品的包装袋和地膜应集中回收,进行资源化、无害化处理。对废弃的萝卜缨和残次萝卜采取粉碎还田或堆沤还田等方式进行资源循环利用。

13 生产档案管理

应建立生产档案,记录萝卜品种、施肥、病虫害防治、采收以及田间操作管理措施;所有记录应真实、准确、规范;生产档案应有专柜保管,至少保存 3 年,做到产品可追溯。

附　录　A
（资料性附录）
长江流域绿色食品秋萝卜生产主要病虫害防治方案

长江流域绿色食品秋萝卜生产主要病虫害防治方案见表 A.1。

表 A.1　长江流域绿色食品秋萝卜生产主要病虫害防治方案

防治对象	防治时期	农药名称	使用剂量	使用方法	安全间隔期,d
蚜虫	发生期	70％吡虫啉可溶液剂	1.5 g/亩～2 g/亩	喷雾	14
黄曲条跳甲	发生期	5％啶虫脒乳油	60 g/亩～120 g/亩	喷雾	14
小菜蛾、菜青虫、斜纹夜蛾、甜菜夜蛾	发生期	4.5％高效氯氰菊酯乳油	50 mL/亩～60 mL/亩	喷雾	7
		16 000 IU/mg 苏云金杆菌可湿性粉剂	25 g/亩～50 g/亩	喷雾	—
霜霉病	发生初期	40％三乙膦酸铝可湿性粉剂	235 g/亩～470 g/亩	喷雾	7
注:农药使用以最新版本 NY/T 393 的规定为准。					

绿色食品生产操作规程

LB/T 083—2020

东 北 地 区
绿色食品日光温室茄子生产操作规程

2020-08-20 发布

2020-11-01 实施

中国绿色食品发展中心 发布

前　言

本规程由中国绿色食品发展中心提出并归口。

本规程起草单位:黑龙江省绿色食品发展中心、中国绿色食品发展中心、黑龙江省农业科学院园艺分院、辽宁省绿色食品发展中心、吉林省绿色食品办公室、内蒙古自治区绿色食品发展中心。

本规程主要起草人:王蕴琦、曲红云、薛恩玉、张宪、夏丽梅、王然、陶玥昕、孙世德、王焕群、李月欣、贲海燕、张军民、陈立新、叶博、王牧、李岩、隋竹文、许晓亮、包立高。

东北地区绿色食品日光温室茄子生产操作规程

1 范围

本规程规定了绿色食品日光温室茄子生产的产地环境、品种选择、培育壮苗、定植、田间管理、采收、生产废弃物处理、运输储藏及生产档案管理。

本规程适用于内蒙古东部、辽宁北部、吉林和黑龙江中南部的绿色食品日光温室茄子的生产。

2 规范性引用文件

下列文件对于本文件的应用是必不可少的。凡是注日期的引用文件,仅注日期的版本适用于本文件。凡是不注日期的引用文件,其最新版本(包括所有的修改单)适用于本文件。

GB 16715.3 瓜菜作物种子 第 3 部分:茄果类

NY/T 391 绿色食品 产地环境质量

NY/T 393 绿色食品 农药使用准则

NY/T 1056 绿色食品 储藏运输准则

3 产地环境

产地环境应符合 NY/T 391 的要求。选择距离工厂、医院、公路、铁路干线 2 km 以外,无污染源的地区;土层深厚,排水良好,有机质含量在 2% 以上;土壤 pH 为 5.8～7.3;温度要控制在 13℃～35℃。

4 品种选择

4.1 选择原则

要选择中早熟、发育速度快、植株开张度小、耐低温弱光、抗病性强、丰产性好的品种;还应根据各地的消费习惯来确定品种的果色。

4.2 品种选用

a) 黑紫色长茄品种:龙园棚茄 1 号、辽茄 7 号、大龙长茄、黑艳丽等;

b) 绿萼黑色筒形茄:布列塔、海丰长茄 2 号、娜塔莉等;

c) 绿茄:沈茄 5 号、辽茄 5 号等。

4.3 种子处理

4.3.1 选种

选择使用未经禁用物质处理的种子;种要符合植物检疫规定的要求;质量要符合 GB 16715.3 的要求,纯度不低于 96%、净度不低于 98%、发芽率不低于 85%、含水量不高于 8%。

4.3.2 消毒

将种子均匀散放在纱布上,在阳光下晒 48 h;用 3 层～5 层洁净纱布包好放入清水中浸泡 30 min,捞出后放入 55℃～65℃温水中浸泡 30 min,边浸泡边搅拌,以免烫伤种皮(或用 0.2% 高锰酸钾溶液浸种 30 min)。

4.3.3 催芽

种子处理后放入清水中浸种 30 h,其间每隔 4 h～5 h 投洗 1 次。浸种后沥干水分在 20℃～30℃条件下催芽。

5 培育壮苗

5.1 播种期

栽培分为冬春茬、秋冬茬和一年一大茬。冬春茬播种期应在 11 月中下旬,定植期在翌年 1 月中下旬;秋冬茬播种期在 6 月下旬,定植期在 8 月中下旬;一年一大茬播种期在 7 月下旬,定植期在 9 月中下旬。日光温室茄子的主要病害为黄萎病,为了预防黄萎病,通常采用嫁接栽培。砧木可选择托鲁巴姆,播期比接穗提前 30 d～35 d。

5.2 分苗

当砧木和接穗为 2 片～3 片真叶时分苗,移入 9 cm×9 cm 营养钵内,营养土的比例有机肥∶草炭∶土＝2∶3∶5。移栽时要浇透底水,并适当遮阳以加快缓苗;缓苗后,追 1 次腐熟的饼肥培育壮苗。

5.3 嫁接

5.3.1 嫁接时期及嫁接准备

嫁接时期:砧木 6 片～8 片真叶,接穗 5 片～7 片真叶,茎粗 3 mm～5 mm,茎半木质化时(切开时露白茬)为最佳;嫁接准备:先在温室内用竹条或钢筋拱架搭小拱棚,上盖塑料布,提高棚内温度,准备盖拱棚的遮阳网;在嫁接前 1 d 将砧木的营养钵打透水。

5.3.2 嫁接方法

a) 劈接法。刀片须用 75％酒精消毒。嫁接时先在砧木高 4 cm～5 cm 处用刀片削掉上半部,保留 3 片左右真叶,然后用刀片在茎中间垂直向下切入 1 cm～1.5 cm。拔下或切下接穗苗(选与砧木粗细一致),在其半木质化处(即苗茎紫色与绿色相同处)削成双斜面楔形,楔形长短为 1 cm,保留 2 片～3 片真叶,将削好的接穗插入砧木切口中,对齐后用嫁接夹固定。

b) 斜贴接法。砧木苗长有 5 片～6 片真叶时,将砧木留 4 cm 左右用刀片将其以上部位斜削成呈 30°的斜面,斜面长 1 cm～1.5 cm;接穗苗保留上部 2 片～3 片叶,用刀片削成与砧木相反的斜面,斜面长与砧木相同。将 2 个斜面迅速贴合到一起,用套管固定。

5.4 嫁接苗管理

5.4.1 温度管理

嫁接后伤口愈合适温为 25℃。嫁接后在 3 d～5 d 内温室白天应控制在 24℃～26℃,不超过 28℃;夜间保持在 20℃～22℃,不低于 16℃。可在温室内架设小拱棚保温,高温季节要采取降温措施,如搭棚、通风等办法降温。3 d～5 d 以后,开始放风,逐渐降低温度。

5.4.2 水分管理

嫁接期间要保持相对湿度在 90％～100％;嫁接后 3 d～5 d,小拱棚内的相对湿度控制在 90％～95％,嫁接后 5 d～7 d 逐渐通风降湿,相对湿度保持在 85％～90％。育苗其间减少灌水次数,每次灌水灌足。蹲苗采取控温不控水的方法,避免影响花芽分化。

5.4.3 光照管理

嫁接后 3 d～4 d,要完全遮光,4 d 后开始早晚给光,中午遮光,逐渐撤掉覆盖物。温度低时,可适当早见光,提高温度,促进伤口愈合;温度高时中午要遮光。10 d～15 d 后接口全部愈合,撤掉嫁接夹,恢复日常管理。

5.4.4 定植前炼苗

定植前 7 d～10 d 开始对秧苗进行低温锻炼,控制浇水,加大放风量,减少覆盖。白天气温控制在 20℃左右,夜间 10℃左右。在定植前的 1 d～2 d 进行病虫害防治处理。

6 定植

6.1 定植前准备

6.1.1 温室消毒

新建或改造的日光温室应在定植前 1 个月扣好薄膜,清洁温室内外环境。温室内可用 0.5％高锰酸钾均匀喷洒进行消毒。

6.1.2 整地要求

深翻、晒茬、耙平,作成宽 1.2 m、长 6 m～10 m,高 15 cm～20 cm 的栽培畦;地膜覆盖,膜下铺滴灌。

6.1.3 施肥

一般土壤肥力条件下,施优质有机肥 6 000 kg/亩～7 000 kg/亩、磷酸二铵 20 kg/亩、硫酸钾 20 kg/亩;或施优质有机肥 6 000 kg～7 000 kg、土壤调理剂 50 kg;2/3 有机肥撒施于地面,再翻入土壤中粪土掺和均匀;其余 1/3 开沟后与化肥一起施入定植沟中。

6.2 定植

6.2.1 定植方法

温室内土温达 15℃ 以上时定植,注意嫁接苗的刀口位置高于垄面或畦面 3 cm 以上。严冬季节定植后注意密闭保温不放风,可用地膜扣小拱棚,缓过苗后温度够用可撤掉。

6.2.2 定植密度

嫁接苗保苗 2 000 株/亩～2 200 株/亩,畦上双行之间距离 50 cm,畦间两行距 70 cm,株距 50 cm,拐子苗定植。

7 田间管理

7.1 温光管理

采用"四段变温管理",即上午 25℃～30℃(促进光合作用)、下午 20℃～28℃(适当抑制光呼吸)、前半夜 13℃～20℃(促进光合产物运转)、后半夜 10℃～13℃(抑制呼吸消耗)。土壤温度保持在 15℃～20℃,不能低于 13℃。如果植株长势较旺应适当降温,尤其要降低夜温,植株长势弱适当提高温度。阴雨寒冷天气应揭棉被见光和短时间少量通风;连阴后晴天,温度不能骤然升高,发现萎蔫应及时覆盖棉被。注意清洁棚膜,冬季在温室后墙张挂反光幕等。

7.2 防止落花

a) 浸花。将茄子花在 2,4-D 溶液中浸蘸,以花柄浸到为度;

b) 涂花。在茄子开花前 1 d～2 d,用 30 mL/kg～4 mL/kg 2,4-D 涂在花萼或果柄上,用 2,4-D 处理过的花要做标记,切忌重复处理。

7.3 整枝打叶

采用双干整枝(V 形整枝),即将门茄下第一侧枝保留,形成双干;生长过程中及时摘掉病叶、老叶及砧木上的萌蘖;后期植株可达 2 m 以上,需搭架或吊绳来防止倒伏,保持良好的群体结构。

7.4 肥水一体化

a) 花前肥。水溶性高磷肥 5 kg/亩＋腐殖酸微量元素 10 kg/亩;

b) 第 1 次膨果肥。在门茄瞪眼期,施用氨基酸微量元素水溶肥 10 kg/亩＋腐殖酸钾有机肥 5 kg/亩;

c) 第 2 次膨果肥。在对茄瞪眼期,施用腐殖酸大量元素水溶肥 10 kg/亩＋水溶性硫酸钾肥 5 kg/亩;

d) 第 3 次膨果肥。在四面斗瞪眼期。选用肥效更长的微生物菌剂、腐殖酸大量元素水溶肥或缓释钾肥等 15 kg/亩。

7.5 病虫草害防治

7.5.1 防治原则

"预防为主,综合防治"。以农业措施、物理防治、生物防治为主,化学防治为辅为原则。

7.5.2 常见病虫害

a) 常见病害:黄萎病、褐纹病、绵疫病、灰霉病;

b) 常见虫害:白粉虱、蚜虫、红蜘蛛、蓟马、斑潜蝇等。

7.5.3 防治措施

7.5.3.1 农业防治

与瓜类、豆科、十字花科等非茄科作物进行 3 年～5 年轮作;育苗前彻底熏杀温室;温室附近避免栽植黄瓜、番茄、菜豆等粉虱发生严重的蔬菜;种子及育苗土消毒;嫁接栽培;适时定植、合理定植;膜下滴灌;深耕,深度 25 cm～30 cm;使用完全腐熟的有机肥;温室经常通风降湿。

7.5.3.2 物理防治

利用蚜虫、白粉虱和美洲斑潜蝇对黄色的趋向性,悬挂黄板 20 张/亩～40 张/亩进行诱杀,悬挂高度在植株上方 20 cm 处,每隔 7 d～10 d 再涂一层油或进行更换;利用蚜虫对银灰色有负趋性,在田间悬挂或覆盖银灰色地膜;利用红蜘蛛有回避大蒜味的特性,可在茄子株间或行间栽种大蒜。

7.5.3.3 生物防治

苗期喷施 500 倍液的枯草芽孢杆菌,定植时随水滴灌 200 倍液的枯草芽孢杆菌,在门茄开花时再滴灌 1 次枯草芽孢杆菌 500 倍液,3 次处理结合有机肥的施用可有效预防黄萎病的发生;释放捕食螨防治红蜘蛛;释放丽蚜小蜂对防治温室白粉虱;释放异色瓢虫,虫害比 1∶(30～50),卵卡挂在蚜虫危害叶柄处;可喷施苏云金杆菌、苗蒿素、苦参碱防治白粉虱。

7.5.3.4 化学防治

农药使用应符合 NY/T 393 的要求。主要病虫害防治推荐农药使用方案参见附录 A。

8 采收

8.1 采收时期

果实达到商品果成熟时适时采收,适宜采收时间为早晨或傍晚气温较低时。

8.2 采收要求

采收时将果柄从柄基部剪下,及时去除僵果、虫果、烂果。

8.3 收后处理

采收后每个果实包一层纸或装入塑料袋里,把商品茄头对头、尾对尾地层层摆放好。盛装茄子的筐不宜过大,要装满、挤紧。

9 生产废弃物处理

对于发生病害或虫害的叶片及果实,要尽早摘除,带出温室,集中处理或深埋;整枝和打杈的健康枝叶可用于沤肥后还田;地膜、农药包装等废弃物不能随意丢弃,应集中起来运到指定回收点统一处理。

10 运输储藏

10.1 运输

外运销售,应轻装轻卸,避免剧烈振动和碰撞。冬季、早春运输茄子要用保温车或用棉被包裹保温。运输应符合 NY/T 1056 的要求。

10.2 储藏

储藏库的空气相对湿度宜为 80%,保鲜期间用低氧(2%～5%)和高二氧化碳(2%～4%)气调储藏技术。储藏应符合 NY/T 1056 的要求。

11 生产档案管理

生产全过程,要建立质量追溯体系,健全生产记录档案,包括地块档案、整地、播种、定植、灌溉、施肥、病虫害防治、采收、销售记录等。记录保存期限不得少于 3 年。

附　录　A

（资料性附录）

东北地区绿色食品日光温室茄子生产主要病虫害防治方案

东北地区绿色食品日光温室茄子生产主要病虫害防治方案见表 A.1。

表 A.1　东北地区绿色食品日光温室茄子生产主要病虫害防治方案

防治对象	防治时期	农药名称	使用剂量	使用方法	安全间隔期,d
黄萎病	发生初期	10 亿芽孢/g 枯草芽孢杆菌可湿性粉剂	灌根:300 倍～400 倍液;药土法:2 g/株～3 g/株	灌根或药土法	—
灰霉病	发生初期	50％氟吡菌酰胺·嘧霉胺水分散剂	60 g/亩～80 g/亩	喷雾	3
白粉虱	发生期	25％噻虫嗪水分散剂	7 g/亩～15 g/亩	喷雾	3
		20％吡虫啉可溶剂型	15 mL/亩～30 mL/亩	喷雾	3
蚜虫	发生期	1.5％苦参碱可溶液剂	30 mL/亩～40 mL/亩	喷雾	10
红蜘蛛	发生期	0.5％藜芦碱可溶液剂	120 g/亩～140 g/亩	喷雾	10
蓟马	发生期	60 g/L 乙基多杀菌素悬浮剂	10 mL/亩～20 mL/亩	喷雾	5
		240 g/L 虫螨腈悬浮剂	20 mL/亩～30 mL/亩	喷雾	7
		25 g/L 多杀霉素悬浮剂	65 mL/亩～100 mL/亩	喷雾	3
注:农药使用以最新版本 NY/T 393 的规定为准。					

绿 色 食 品 生 产 操 作 规 程

LB/T 084—2020

黄淮海及环渤海湾地区
绿色食品日光温室茄子生产操作规程

2020-08-20 发布

2020-11-01 实施

中国绿色食品发展中心 发 布

前　　言

本规程由中国绿色食品发展中心提出并归口。

本规程起草单位：天津市农业质量标准与检测技术研究所、天津市绿色食品办公室、中国绿色食品发展中心、中国农业科学院蔬菜花卉研究所、农业农村部乳品质量监督检验测试中心、天津农垦宏达有限公司、天津市蓟州区绿色食品发展中心、河北省廊坊市农业生态环境保护监测站、山东省绿色食品中心、山西省农产品质量安全中心、天津市农业发展服务中心。

本规程主要起草人：刘烨潼、李衍素、张志华、马文宏、张玮、王莹、任伶、张凤娇、徐熙彤、高文瑞、刘亚兵、赵亚鑫、陈宝东、闫妍、谢学文、侯继华、王馨、敖奇、杨鸿炜。

黄淮海及环渤海湾地区绿色食品日光温室茄子生产操作规程

1 范围

本规程规定了黄淮海及环渤海湾地区绿色食品日光温室茄子的产地环境,生产技术管理,采收,包装、标识、储存、运输,生产废弃物处理和生产档案管理。

本规程适用于北京、天津、河北、山西、内蒙古(赤峰和乌兰察布地区)、辽宁东西南部、江苏中北部、安徽中北部、山东、河南等地区的绿色食品日光温室茄子生产。

2 规范性引用文件

下列文件对于本文件的应用是必不可少的。凡是注日期的引用文件,仅注日期的版本适用于本文件。凡是不注日期的引用文件,其最新版本(包括所有的修改版)适用于本文件。

NY/T 391 绿色食品 产地环境质量

NY/T 393 绿色食品 农药使用准则

NY/T 394 绿色食品 肥料使用准则

NY/T 658 绿色食品 包装通用准则

NY/T 1056 绿色食品 储藏运输准则

3 产地环境

应符合 NY/T 391 的要求。宜选择地势高燥、地下水位较低、排灌方便、富含有机质、疏松肥沃、土层深厚的壤土地块。

4 生产技术管理

4.1 日光温室

黄淮海及环渤海湾地区常用的日光温室均可,但最好保证冬季最低温度不低于 8℃,夏季最高温度不高于 35℃。

4.2 栽培茬口

黄淮海及环渤海湾地区日光温室茄子栽培一般可分为 4 个栽培茬次:冬春茬 2 月上中旬定植,7 月中下旬拉秧;秋冬茬 7 月中下旬定植,12 月中下旬拉秧;越冬一大茬 8 月中下旬定植,翌年 6 月拉秧;越夏一大茬 2 月中下旬定植,当年 11 月~12 月拉秧。可根据当地气候条件、日光温室性能、市场目的和管理水平等灵活选择。

4.3 品种选择

选择商品性好、优质、丰产、着色好、耐储运、符合目标市场的品种,如布利塔、硕元黑宝等。

4.4 育苗

推荐从集约化育苗企业购进商品苗或由其代育。不建议生产者自行育苗。

茄子壮苗指标:苗高 15 cm～20 cm;茎粗壮(直径 0.6 cm 以上);真叶 6 片～8 片,叶片肥厚,叶色浓绿,节间较短;根系嫩白,无烂根、病根,抱坨良好;无病虫害。

4.5 定植

4.5.1 定植前准备

4.5.1.1 整地与施基肥

肥料使用应符合 NY/T 394 的要求。定植前 15 d～20 d 进行土地耕整和施基肥。每亩施腐熟有机肥 5 m³～7 m³,混施过磷酸钙 100 kg、硫酸钾 10 kg,施肥后深翻 25 cm～30 cm,整平、耙细、浇水造墒。先采用平畦定植,后培土成垄,垄高 20 cm～25 cm,按畦宽 90 cm、60 cm 做成大小畦,在小畦内每亩撒施氮磷钾三元复合肥(15-15-15)40 kg～50 kg。小畦定植。

4.5.1.2 温室消毒

如果夏季不进行茄子生产,可采取夏秋高温闷棚法进行日光温室消毒。冬季茄子定植前可采用温差处理法进行日光温室消毒。消毒后在温室通风口处张挂(60 目)防虫网。

4.5.2 定植

定植密度。早熟品种一般每亩 2 200 株～2 500 株,中熟品种 2 000 株～2 200 株,晚熟品种 1 500 株～2 000 株。

早春茬宜选择晴好天气定植,注意防止低温冷害。秋延迟茬宜选择阴凉天气定植,注意防止高温强光伤害,如外界温度过高、光照过强,可张挂遮阳网遮阳降温。

按品种要求,一般定植株距 45 cm～50 cm。在小畦内刨穴,先向穴中浇水,待水渗下一半时,将苗坨栽好,当水全部渗下时封穴。冬季和早春定植后要及时进行地膜覆盖。

4.6 田间管理

4.6.1 温度与光照管理

除秋冬茬外,定植后缓苗期间多不放风,保持较高温度,促进缓苗。白天温度保持在 25℃～30℃,夜间 18℃～23℃。缓苗后白天保持在 25℃～30℃,夜间 20℃左右,不低于 13℃。

越冬期间,白天应保持较高的室温,尽可能保持 25℃～30℃的时间不少于 5 h,中午室温高于 32℃时可顶部放风,下午将至 25℃时及时关闭风口。夜间加强保温,严寒天气下适当增加覆盖物,夜间室温保持 20℃～15℃,最低气温不低于 12℃。

春季进入 2 月下旬后,温光条件变好,可以利用通风口控制室内温度,白天上午 27℃～32℃,下午 22℃～27℃,上半夜 17℃～22℃,下半夜 15℃～17℃,阴雨天时室温白天 22℃～27℃,夜间 12℃～17℃。

秋冬茬刚定植时光照强度较强,温度较高,可采用通大风、悬挂遮阳网等方式控制温室内温度尽可能不高于 35℃。

4.6.2 肥水管理

尽量采用滴灌技术进行肥水一体化管理。可按适宜的土壤相对含水量指标(70%～80%)进行水分管理,追肥应采用高质量水溶性化肥随水滴入。

定植缓苗后及时进行中耕。缓苗后若土壤含水量不足、室温又较高时,可浇一次水,但浇水后要及时放风和中耕,防止植株生长过旺。在此期间,应及时抹去门茄以下的侧芽。

门茄长到核桃大小时,应进行中耕,每亩施磷酸二铵 40 kg,并培土成垄,之后浇水。整平垄面后及时覆盖地膜。越冬期间,植株表现缺水时,可选晴好天气,于膜下灌水,每亩随水冲施尿素 20 kg。

越冬后的 2 月中旬至 3 月中旬,每 10 d～15 d 浇水 1 次,每次随水冲施腐熟的豆饼水,每次每亩用豆饼 50 kg～60 kg;间隔冲施速效氮肥 1 次,每亩用尿素 15 kg。3 月中旬以后,每 7 d～10 d 浇 1 水,隔一水施磷酸二铵 15 kg/亩～20 kg/亩。

4.6.3 熊蜂或人工授粉

日光温室内温度 10℃～30℃时,可用熊蜂授粉。春季日光温室温度较低、湿度较大时,宜采用 20 mg/L～35 mg/L 的 2,4-D 蘸花或涂抹花萼和花朵。温度低时,2,4-D 浓度稍高些;温度高时,2,4-D 浓度稍低些。亦可采用人工毛笔蘸花授粉的方式进行人工授粉。

4.6.4 植株调整

4.6.4.1 调整方法

当门茄开花后,门茄以下的侧枝全部除去,并视生长情况摘除部分叶片;当植株有徒长趋势时,还可摘除部分的功能叶,抑制徒长。门茄坐果后要进行吊蔓绑枝,同时需进行整枝。生长期间应随着果实采收,及时摘除植株下部老叶、黄叶和病叶,以促进通风透光。

4.6.4.2 双干整枝法

保留门茄下方的第一个侧枝,摘除多余的侧枝,同主干并生形成双干,以后采用此法,始终保持双干向上。

4.7 病虫害防治

4.7.1 防治原则

按照"预防为主,综合防治"的植保方针,坚持"农业防治、物理防治、生物防治为主,化学防治为辅"的原则。

4.7.2 主要病虫害

茄子的主要病害有青枯病、灰霉病、黄萎病等。主要虫害有蚜虫、白粉虱、蓟马、甜菜夜蛾等。

4.7.3 防治措施

4.7.3.1 农业防治

a) 与非茄科作物进行 3 年以上的轮作;
b) 合理密植;
c) 选用抗(耐)病虫、优质、高产的优良品种;
d) 培育适龄壮苗,提高抗逆性;
e) 嫁接以防止枯萎病等土传病害;
f) 覆盖地膜以降低室内空气相对湿度,以减少真菌病害和细菌病害发生和危害,并防除杂草、提高地温;
g) 适时中耕松土,可以改善土壤的通气条件,调节地温;
h) 合理肥水;
i) 及时清除温室周边与室内的杂草;
j) 及时摘除病残体,并带到温室外集中处理。

4.7.3.2 物理防治

a) 越冬茬或冬春茬结束后高温闷棚;
b) 所有通风口张挂 60 目防虫网;
c) 覆盖银灰色地膜或挂银灰色塑料条驱避蚜虫;
d) 利用黄板诱杀粉虱、蚜虫、斑潜蝇等害虫,每亩日光温室悬挂 20 cm×30 cm 的黄板 30 块～40块即可,悬挂高度与植株顶部持平或高出 5 cm～10 cm。

4.7.3.3 生物防治

a) 利用异色瓢虫控制蚜虫、红蜘蛛;
b) 丽蚜小蜂防治温室白粉虱和烟粉虱;
c) 捕食螨防治红蜘蛛、蓟马、粉虱、蚜虫等小型害虫和害螨;
d) 球孢白僵菌防治蓟马、粉虱、蚜虫等;
e) 苏云金芽孢杆菌可防治多种鳞翅目蔬菜害虫,如小菜蛾、菜青虫、甜菜夜蛾等;
f) 昆虫病毒包括菜青虫颗粒体病毒、甘蓝夜蛾核型多角体病毒、甜菜夜蛾核型多角体病毒、斜纹夜蛾多角体病毒、小菜蛾颗粒体病毒和苜蓿银纹夜蛾核型多角体病毒等,可防治蔬菜害虫;
g) 利用昆虫信息素进行蔬菜害虫种群监测、诱杀、驱避和干扰交配等;
h) 植物源农药,如印楝素、除虫菊素、苦参碱等防治病虫害;
i) 上述生物防治措施需根据田间病虫害发生情况和使用说明严格操作。

4.7.3.4 化学药剂防治

在农业防治、物理防治、生物防治等措施严格执行的情况下,仍发生较重病虫害的,可采取化学药剂防治,应严格按照 NY/T 393 的规定执行。应加强病虫害预测预报;识别症状,对症下药;明确防治范围,重点、局部用药;严格掌握施药浓度,不盲目加大用药量;轮换、交替用药,合理混用;认真执行药后安全间隔采收期。病虫害化学药剂防治方法参见附录 A。

5 采收

根据品种特性,掌握好果实的商品成熟特征,及时采收达到商品成熟期的果实。紫色和红色的茄子可根据果实萼片边沿白色部分的宽窄来判断。白色部分越宽,说明果实尚处于生长期,果实就越嫩;萼片边沿已无白色部分,说明果实生长已停止,果实变老,食用价值降低。采收果实以早晨和傍晚为宜,可以延长货架期。冬春季茄子从开花到采收需 20 d~25 d,4 月下旬后或秋季温度较高,果实生长速度较快,一般花后 14 d~16 d 即可采收,门茄、对茄等前期果采收要及时。当果实达到成熟时应立即分批采收,减轻植株负担,促进后来果实膨大。

6 包装、标识

6.1 包装

按照 NY/T 658 的规定执行。用于产品包装的容器如塑料箱、纸箱等要清洁、干燥、无污染。按产品的品种、规格分别包装,同一件包装内的产品需摆放整齐紧密。

6.2 标识

包装上标明产品名称、产品标准号、生产单位名称及地址、产地、品种、等级、净含量以及包装日期等。经中国绿色食品发展中心许可使用绿色食品标识的,可以在包装上使用绿色食品标识。

7 储存、运输

按照 NY/T 1056 的规定执行。运输前应进行预冷。运输过程中注意防冻、防雨淋、防晒、通风散热,温度控制在 0℃~4℃,相对湿度保持在 85%~95%。

储存时应按品种、规格分别储存。茄子适宜的储存条件为温度 7℃~10℃,相对湿度 85%~90%。库内堆码应保证气流均匀流通。

8 生产废弃物处理

日光温室茄子生产过程中,摘除的病叶、老叶、病株,不能售卖的茄子,以及拉秧后的秸秆等是主要的废弃物。摘除的病叶、老叶和病株不得随意丢弃,要装入塑料袋,带出棚室后集中统一做无害化处理。拉秧后的秸秆不得拉出棚室后随意丢弃堆沤,可取下吊蔓的塑料绳后由专人统一回收处理。另外,地膜、防虫网、旧棚膜、农药包装袋、药瓶等也需收集整理后统一处理。

9 生产档案管理

生产者应建立绿色食品日光温室茄子生产档案。记录产地棚室内环境、品种选用、农资使用、物候期记载、生产管理、用工管理、病虫草害防治、采收、运输储藏和生产废弃物处理方法等农事操作管理措施。

所有记录应真实、准确、规范,并具有可追溯性;生产档案应有专人专柜保管,至少保存 3 年。

附 录 A
（资料性附录）
黄淮海及环渤海湾地区绿色食品日光温室茄子生产主要病虫害防治方案

黄淮海及环渤海湾地区绿色食品日光温室茄子生产主要病虫害防治方案见表 A.1。

表 A.1 黄淮海及环渤海湾地区绿色食品日光温室茄子生产主要病虫害防治方案

防治对象	防治时期	农药名称	使用剂量	使用方法	安全间隔期,d
青枯病	苗期	20 亿孢子/g 蜡质芽孢杆菌可湿性粉剂	100 倍液	蘸根	—
	生长期		100 倍～300 倍液	灌根	
	发育期	0.1 亿 CFU/g 多黏类芽孢杆菌细粒剂	300 倍液	浸种	—
			0.3 g/m²	苗床泼浇	
			1 050 g/亩～1 400 g/亩	灌根	—
灰霉病	发病初期	50％硫黄·多菌灵可湿性粉剂	135 g/亩～166 g/亩	喷雾	7～10
黄萎病	移栽定植时	10 亿芽孢/g 枯草芽孢杆菌可湿性粉剂	2 g/株～3 g/株	药土法	5
	发病初期		300 倍～400 倍液	灌根	
蚜虫	发生初期	1.5％苦参碱可溶液剂	30 mL/亩～40 mL/亩	喷雾	10
白粉虱	发生初期	25％噻虫嗪水分散粒剂	7 g/亩～15 g/亩	喷雾	14
	苗期（定植前 3 d～5 d）		7 g/亩～15 g/亩	喷雾	14
	发生初期		0.12 g/株～0.2 g/株	灌根	7
蓟马	发生初期	8％多杀霉素水乳剂	20 mL/亩～30 mL/亩	喷雾	5
	发生高峰前	60g/L 乙基多杀菌素悬浮剂	10 mL/亩～20 mL/亩	喷雾	5
	发生初期	0.5％藜芦碱可溶液剂	70 mL/亩～80 mL/亩	喷雾	—
甜菜夜蛾	卵孵化高峰期	30 亿 PIB/mL 甜菜夜蛾核型多角体病毒悬浮剂	20 mL/亩～30 mL/亩	喷雾	—

注：农药使用以最新版本 NY/T 393 的规定为准。

绿 色 食 品 生 产 操 作 规 程

LB/T 085—2020

黄淮海及环渤海湾地区
绿色食品拱棚茄子生产操作规程

2020-08-20 发布

2020-11-01 实施

中国绿色食品发展中心 发布

前 言

本规程由中国绿色食品发展中心提出并归口。

本规程起草单位：天津市绿色食品办公室、中国农业科学院蔬菜花卉研究所、中国绿色食品发展中心、农业农村部乳品质量监督检验测试中心、天津农垦宏达有限公司、天津市蓟州区绿色食品发展中心、北京市农业绿色食品办公室、辽宁省绿色食品发展中心、山西省农产品质量安全中心、天津市农业发展服务中心。

本规程主要起草人：马文宏、李衍素、唐伟、任伶、张凤娇、刘烨潼、张玮、王莹、徐熙彤、戴洋洋、朱洁、程艳宇、陈宝东、周绪宝、闫妍、谢学文、金丹、隋志文、杨鸿炜。

黄淮海及环渤海湾地区绿色食品拱棚茄子生产操作规程

1 范围

本规程规定了黄淮海及环渤海湾地区绿色食品拱棚茄子生产要求的产地环境,生产技术管理,采收,包装、标识、储存、运输、生产废弃物处理和生产档案管理。

本规程适用于北京、天津、河北、山西、内蒙古(赤峰和乌兰察布地区)、辽宁东西南部、江苏中北部、安徽中北部、山东、河南等地区的绿色食品拱棚茄子春早熟栽培,也可用于越夏、秋延迟拱棚茄子生产。

2 规范性引用文件

下列文件对于本文件的应用是必不可少的。凡是注日期的引用文件,仅注日期的版本适用于本文件。凡是不注日期的引用文件,其最新版本(包括所有的修改版)适用于本文件。

NY/T 391 绿色食品 产地环境质量

NY/T 393 绿色食品 农药使用准则

NY/T 394 绿色食品 肥料使用准则

NY/T 658 绿色食品 包装通用准则

NY/T 1056 绿色食品 储藏运输准则

3 产地环境

应符合 NY/T 391 的要求。宜选择地势高燥、地下水位较低、排灌方便、富含有机质、疏松肥沃、土层深厚的壤土地块。

4 生产技术管理

4.1 拱棚

应选择结构合理、透光保温性能好的拱棚进行茄子生产。春提早或秋延迟生产最好选择双层拱棚,或者是能覆盖保温被提高保温效果的拱棚。

4.2 品种选择

应选择株型紧凑、雌花节位低、结果早、品质好、较耐弱光、耐寒性较强、抗病、高产、适合目标市场的品种,如园杂 460、东方长茄、绿状元等。

4.3 育苗

推荐从集约化育苗企业购进商品苗或由其代育。不建议生产者自行育苗。

茄子壮苗指标:苗高 15 cm～20 cm;茎粗壮(直径 0.6 cm 以上);真叶 6 片～8 片,叶片肥厚,叶色浓绿,节间较短;根系嫩白,无烂根、病根,抱坨良好;无病虫害。

4.4 定植

4.4.1 定植前准备

4.4.1.1 整地与施基肥

肥料使用应符合 NY/T 394 的要求。定植前 15 d～20 d 进行土地耕整和施基肥。每亩施腐熟有机肥 5m³～7m³,混施过磷酸钙 100 kg、硫酸钾 10 kg,施肥后深翻 25 cm～ 30 cm,整平、耙细、浇水造墒。先采用平畦定植,后培土成垄,垄高 20 cm～25 cm,按畦宽 90 cm、60 cm 做成大小畦,在小畦内每亩撒施氮磷钾三元复合肥(15-15-15)40 kg～50 kg。小畦定植。

4.4.1.2 拱棚消毒

如果夏季不进行茄子生产,可采取夏秋高温闷棚法进行拱棚消毒,消毒后在拱棚通风口处张挂60目防虫网。

4.4.2 定植

定植密度,早熟品种一般每亩2 200株～2 500株、中熟品种2 000株～2 200株、晚熟品种1 500株～2 000株。

视拱棚保温性能,根据大棚内气温和地温确定定植期。棚内气温不低于10℃、10 cm地温稳定在12℃以上时方为适宜的定植期。早春茬宜选择晴好天气定植,注意防止低温冷害。秋延迟茬宜选择阴凉天气定植,注意防止高温强光伤害,如外界温度过高、光照过强,可张挂遮阳网遮阳降温。

按品种要求,一般定植株距45 cm～50 cm。高垄定植。在小畦内刨穴,先向穴中浇水,待水渗下一半时,将苗坨栽好,当水全部渗下时封穴。早春茬定植后要及时覆盖地膜,秋延迟茬棚内光照较强、温度较高时定植后不能覆盖地膜,以免烤苗。

4.5 田间管理

4.5.1 温度管理

早春茬定植后可密闭棚体,保持棚内温度30℃～35℃,以促进返苗。缓苗后中耕蹲苗,提高地温,促进根系生长,并逐渐通风,调温控湿,增加光照,白天温度保持在25℃～30℃,夜间15℃～18℃,开花结果期白天温度控制在25℃～30℃,夜间温度不低于15℃。3月～4月天气渐暖时加大通风量,通风时间应适当提前,通风口由小到大,当夜间温度稳定在15℃以上时,可昼夜通风。

秋冬茬定植后注意防止高温强光伤害,可采取通风、遮阳等方式遮阳降温,随生产进行,外界气温越来越低,需严格管理通风口,白天温度控制在25℃～30℃,夜间温度不低于15℃。

4.5.2 肥水管理

尽量采用滴灌技术进行肥水一体化管理。可按适宜的土壤相对含水量指标(70%～80%)进行水分管理,追肥应采用高质量水溶性化肥随水滴入。

定植后3 d～5 d浇缓苗水,开花前适当控制水分,以促进植株发棵。花期及结果期可多次浇水。茄子定植到缓苗禁止追肥。当门茄显现时,随水追施氮磷钾(15-10-20)水溶性复合肥15 kg/亩。以后每采摘2次～3次,结合灌水追肥1次,追施复合肥7 kg/亩～10 kg/亩。

4.5.3 雄蜂或人工授粉

拱棚内温度10℃～30℃时,可用雄蜂授粉。春季拱棚温度较低、湿度较大时,宜采用20 mg/L～35 mg/L的2,4-D蘸花或涂抹花萼和花朵。温度低时2,4-D浓度稍高些,温度高时2,4-D浓度稍低些。亦可采用人工毛笔蘸花授粉的方式进行人工授粉。

4.5.4 植株调整

早熟品种采用三杈留枝,中晚熟品种采用双干留枝。在门茄坐果前后,保留2个杈状分枝,摘除主茎上其余腋芽。门茄坐果后要进行吊蔓绑枝,同时需进行整枝。生长期间应随着果实采收,及时摘除植株下部老叶、黄叶和病叶,以促进通风透光。

4.6 病虫害防治

4.6.1 防治原则

按照"预防为主,综合防治"的植保方针,坚持"农业防治、物理防治、生物防治为主,化学防治为辅"的原则。

4.6.2 主要病虫害

茄子的主要病害有青枯病、灰霉病、黄萎病等。主要虫害有蚜虫、白粉虱、蓟马、甜菜夜蛾等。

4.6.3 防治措施

4.6.3.1 农业防治

a) 与非茄科作物进行 3 年以上的轮作；

b) 合理密植；

c) 选用抗(耐)病虫、优质、高产的优良品种；

d) 培育适龄壮苗,提高抗逆性；

e) 嫁接以防止枯萎病等土传病害；

f) 覆盖地膜以降低室内空气相对湿度,以减少真菌病害和细菌病害发生和危害,并防除杂草、提高地温；

g) 适时中耕松土,可以改善土壤的通气条件,调节地温；

h) 合理肥水；

i) 及时清除拱棚周边与棚内的杂草；

j) 及时摘除病残体,并带到拱棚外集中处理；

k) 夏季覆盖遮阳网,遮阳降温,减轻病虫害的发生。

4.6.3.2 物理防治

a) 所有通风口张挂 60 目防虫网；

b) 覆盖银灰色地膜或挂银灰色塑料条驱避蚜虫；

c) 利用黄板诱杀粉虱、蚜虫、斑潜蝇等害虫,每亩悬挂 20 cm×30 cm 的黄板 30 块～40 块即可,悬挂高度与植株顶部持平或高出 5 cm～10 cm。

4.6.3.3 生物防治

a) 利用异色瓢虫控制蚜虫、红蜘蛛；

b) 丽蚜小蜂防治白粉虱和烟粉虱；

c) 捕食螨防治红蜘蛛、蓟马、粉虱、蚜虫等小型害虫和害螨；

d) 球孢白僵菌防治蓟马、粉虱、蚜虫等；

e) 苏云金芽孢杆菌可防治多种鳞翅目蔬菜害虫,如小菜蛾、菜青虫、甜菜夜蛾等；

f) 昆虫病毒包括菜青虫颗粒体病毒、甘蓝夜蛾核型多角体病毒、甜菜夜蛾核型多角体病毒、斜纹夜蛾多角体病毒、小菜蛾颗粒体病毒和苜蓿银纹夜蛾核型多角体病毒等,可防治蔬菜害虫；

g) 利用昆虫信息素进行蔬菜害虫种群监测、诱杀、驱避和干扰交配等；

h) 植物源农药,如印楝素、除虫菊素、苦参碱等可防治病虫害；

i) 上述生物防治措施需根据田间病虫害发生情况和使用说明严格操作。

4.6.3.4 化学药剂防治

在农业防治、物理防治、生物防治等措施严格执行的情况下,仍发生较重病虫害的,可采取化学药剂防治,应严格按照 NY/T 393 的规定执行。应加强病虫害预测预报;识别症状,对症下药;明确防治范围,重点、局部用药;严格掌握施药浓度,不盲目加大用药量;轮换、交替用药,合理混用;认真执行药后安全间隔采收期。病虫害化学药剂防治方法参见附录 A。

5 采收

根据品种特性,掌握好果实的商品成熟特征,及时采收达到商品成熟期的果实。紫色和红色的茄子可根据果实萼片边沿白色部分的宽窄来判断。白色部分越宽,说明果实尚处于生长期,果实就越嫩;萼片边沿已无白色部分,说明果实生长已停止,果实变老,食用价值降低。采收果实以早晨和傍晚为宜,可以延长货架期。春季茄子从开花到采收需 20 d～25 d,4 月下旬后或秋季温度较高,果实生长速度较快,一般花后 14 d～16 d 即可采收,门茄、对茄等前期果采收要及时。当果实达到成熟时应立即分批采收,减轻植株负担,促进后来果实膨大。

6 包装、标识

6.1 包装

按照 NY/T 658 的规定进行。用于产品包装的容器如塑料箱、纸箱等要清洁、干燥、无污染。按产品的品种、规格分别包装,同一件包装内的产品需摆放整齐紧密。

6.2 标识

包装上标明产品名称、产品标准号、生产单位名称及地址、产地、品种、等级、净含量及包装日期等。经中国绿色食品发展中心许可使用绿色食品标识的,可以在包装上使用绿色食品标识。

7 储存、运输

按照 NY/T 1056 的规定进行。运输前应进行预冷。运输过程中注意防冻、防雨淋、防晒、通风散热,温度控制在 0℃～4℃,相对湿度保持在 85%～95%。

储存时应按品种、规格分别储存。茄子适宜的储存条件为 7℃～10℃,空气相对湿度 85%～90%。库内堆码应保证气流均匀流通。

8 生产废弃物处理

摘除的病叶、老叶和病株不得随意丢弃,要装入塑料袋,带出棚室后集中统一做无害化处理。拉秧后的秸秆不得拉出棚室后随意丢弃堆沤,可取下吊蔓的塑料绳后由专人统一回收处理。另外,地膜、防虫网、旧棚膜、农药包装袋、药瓶等也需收集整理后统一处理。

9 生产档案管理

生产者应建立绿色食品拱棚茄子生产档案。记录产地棚室内环境、品种选用、农资使用、物候期记载、生产管理、用工管理、病虫害防治、采收、运输储藏和生产废弃物处理方法等农事操作管理措施。所有记录应真实、准确、规范,并具有可追溯性;生产档案应有专人专柜保管,至少保存 3 年。

附 录 A

（资料性附录）

黄淮海及环渤海湾地区绿色食品拱棚茄子生产主要病虫害防治方案

黄淮海及环渤海湾地区绿色食品拱棚茄子生产主要病虫害防治方案见表 A.1。

表 A.1 黄淮海及环渤海湾地区绿色食品拱棚茄子生产主要病虫害防治方案

防治对象	防治时期	农药名称	使用剂量	使用方法	安全间隔期,d
青枯病	苗期	20 亿孢子/g 蜡质芽孢杆菌可湿性粉剂	100 倍液	蘸根	—
	生长期		100 倍～300 倍液	灌根	—
	发育期	0.1 亿 CFU/g 多黏类芽孢杆菌细粒剂	300 倍液	浸种	—
			0.3 g/m²	苗床泼浇	
			1 050 g/亩～1 400 g/亩	灌根	—
灰霉病	发病初期	50%硫黄·多菌灵可湿性粉剂	135 g/亩～166 g/亩	喷雾	7～10
黄萎病	移栽定植时	10 亿芽孢/g 枯草芽孢杆菌可湿性粉剂	2 g/株～3 g/株	药土法	5
	发病初期		300 倍～400 倍液	灌根	
蚜虫	发生初期	1.5%苦参碱可溶液剂	30 g/亩～40 g/亩	喷雾	10
白粉虱	发生初期	25%噻虫嗪水分散粒剂	7 g/亩～15 g/亩	喷雾	14
	苗期（定植前 3 d～5d)		7 g/亩～15g/亩	喷雾	14
	发生初期		0.12 g/株～0.2g/株	灌根	7
蓟马	发生初期	8%多杀霉素水乳剂	20 mL/亩～30 mL/亩	喷雾	5
	发生高峰前	60g/L 乙基多杀菌素悬浮剂	10 mL/亩～20 mL/亩	喷雾	5
	发生初期	0.5%藜芦碱可溶液剂	70 mL/亩～80 mL/亩	喷雾	—
甜菜夜蛾	卵孵化高峰期	30 亿 PIB/mL 甜菜夜蛾核型多角体病毒悬浮剂	20 mL/亩～30 mL/亩	喷雾	

注：农药使用以最新版本 NY/T 393 的规定为准。

绿 色 食 品 生 产 操 作 规 程

LB/T 086—2020

黄淮海及环渤海湾地区
绿色食品露地茄子生产操作规程

2020-08-20 发布

2020-11-01 实施

中国绿色食品发展中心 发布

前　言

本规程由中国绿色食品发展中心提出并归口。

本规程起草单位:安徽农业大学、安徽省绿色食品管理办公室、中国绿色食品发展中心、界首市农产品质量安全检验检测中心、池州市农业委员会、江苏省绿色食品办公室、山西省农产品质量安全中心、天津市绿色食品办公室。

本规程主要起草人:胡克玲、耿继光、孙辉、张村侠、单国雷、孙彦明、孙玲玲、和亮、邱祥松、张俊、马文宏。

黄淮海及环渤海湾地区绿色食品露地茄子生产操作规程

1 范围

本规程规定了黄淮海及环渤海湾地区绿色食品露地茄子的产地环境、品种选择、育苗、定植田间管理、采收、生产废弃物处理、包装与储藏运输及生产档案管理。

本规程适用于北京、天津、河北、山西、内蒙古(赤峰和乌兰察布地区)、辽宁东西南部、江苏中北部、安徽中北部、山东、河南的绿色食品露地茄子的生产。

2 规范性引用文件

下列文件对于本文件的应用是必不可少的。凡是注日期的引用文件,仅注日期的版本适用于本文件。凡是不注日期的引用文件,其最新版本(包括所有的修改单)适用于本文件。

GB 16715.3　瓜菜作物种子　第3部分:茄果类

NY/T 391　绿色食品　产地环境质量

NY/T 393　绿色食品　农药使用准则

NY/T 394　绿色食品　肥料使用准则

NY/T 658　绿色食品　包装通用准则

NY/T 1056　绿色食品　储藏运输准则

3 产地环境

产地环境条件应符合NY/T 391的要求,选择在无污染和生态条件良好的地区,基地选点应远离工矿区和公路、铁路干线,避开工业和城市污染源的影响。选择地势平坦,排灌方便,土壤肥沃、疏松,土层深厚、富含有机质的土壤。土壤pH以6.8~7.3为宜。茄子种植一般要进行3年~5年以上的轮作。前茬作物为非茄果类作物。

4 品种选择

4.1 选择原则

根据作物种植区域和生长特点选择适合当地生长的优质品种,使果形整齐、抗病抗逆性强、适应性广、具有较好的经济性状。春茬宜选用耐寒、早熟、高产的品种。夏秋茬应选择抗热和抗病性强的中晚熟品种。

4.2 品种选用

根据当地消费习惯和栽培目的,可选择适合本区域种植的品种,如京茄1号、园丰1号、长杂8号、布利塔、金刚、京茄20号、快圆茄、晋紫长茄等。

5 育苗

根据当地自然条件和育苗时间,选用大棚或温室等育苗设施,可采用穴盘、营养钵等现代育苗技术。

5.1 播种前准备

5.1.1 种子处理

5.1.1.1 种子质量

选择饱满,表面有光泽的种子,种子质量应符合GB 16715.3的要求。播种前应剔除霉籽、瘪籽。也可选择符合绿色食品要求的包衣种子。

5.1.1.2 种子消毒

把种子放入 50℃～60℃ 的温水浸种并缓慢搅拌,待水温降至 30℃ 左右后浸泡 7 h～8 h。

5.1.1.3 种子催芽

将种子用清水清洗干净后,用干净的湿纱布包裹或放入湿布袋中,放置在 25℃～28℃ 的环境中催芽。80％ 的种子出芽即可播种。

5.1.2 营养土配制

用 3 年～5 年未种过茄科蔬菜的大田土 4 份、腐熟的有机肥 2 份、草炭土 4 份混合成育苗营养土。并按营养土重量 0.1％～0.2％ 加入过磷酸钙。提倡使用符合绿色食品生产要求的专用育苗基质。肥料使用应符合 NY／T 394 的使用要求。

5.1.3 床土消毒

5.1.3.1 物理消毒法

可采用蒸汽消毒法,即将营养土堆成堆,盖上耐高温的覆盖物,导入蒸汽,在 70℃～90℃ 条件下消毒 1 h;或采用太阳能消毒法,即在高温季节,将营养土用塑料薄膜覆盖或堆放在育苗设施内密闭棚室,持续 7 d～10 d。

5.1.3.2 化学消毒法

选用符合 NY／T 393 要求的药剂。可采用药土消毒法,如 50％ 磺黄·多菌灵可湿性粉剂,每亩用量 135 g～166 g。将药剂与营养土混合拌匀成药土,播种时将 2／3 药土铺底,1／3 药土覆盖。

5.2 播种

5.2.1 播种时间

应根据定植时间、苗龄、不同育苗方式和当地气候条件,推算适宜的播种时间,一般春茬可在 1 月中下旬至 2 月上中旬播种育苗,夏秋茬可在 3 月～5 月播种育苗。

5.2.2 播种量

一般每平方米育苗床播种量为 15 g～20 g,每亩地播种量为 30 g～35 g,穴盘育苗每亩地播种量为 10 g～15 g。

5.2.3 播种方法

5.2.3.1 苗床育苗

选择无风的晴天播种。先将苗床深耕,耙平,上面铺上 3 cm～5 cm 营养土,然后浇透底水。播种可掺入细沙,均匀的撒播或条播在育苗床上。播后覆土 0.5 cm～1 cm。播后可覆盖地膜进行保温保湿。幼芽顶土后,及时除掉地膜。

5.2.3.2 穴盘育苗

穴盘规格选择 72 穴或 128 穴。将苗床耧平,在地面覆盖一层地膜,在地膜上摆放穴盘。包衣种子可应用全自动机械播种机播种,完成装盘、压穴、播种、覆盖和喷水等流程。未包衣种子可人工播种,每穴放入 1 粒种子,播后覆盖基质并刮平,去掉多余基质。然后及时浇透水,可覆盖一层地膜,以利出苗。幼芽顶土后,及时除掉地膜。

5.3 苗期管理

5.3.1 温度

播种后至出苗前以保温为主,不要通风,气温白天 25℃～30℃、夜晚 20℃～22℃,苗床适宜温度在 20℃ 以上。出苗后至分苗前,及时通风降温,维持床温 18℃～20℃,气温白天 25℃～28℃、夜间 15℃～20℃,但不能低于 15℃。分苗后 3 d～5 d 不要通风,保温;缓苗后逐渐通风,气温白天 25℃～30℃、夜间 15℃～20℃。

5.3.2 水分

保持苗床土壤相对湿度80%左右,空气相对湿度应低于80%。苗床浇足底水后,减少苗期浇水次数。如苗床过干,需及时浇水。浇水后要注意通风,排除湿气。

5.3.3 光照

茄子苗期应保持较长和较强的光照条件。光照条件好,生长旺盛,花芽分化快,有利于壮苗。光照不足,植株生长细弱,开花期延迟,长柱花减少,坐果率低。

5.3.4 分苗

当幼苗长到2片~3片真叶时,及时将幼苗移入10 cm×10 cm的营养钵中。分苗要选择晴好的天气,移栽后及时浇水,并注意遮阳、保温、保湿。2 d~3 d后及时揭去遮阳网等覆盖物,并逐渐开始通风。

5.3.5 炼苗

一般在定植前7 d~10 d对幼苗进行降温控水,进行低温炼苗。使苗床温度尽量接近外界温度,加大昼夜温差,加大通风量,控制浇水,使秧苗逐渐适应定植环境。

5.3.6 壮苗指标

株高15 cm左右,叶片深绿、肥厚且舒展,有5片~6片叶,茎粗0.4 cm~0.5 cm,根系发达,无病虫害,无损伤,第1花蕾已现。

6 定植

6.1 整地施基肥

前茬作物结束后,及时深翻30 cm左右,结合整地施足基肥。每亩施用腐熟有机肥3 000 kg~5 000 kg、过磷酸钙30 kg~50 kg、硫酸钾15 kg~20 kg。应根据土壤肥力调整基肥施肥量。施肥原则应符合NY/T 394的规定。

6.2 栽培方式

春茬可采用小高畦栽培,畦高10 cm~15 cm、畦宽60 cm~65 cm、沟宽35 cm~40 cm。畦面可用90 cm~100 cm幅宽的地膜覆盖。夏秋茬可采用小高垄栽培。一般垄距70 cm~100 cm,株距30 cm~45 cm;也可平地栽培,再结合中耕除草,将两边的土向中部培成小高垄。

6.3 定植时间

春茬可在4月中下旬至5月中下旬定植,一般当地日平均气温在15℃左右时即可定植。夏秋茬可在5月下旬至6月下旬定植。

6.4 定植密度

一般根据品种特性、栽培方法和土壤肥力等因素决定。如早熟品种每亩2 500株~3 000株,株距35 cm~40 cm、行距70 cm~80 cm;中晚熟品种每亩2 000株~2 500株。

6.5 定植方法

选择无风的晴天,尽量带土移栽,可采用暗水稳苗,即先开定植沟,在沟内浇水,将幼苗按预定的株距放入,当水下渗后,及时覆平畦面。或按株距挖穴,然后浇水,以水稳苗,水渗后封穴。

7 田间管理

7.1 灌溉

茄子定植时浇足定植水,3 d~5 d后再浇1次缓苗水。门茄坐稳后,茄子需要的水分逐渐增多。根据土壤墒情和天气情况,应每隔5 d~7 d浇水1次,应保持土壤湿润。灌溉水应符合NY/T 391的要求。

7.2 追肥

门茄坐稳后进入结果期施肥1次,每亩施用尿素10 kg~15 kg和硫酸钾8 kg~10 kg,结合浇水,穴施或沟施;对茄和四门斗相继坐果膨大时,以施用速效氮肥、钾肥为主,每亩施用尿素13 kg~17 kg、硫酸钾 10 kg~12 kg。盛果中后期,每亩施用尿素 9 kg~11 kg、硫酸钾 5 kg~7 kg,每采收一批果施用 1
次。结果盛期可施叶面肥,每亩叶面喷施磷酸二氢钾 300 g、尿素 200 g,根据长势 7 d~10 d 喷施 1 次,
连续喷施 2 次~3 次。施肥应符合 NY/T 394 的要求。

7.3 病虫害防治

7.3.1 防治原则

按照"预防为主,综合防治"的植保方针,坚持"农业防治、物理防治、生物防治为主,化学防治为辅"
的防治原则。农药的使用应符合 NY/T 393 的要求。

7.3.2 常见病虫害

茄子的主要病害有青枯病、灰霉病、绵疫病、黄萎病等;主要害虫有白粉虱、蓟马、蚜虫、茶黄螨等。

7.3.3 防治措施

7.3.3.1 农业防治

选用丰产、优质、抗病虫、抗逆性强的品种;培育壮苗;选择优良的栽培环境;合理安排茬口,不重茬
栽培;科学施肥和灌溉;加强田间管理。

7.3.3.2 物理防治

采用温汤浸种;翻土晒地进行土壤消毒;安装杀虫灯诱杀蛾类等害虫;每亩安置 30 张~40 张黄板
诱杀蚜虫和白粉虱;铺设银灰色膜驱避蚜虫;人工摘除害虫卵块;充分利用防虫网等。

7.3.3.3 生物防治

利用天敌如赤眼蜂、瓢虫、草蛉等防治白粉虱、蚜虫等病虫害;积极推广植物源性农药、农用抗生素、
微生物农药等防治病虫害。如使用苦参碱防治蚜虫等。

7.3.3.4 化学防治

具体化学防治方案参见附录 A。

7.4 其他管理

7.4.1 中耕培土

缓苗后,地表干后及时中耕,深度为 7 cm~10 cm,进行培土;过 10 d 左右进行第 2 次中耕;待门茄
收获后,结合灌水施肥,进行培土。

7.4.2 整枝

及时将门茄以下的侧枝摘除,门茄以上侧枝适当整理。对于株型高大的品种,可插支架,固定植株。

7.4.3 摘叶

植株封行后及时清除下部老叶、枯黄叶及过密叶。

8 采收

根据用途和市场需求,及时分批采收。春茬可在 6 月~7 月开始采收,夏秋茬可在 7 月~8 月开始
采收。一般要看萼片与果实相连处的白色(或淡绿色)带状环大小而定,带状环不明显时,即可采收。一
般早晨采收最好。采收时用剪刀带果柄一起剪下。采收所用工具要清洁、卫生、无污染。采收后人工精
选分级包装上市,选择周围环境好,远离污染源的场所进行存放保管。

9 生产废弃物的处理

生产过程及时将残枝落叶、杂草等集中深埋或与畜禽粪便集中堆制,充分腐熟后用作有机肥料。农
药、肥料包装袋、地膜、营养钵等收集一起,集中进行无害化处理。

10 包装与储藏运输

10.1 包装

包装材料和包装标志应符合 NY/T 658 的要求。包装容器上应标明产品的名称、商标、级别、重量、

采收日期、产地及安全认证标志、认证号等。

10.2 储藏运输

茄子采收后放在阴凉通风处或者冷库中预冷，尽快降到储藏温度。机械冷藏：以温度控制 10℃～12℃，相对湿度控制在 85%～90% 为宜，库内堆码应保证气流均匀流通。气调储藏：可采用 2%～5% 氧气、3%～5% 的二氧化碳。运输工具清洁、干燥、无毒、无污染等，长距离运输需用冷藏车。储藏运输管理按照 NY/T 1056 的规定执行。

11 生产档案管理

建立绿色食品茄子生产档案。应记录产地环境条件、育苗、定植、灌溉情况、施肥情况、病虫害防治、采收、储藏等。所有记录应真实、准确、规范，并具有可追溯性；记录须保存 3 年以上。

附　录　A

（资料性附录）

黄淮海及环渤海湾地区绿色食品露地茄子生产主要病虫害防治方案

黄淮海及环渤海湾地区绿色食品露地茄子生产主要病虫害防治方案见表 A.1。

表 A.1　黄淮海及环渤海湾地区绿色食品露地茄子生产主要病虫害防治方案

防治对象	防治时期	农药名称	使用剂量	使用方法	安全间隔期,d
青枯病	苗期	蜡质芽孢杆菌可湿性粉剂（20 亿孢子/g）	100 倍～300 倍液	灌根	—
	播种、假植、移栽定植和发病初期	多黏类芽孢杆菌细粒剂(0.1 亿 CFU/g)	300 倍液	浸种	—
			0.3 g/m²	苗床泼浇	
			1 050 g/亩～1 400 g/亩	灌根	
灰霉病	发病初期	50%硫黄·多菌灵可湿性粉剂	135 g/亩～166 g/亩	喷雾	3
	花期	500 g/L 氟吡菌酰胺·嘧霉胺悬浮剂	60 mL/亩～80 mL/亩	喷雾	3
黄萎病	移栽定植时或发病初期	枯草芽孢杆菌可湿性粉剂（10 亿芽孢/g）	灌根:300 倍～400 倍液	灌根	
			药土法:2 g/株～3 g/株	药土法	
红蜘蛛	低龄幼虫期或卵孵化盛期	0.5%藜芦碱可溶液剂	120 g/亩～140 g/亩	喷雾	10
	发生初期	240 g/L 虫螨腈悬浮剂	20 mL/亩 ～30 mL/亩	喷雾	7
甜菜夜蛾	产卵高峰期至低龄幼虫盛发期	300 亿 PIB/g 甜菜夜蛾核型多角体病毒水分散粒剂	2 g/亩～5 g/亩	喷雾	—
蓟马	若虫发生始盛期	10%多杀霉素悬浮剂	17 mL/亩～25 mL/亩	喷雾	3
	发生初期	240 g/L 虫螨腈悬浮剂	20 mL/亩～30 mL/亩	喷雾	7
	低龄幼虫期	0.5%藜芦碱可溶液剂	70 mL/亩～80 mL/亩	喷雾	—
白粉虱	发生初期	25%噻虫嗪水分散粒剂	7 g/亩～15 g/亩	苗期(定植前 3 d～5 d)喷雾	3
			0.12～0.2 g/株、2 000 倍～4 000 倍液	灌根	7
蚜虫	发生初期	1.5%苦参碱可溶液剂	30 g/亩～40 g/亩	喷雾	10
注:农药使用以最新版本 NY/T 393 的规定为准。					

绿色食品生产操作规程

LB/T 087—2020

长 江 流 域
绿色食品拱棚茄子生产操作规程

2020-08-20 发布　　　　　　　　　　2020-11-01 实施

中国绿色食品发展中心 发布

前　言

本规程由中国绿色食品发展中心提出并归口。

本规程起草单位：四川省绿色食品发展中心、四川农业大学、乐山师范学院、中国绿色食品发展中心、绵阳市涪城区农业局、广元市农业局、上海市农业科学院、湖北省绿色食品管理办公室、湖南省绿色食品办公室、重庆市农产品质量安全中心、云南省绿色食品发展中心。

本规程主要起草人：周熙、严泽生、尹鹏、宫凤影、马雪、宋绍明、魏榕、周涛、吴雪霞、郭征球、刘新桃、张海彬、康敏、彭春莲、孟芳、敬勤勤。

长江流域绿色食品拱棚茄子生产操作规程

1 范围

本规程规定了长江流域绿色食品拱棚茄子栽培的产地环境、主要茬口与品种选择、育苗、定植、田间管理、采收、储藏运输、生产废弃物处理和生产档案管理。

本规程适用于上海、江苏南部、浙江、安徽南部、江西、湖北、湖南、重庆、四川、贵州和云南北部的绿色食品拱棚茄子生产。

2 规范性引用文件

下列文件对于本文件的应用是必不可少的。凡是注日期的引用文件，仅注日期的版本适用于本文件。凡是不注日期的引用文件，其最新版本（包括所有的修改单）适用于本文件。

GB 16715.3 瓜菜作物种子 茄果类

NY/T 391 绿色食品 产地环境质量

NY/T 393 绿色食品 农药使用准则

NY/T 394 绿色食品 肥料使用准则

3 产地环境

应选择连续 3 年未种植过茄果类作物、排灌方便、地下水位较低、透气性良好、富含有机质的沙壤土。基地应相对集中连片，距离公路主干线 100m 以上，交通方便，符合 NY/T 391 的要求。

4 主要茬口与品种选择

4.1 主要茬口

塑料大棚早春栽培 9 月～11 月播种，翌年 2 月～3 月定植，4 月中旬至 5 月中旬开始上市；塑料大棚秋延后栽培 5 月～6 月播种，6 月～7 月定植，8 月～9 月开始上市，可采收到翌年 1 月。

4.2 品种选择

4.2.1 品种选择原则

依当地气候条件、栽培季节和市场需求选择适宜品种，注意保持品种多样性。选择抗病、优质、高产、耐储运、商品性能佳的品种。种子质量应符合 GB 16715.3 的要求。

4.2.2 品种选择

大棚早春栽培应选择华夏骄子、川宝 2 号、蓉杂茄 8 号等高抗病毒、耐寒和耐弱光的品种。大棚秋季栽培应选丰盛骄王、墨茄王、神龙丰八号、龙宝等抗黄萎病、耐热、耐涝的品种。

5 育苗

5.1 育苗设施设备与消毒

5.1.1 育苗设施设备

育苗设施一般为连栋温室、日光温室、塑料大棚等；冬春育苗配套加温、补光、通风、灌溉等设备，夏秋育苗配套降温、遮阳、通风、灌溉等设备。

5.1.2 育苗设施设备的消毒

育苗场地、拱棚、棚膜、保温被及整个生产环节所用到的器具都要进行消毒。场地、棚膜等用多菌灵烟雾剂密闭消毒,操作工具用次氯酸钠(0.3%～1.0%)消毒。

5.2 营养土配制与消毒

5.2.1 营养土配制

用 3 年～5 年未种过茄科蔬菜的熟土或风干稻田土、河塘泥 6 份～7 份与充分腐熟并筛细的有机肥 3 份～4 份混合成育苗营养土,按营养土重量 0.1%～0.2%加入过磷酸钙。提倡使用专用育苗基质。

5.2.2 土床消毒

5.2.2.1 药剂消毒

选用适宜绿色食品生产的苗床消毒剂,如 50%多菌灵可湿性粉剂。

5.2.2.2 高温消毒

夏季高温季节闭棚或田间灌水后覆膜 7 d～10 d。

5.3 种子处理

种子播种前先晾晒 1 d～2 d,根据防病要求选一种或几种综合使用。

5.3.1 干热消毒

将含水量10%以下的种子放于70℃恒温箱内处理72 h,预防病毒病。

5.3.2 温汤浸种

将种子在 50℃～55℃的温水中浸种 20 min,保持温度 50℃～55℃。搅拌至水温降至 30℃止,继续浸种 4 h～6 h,预防真菌性病害。

5.3.3 药剂浸种

将种子在冷水中预浸 10 h～12 h,再用 50%多菌灵可湿性粉剂 500 倍液浸种 1 h。

5.4 催芽

浸种后保持种子湿润,在 28℃～30℃条件下催芽,每天清洗种子 1 次,3 d～5 d 出芽,80%以上出芽后播种。

5.5 育苗

用穴盘或营养钵育苗。气温低于 20℃时覆盖薄膜保温、保湿,幼芽出土近一半时及时掀去薄膜。有条件的地区提倡嫁接育苗,嫁接时选择耐旱、耐寒、抗病能力强等特性的砧木。

5.6 壮苗标准

5.6.1 早春栽培壮苗标准

茄苗有 8 片～10 片叶,茎高 15 cm～20 cm,茎粗 0.6 cm 左右,节间短,现蕾。

5.6.2 秋季栽培壮苗标准

茄苗有 6 片～8 片叶,茎高 10 cm～15 cm,茎粗 0.5 cm 左右,根系发达、须根多。

6 定植

6.1 整地施基肥

清除前茬残留物,深翻晒土 1 周。以腐熟有机肥作基肥,施用量可视土壤营养状况及有机肥的质量而定,通常每亩可施入腐熟有机 3 000 kg～5 000 kg、过磷酸钙 50 kg～80 kg、硫酸钾 10 kg～15 kg。肥料使用应符合 NY/T 394 的要求。推广使用生物有机肥。

6.2 大棚准备与消毒

6.2.1 大棚准备

定植前 15 d～20 d 扣棚膜和防虫网,秋季栽培最好在顶膜上加盖遮阳网。

6.2.2 大棚消毒

6.2.2.1 早春栽培可用熏蒸消毒,用硫黄粉密闭熏蒸 24 h～48 h,定植前打开棚室通风口,待药味散

尽后定植。

6.2.2.2 秋季栽培可用高温闷棚消毒,彻底清洁大棚,深翻土壤,灌大水,用塑料薄膜覆盖棚内土壤,在太阳下密闭暴晒 15 d~25 d。

6.3 合理定植

6.3.1 早春栽培当 10 cm 地温稳定通过 13℃时进行定植,每亩密度为 2 200 株~2 600 株。

6.3.2 秋季栽培在 8 月上旬进行定植,每亩密度为 2 000 株左右。

7 田间管理

7.1 施肥

7.1.1 施肥原则

重施底肥、合理追肥。以有机肥为主,在保障营养有效供给的基础上减少化肥用量,控制氮肥用量,增施磷钾肥。推行平衡施肥、测土配方施肥。肥料的使用应符合 NY/T 394 的规定。

7.1.2 追肥

根据植株生长情况追肥。在现蕾时,每亩施用 15%~20%腐熟人畜粪尿 1 000 kg~1 500 kg。在始花坐果期,每亩施用 20%~25%腐熟人畜粪尿 1 500 kg~2 000 kg、磷酸二铵 8 kg~10 kg。四门斗茄膨大期,每亩施用 30%~40%腐熟人畜粪尿 2 500 kg~3 000 kg、硫酸钾 3 kg~4 kg。结果盛期,每亩施用 30%~40%腐熟人畜粪尿 2 500 kg~3 000 kg、硫酸钾 3 kg~4 kg。

在有条件的地区可建设水肥一体化灌溉系统。

7.2 灌溉

保持土壤呈湿润状态,雨季应注意排水,避免沤根;伏旱期应灌溉,避免早衰。灌溉水质应符合 NY/T 391 的要求。建议采用浇灌、沟灌,有条件地区提倡微喷灌、滴灌。

7.3 病虫草害防治

7.3.1 主要病虫害

主要病虫害为灰霉病、蚜虫、红蜘蛛等。

7.3.2 防治原则

坚持"预防为主,综合防治"的原则,优先采用农业措施,尽量利用物理和生物措施,合理使用低风险农药。农药的使用应符合 NY/T 393 的要求。

7.3.3 农业防治

选用抗病虫品种,严格实施轮作制度,避免与茄科蔬菜连作,培育适龄壮苗,清洁田园,深翻炕土,减少越冬虫源;采用高垄地膜覆盖栽培;合理密植,科学施肥和灌水,培育健壮植株。

7.3.4 物理防治

利用黄色黏虫板诱杀蚜虫、频振杀虫灯诱杀斜纹夜蛾等害虫。利用覆盖塑料薄膜进行高温闷棚,杀灭棚内及土壤表层的病原菌、害虫和线虫等。覆盖有色地膜或无纺布防治杂草。

7.3.5 生物防治

利用自然天敌如瓢虫、草蛉、蚜茧蜂等对蚜虫自然控制。使用植物源农药、农用抗生素、生物农药等防治病虫害,如使用苦参碱防治蚜虫等。

7.3.6 化学防治

根据病虫害的预测预报,及时掌握病虫害的发生动态,严格按照 NY/T 393 的规定选用生物制剂或高效、低毒、低残留、与环境友好的农药,提倡兼治和不同作用机理农药交替使用;采用适当施用方式和器械进行防治。主要病虫草害及部分推荐农药参见附录 A。

7.4 田间其他管理

生长过程中,及时摘除基部老黄叶、病叶及过密枝叶。早春熟栽培可适度整枝,通常门茄以下侧枝摘除,留主干与 1 个～2 个分枝。

8 采收

8.1 采收时间

根据市场需求和成熟度分批及时采收。

8.2 采收方法

用剪刀带果柄剪下果实,轻拿轻放,防止机械损伤。

8.3 采后处理

剔除病、虫、伤果,清洗泥沙,达到感观洁净。根据大小、形状、色泽进行分级包装。包装储存容器要求洁净、无污染,不得混装混运,避免二次污染。

9 储藏运输

9.1 储藏

临时储藏应在阴凉、通风、清洁、卫生的条件下,堆码时应轻卸、轻装。冷藏储藏温度宜在 10℃～14℃、相对湿度宜在 90%～95%,采收茄子应入库前预冷到 9℃～12℃。

9.2 运输

运输工具应清洁、干燥、无毒、无污染、无异物。短途运输时,严防日晒雨淋。长途运输时,装运之前宜将温度预冷到 9℃～12℃,运输温度 10℃～14℃。运输时间在 10h 以内可用保温车,运输时间超过 10 h 最好采用冷藏车。运输过程中,采取通风措施,空气相对湿度控制在 90%～95%。

10 生产废弃物处理

生产过程中使用的农药、肥料等投入品包装应集中收集处理,病叶、残枝败叶和杂草清理干净,集中粉碎,进行无害化处理,堆沤有机肥料循环使用,保持田间清洁。

11 生产档案管理

生产者需建立生产档案,记录品种、施肥、病虫害防治、采收及田间操作管理措施等;所有记录应真实、准确、规范,并具有可追溯性;生产档案应有专人专柜保管,至少保存 3 年。

附　录　A
（资料性附录）
长江流域绿色食品拱棚茄子生产主要病虫害防治方案

长江流域绿色食品拱棚茄子生产主要病虫害防治方案见表 A.1。

表 A.1　长江流域绿色食品拱棚茄子生产主要病虫害防治方案

防治对象	防治时期	农药名称	使用剂量	施药方法	安全间隔期,d
灰霉病	发生初期	20%二氯异氰尿酸钠可溶粉剂	187.5 g/亩～250 g/亩	喷雾	3
		50%硫黄·多菌灵可湿性粉剂	135 g/亩～166 g/亩	喷雾	3
蚜虫	发生期	1.5%苦参碱可溶液剂	30 mL/亩～40 mL/亩	喷雾	10
注:农药使用以最新版本 NY/T 393 的规定为准。					

绿色食品生产操作规程

LB/T 088—2020

华南与西南热带地区
绿色食品冬春茄子生产操作规程

2020-08-20 发布

2020-11-01 实施

中国绿色食品发展中心 发布

前　　言

本规程由中国绿色食品发展中心提出并归口。

本规程起草单位：福建省绿色食品发展中心、福建省农业科学院作物研究所、中国绿色食品发展中心、广东省绿色食品发展中心、广西壮族自治区绿色食品办公室、云南省绿色食品发展中心、海南省绿色食品办公室。

本规程主要起草人：薛珠政、周乐峰、熊文恺、杨芳、陈媛、张宪、胡冠华、陆燕、刘萍。

华南与西南热带地区绿色食品冬春茄子生产操作规程

1 范围

本规程规定了华南与西南热带地区绿色食品冬春茄子栽培的产地条件、品种及种苗选择、种苗管理、定植管理、水肥管理、病虫害防治、采收、生产废弃物处理、包装储运和生产档案管理。

本规程适用于福建、广东、海南、云南南部及广西等地的冬春茄子的生产。

2 规范性文件引用

下列文件对于本文件的应用是必不可少的。凡是注日期的引用文件，仅注日期的版本适用于本文件。凡是不注日期的引用文件，其最新版本（包括所有的修改单）适用于本文件。

NY/T 391 绿色食品 产地环境质量

NY/T 393 绿色食品 农药使用准则

NY/T 394 绿色食品 肥料使用准则

NY/T 655 绿色食品 茄果类蔬菜

NY/T 658 绿色食品 包装通用准则

NY/T 1056 绿色食品 储藏运输准则

3 产地条件

3.1 产地选择

应选择至少1年以上未种植过茄科作物的土地，土壤疏松，土层深厚，通透性好，排灌便利，不受工业"三废"及农业、生活、医疗废弃物污染，生态环境良好的农业生产区域。产地环境质量应符合 NY/T 391 的要求。

3.2 茬口安排

茄子属喜温耐热蔬菜，冬春茬一般采用大苗定植，每年11月上旬至12月上旬育苗，翌年春季定植。

4 品种及种苗选择

4.1 品种选择原则

根据茄子种植区域和生长特点，选择适合当地生长的适应性广、抗病性强、优质、高产品种；优先推荐选用当地自育品种。

4.2 种苗选择

4.2.1 推荐购买种植源自绿色食品产地的或生产记录齐全、来源可追溯的商品苗（含嫁接苗）。

4.2.2 生产中推荐优先使用嫁接种苗。

5 种苗管理

5.1 嫁接苗的培育

5.1.1 砧木和接穗品种的选择

砧木要选用生长势强、根系发达，对茄子的黄萎病、枯萎病、青枯病、线虫病等主要土传病害达到高抗的品种，且具备一定的耐湿、抗寒、抗旱等特性，目前生产上主要砧木用托鲁巴姆、野生茄子等。

接穗品种根据当地的食用习惯，按照4.1的要求选择适合品种。

5.1.2 播种期确定

早春采用拱棚茄子嫁接育苗,砧木经浸种催芽后播种,根据当地气候,接穗较砧木晚播 15 d～25 d。

5.1.3 茄子嫁接

5.1.3.1 常用劈接法

砧木苗 5 片～6 片叶、接穗苗 3 片～4 片叶是嫁接适宜时期,先将砧木保留 2 片～3 片叶,用刀片横切砧木茎,去掉上部,再由茎中间劈开,向下纵切 1 cm～1.5 cm,然后将接穗取下保留上部 2 片～3 片叶,用刀片切掉下部,把切口切成 1 cm～1.5 cm 长的楔形,楔形的大小应与砧木切口相当,随即将接穗插入切口,注意两个切口表皮要对齐,用嫁接夹夹好。

5.1.3.2 靠接法

砧木 4 片～5 片真叶,高 12 cm 以上,接穗 3 片～4 片叶,砧木切口选在第 2 片真叶和第 3 片真叶之间,切口由上到下角度 30°～40°,切口长 1 cm～1.5 cm,宽为茎粗的 1/2,同时将接穗连根拔出,在接穗和砧木切口相匹配的部位自下而上斜切,角度、长度、宽度同砧木切口,然后把接穗的舌形切口插入砧木的切口中,使两切口吻合,并用嫁接夹固定好。

5.1.3.3 斜切接(贴接)

用刀片至砧木 2 片真叶上方斜切,斜面长 1 cm～1.5 cm,角度 30°～40°,去掉顶端;接穗保留 2 片～3 片真叶,削成一个与砧木相反的斜面(去掉下端),然后与砧木贴合在一起,用夹子固定好。

5.1.4 嫁接后的管理

嫁接后尽快将苗子移入小拱棚中遮阳,充分浇水,前 6 d～7 d 不通风,保持 95％以上的湿度,白天 25℃～28℃,夜间 20℃～25℃。嫁接后前 3 d～4 d 要全部遮光,以后半遮光,随着伤口愈合逐渐通风,通风期间要保持较高的空气湿度,完全成活后转入正常管理。

5.2 育苗移栽

5.2.1 苗床育苗

营养土可采用 50％菜园土加腐熟厩肥 20％～30％及草木灰或加炭化砻糠 20％～30％及 0.1％～0.2％的过磷酸钙,每立方米营养土用 70 ％代森锌 60 g 或 50％多菌灵 40 g 用于苗床土消毒,苗床厚度 10 cm。

5.2.2 营养袋育苗

营养袋直径 8 cm～10 cm,高度 8 cm～10 cm,袋口应留出 1 cm 左右,以便浇水。

5.2.3 播种

5.2.3.1 种子处理

根据种植季节和种植方式,选择籽粒饱满、纯度好、发芽率高、发芽势强的种子。可采用温汤浸种:用 52℃～55℃温水浸种 15 min,浸种时先倒水,后放种子,并不断搅拌,当水温降到 30℃后再静置 20 h～24h,反复搓洗,搓去种子表面黏液。

5.2.3.2 催芽

浸种后将种子搓洗干净、捞出并沥去水分,用干净湿布包好,置 25℃～30℃下催芽。早晚用清水洗净种子表面黏液,待 50％种子吐白后及时播种。

5.2.4 育苗

播种时在营养袋或穴盘中间扎小穴,将种子放入,覆盖营养土 0.5 cm～1.0 cm,出苗前应注意保持土壤湿润。苗床育苗可采用条行播,有利于苗期管理。

5.3 苗期管理

5.3.1 温湿度管理

春季栽培播种后应搭盖小拱棚保温。出苗前应闷棚保温,并保持土壤湿润。当有大量芽拱土时,晴天可掀开拱棚一角适当通风,如土壤干燥,应轻喷水。苗期要防止幼苗徒长,白天遇高温应及时揭拱膜,晚上盖好。尽量减少浇水次数,以保持土表有 0.5 cm 的干燥层,0.5 cm 以下保持湿润。

5.3.2 分苗

嫁接苗种:砧木苗长到 2 片~3 片叶时,于营养钵中分苗,接穗苗稀播的可不分苗。

幼苗长到 2 片~3 片真叶时在晴天进行分苗,分苗前一天用水浇透苗床,分苗时去除劣苗,尽量带土,减少伤根。冬季育苗的,分苗后适当提高苗床温度,如采用大棚育苗,有条件的在低温时可进行加热保温。缓苗后,如表土干燥,可淋一次缓苗水,促幼苗生长,水量以润透床土为宜。幼苗旺盛生长期控温不控水。

6 定植管理

6.1 整畦

整畦前,酸性较强土壤(黄红壤)整畦时每亩施入 100 kg~150 kg 的石灰,调节土壤 pH 至 6.0~7.0,深耕晒垡。每亩施腐熟有机肥 2 000 kg~2 500 kg 加 45％三元复合肥 20 kg 或 45％三元复合肥 40 kg 并加过磷酸钙 15 kg 作基肥。整成宽 1.3 m~1.5 m(带沟)、高 30 cm 的龟背形高畦。

6.2 定植

春季栽培采用大苗定植,当早春气候回暖、气温稳定在 12℃即可定植,每畦定植 2 行,株距 40 cm~45 cm,亩植 1 600 株~1 800 株。晴天下午带土移栽并及时点浇定根水,每天浇 1 次~2 次,直到成活。定植后及时搭盖小拱棚保温,促进缓苗成活。定植后宜晴天白天揭开小拱棚,晚上盖棚保温;阴天如湿度过大,可于中午前后揭开小拱棚两头通风降湿。气温升高,植株较大时,可去除拱棚。秋季栽培定植后要注意防范高温、暴雨造成田间缺苗,及时查苗、补苗。

6.3 植株调整

茄子一般不进行整枝。门茄坐稳后,除去门茄以下的分枝全部,以免枝叶过多,通风不良。但为提高早期产量,肥力较高、长势强的田块可于主干第一花序下的叶腋下留 1 个~2 个分枝,以增加同化面积及结果数。当基部叶片长成又大又厚的老叶,要及时摘除,以调整植株间的通风和透光状况。

7 水肥管理

7.1 水分管理

茄子单叶面积大,水分蒸腾较多,田间保持 80％的土壤相对湿度,看墒情、看苗情结合施肥浇水,南方雨季要注意及时清沟排水。

7.2 肥料管理

7.2.1 施肥原则:

以有机肥为主,化肥为辅,减量施用化肥,有机无机结合施用;以施足基肥为主,适当看苗追肥为辅。肥料的选择和使用应符合 NY/T 394 的要求。按亩产 1 000 kg 需纯氮(N)3 kg、磷(P_2O_5)1 kg、钾(K_2O)5 kg肥料的方式计算,采用当地测土配方施肥技术。

7.2.2 施肥

定植后 4 d~5 d,缓苗成活后追肥提苗。用充分腐熟的稀人粪尿或 0.4％的尿素施 1 次提苗肥,茄子开花前用 0.8％的三元复合肥继续追肥 1 次。开花后如植株长势良好,不施肥;如植株较弱,可用20％~30％浓度的腐熟有机肥浇施 1 次。开花后控制肥水,避免引起枝叶生长过旺,导致茄子落花落果。门茄坐果后,对肥水的需求量开始加大,应及时浇水追肥,每亩追腐熟有机粪肥 500 kg~1 000 kg 或磷酸二铵 15 kg。以后每隔 10 d~15 d 追肥 1 次,采果后每采收 1 次,需追肥 1 次,每次施 45％三元复合肥 20 kg~25 kg。茄子生长后期,可用 0.3％的尿素或磷酸二氢钾等营养液进行根外追肥。根外追肥宜选在晴天傍晚进行。

8 病虫害防治

8.1 防治原则

按照"预防为主,综合防治"的植保方针,坚持"农业、物理、生物防治为主,化学防治为辅"的防治原则。推广绿色防控技术,病虫害危害造成较大影响时辅以化学防治,农药的选择和使用应符合 NY/T 393 的要求。

8.2 常见病虫害

8.2.1 主要病害

茄子主要病害有绵疫病、青枯病、黄萎病、褐纹病等。

8.2.2 主要虫害

茄子主要虫害有蚜虫、红蜘蛛、茄二十八星螵虫、茄黄斑螟。

8.3 防治措施

8.3.1 农业防治

应制订轮作计划,与禾本科等非茄科作物的 3 年轮作计划,避免重、迎茬;选用抗病虫强的品种;采收后清洁田园及时清除残株败叶;生长过程中发现病虫叶、病虫果、病虫核心株应及时摘除并集中处理。

绵疫病预防要采用宽垄密植方式,生长过程中要勤打老叶,雨后及时排水;种植时要整高畦,开深沟。

青枯病预防要忌与豆科作物连作,种植时要整高畦,开深沟。

黄萎病预防要选用抗病品种,实施轮作,肥料以有机肥为主,并增施磷、钾肥,提高植株抗病能力。

病毒病预防要选用适宜抗病品种;实行两年以上的轮作;定植后加强水肥管理,培育壮苗,提高抗病力;

红蜘蛛预防要合理灌溉和施肥,促进植株健壮,提高抗螨能力;在天旱时及时灌水,提高株间空气湿度,制造不利于红蜘蛛生长的环境。

茄黄斑螟预防,采收后及时处理残株、落叶,清除杂草,清洁田园,以减少越冬虫源;及时剪除被害植株嫩梢并带出田间处理。

8.3.2 物理防治

施用适量石灰降低发病率。

青枯病:南方酸性土壤种植茄子,应将土壤的微酸性调至微碱性;发病初期用 20％石灰水进行灌根,每株灌兑水的药液 0.3 L～0.5 L。

褐纹病:种子先在 52℃～55℃温水中浸 15 min,再移入常温水浸种,可有效减轻病害发生。

蚜虫:用银灰色膜驱蚜,用黄板诱杀有翅蚜,灯光诱杀成虫。

茄二十八星螵虫:采用人工捕成虫,利用其成虫假死性,拍打使之坠落,收集杀灭。

茄黄斑螟:利用防虫网栽培,阻隔成虫在植株上产卵。

8.3.3 生物防治

红蜘蛛发生密度较小时,释放捕食螨;茄黄斑螟发生在茄黄斑螟卵始盛期至高峰期释放姑岭草蛉、瓢虫等天敌。

8.3.4 化学防治

推荐化学农药使用方案参见附录 A。

9 采收

采收适期应看萼片与果实相连处白色或淡绿色条带,当条带趋于不明显或正在消失的时候,即应采收。采收时间最好在 8:00 前,其次在傍晚,采后有利于储藏与运输。采收后进行分级,统一规格。采时注意农药安全间隔期,产品质量应符合 NY/T 655 要求。

10 生产废弃物处理

在生产基地内,建立废弃物与污染物收集设施,各种废弃物与污染物要分门别类收集。集中统一无害化处理。未发生病虫害的秸秆、落叶收割后直接还田,通过翻耕压入土壤中补充土壤有机质,培肥地力;人工摘除的发生病虫害的秸秆、落叶要及时专池处理。

11 包装储运

11.1 包装

包装物应使用可重复利用、易降解、不造成产品污染的材料,产品的包装上应按要求加施绿色食品标志,包装应符合 NY/T 658 的要求。

11.2 储运

应按销售计划采收,尽快销售,不宜储存,临时短期储藏的地点应通风、清洁、卫生,严防雨淋及有毒物质的污染。运输工具在装载前应清理干净,防止二次污染。储运过程应符合 NY/T 1056 的要求。

12 生产档案管理

要建立生产档案。做好记录,应有整地、种子处理、播种、肥水管理、病虫草害的发生和防治、采收及采后处理、包装、储运等情况的生产记录,生产记录保存 3 年以上,做到生产全程可追溯。

附　录　A

（资料性附录）

华南与西南热带地区绿色食品冬春茄子生产主要病虫害防治方案

华南与西南热带地区绿色食品冬春茄子生产主要病虫害防治方案见表 A.1。

表 A.1　华南与西南热带地区绿色食品冬春茄子生产主要病虫害防治方案

防治对象	防治时期	农药名称	使用剂量	使用方法	安全间隔期,d
青枯病	播种、假植、移栽定植和发病初期	0.1 亿 CFU/g 多黏类芽孢杆菌细粒剂	300 倍液	浸种	—
			0.3 g/m²	苗床泼浇	
			1 050 g/亩～1 400 g/亩	灌根	
		20 亿孢子/g 蜡质芽孢杆菌可湿性粉剂	100 倍液（苗期）	蘸根种植	—
			100 倍～300 倍液（生长期）	灌根	
黄萎病	移栽定植时或发病初期	10 亿芽孢/g 枯草芽孢杆菌可湿性粉剂	300 倍～400 倍液	灌根	—
			2 g/株～3 g/株	药土法	
蚜虫	发生初期	1.5% 苦参碱可溶液剂	30 mL/亩～40 mL/亩	喷雾	10
红蜘蛛	若螨期、幼虫初期、发生盛期	240 g/L 虫螨腈悬浮剂	20 mL/亩～30 mL/亩	喷雾	7
		0.5% 藜芦碱可湿性粉剂	120 g/亩～140 g/亩	喷雾	10
注:农药使用以最新版本 NY/T 393 的规定为准。					

绿色食品生产操作规程

LB/T 089—2020

东 北 地 区
绿色食品日光温室芹菜生产操作规程

2020-08-20 发布

2020-11-01 实施

中国绿色食品发展中心 发布

前　言

本规程由中国绿色食品发展中心提出并归口。

本规程起草单位:黑龙江省绿色食品发展中心、中国绿色食品发展中心、黑龙江省经济作物技术指导站、辽宁省绿色食品发展中心、吉林省绿色食品办公室、内蒙古自治区绿色食品发展中心。

本规程主要起草人:徐晓伟、赵勇、崔佳欣、张志华、胡广欣、谷照星、杨成刚、于铭、张雪晗、李春英、刘玺杰、叶博、候柏森、郝贵宾、刘明贤、曲云凤、刘强。

东北地区绿色食品日光温室芹菜生产操作规程

1 范围

本规程规定了绿色食品日光温室芹菜的产地环境、品种选择、整地和播种、田间管理、采收、生产废弃物处理、运输储藏及生产档案管理。

本规程适用于内蒙古东部、辽宁北部、吉林和黑龙江中南部的绿色食品日光温室芹菜的生产。

2 规范性引用文件

下列文件对于本文件的应用是必不可少的。凡是注日期的引用文件，仅注日期的版本适用于本文件。凡是不注日期的引用文件，其最新版本（包括所有的修改单）适用于本文件。

GB 16715.5 瓜菜作物种子 第 5 部分：绿叶菜类

NY/T 391 绿色食品 产地环境质量

NY/T 393 绿色食品 农药使用准则

NY/T 1056 绿色食品 储藏运输准则

3 产地环境

应选择生态环境良好、无污染的地区，远离工矿区和公路、铁路干线，避开污染源。土壤质量、灌溉水质和空气气质量应符合 NY/T 391 的要求。

宜选择有机质丰富、保水保肥力强的疏松壤土或轻黏土栽培；土壤酸碱度范围为 pH 6.5～7.5；芹菜生长期适宜温度为 15℃～24℃。

4 品种选择

4.1 选择原则

根据种植季节和方式，选择不分蘖、生长快、高产、抗病、品质优良的品种。

4.2 品种选用

a) 本芹品种可选择：津南实芹 2 号、马厂芹菜、天津白庙芹菜、辽宁实心芹、菊花大叶等；

b) 西芹品种可选择：四季西芹、中芹 1 号、美国高尤它、文图拉、加州王、意大利冬芹、荷兰帝王等。

4.3 种子处理

4.3.1 选种

种子质量应符合 GB 16715.5 的要求，纯度不低于 93％、净度不低于 98％、发芽率不低于 70％、含水量低于 8％。

4.3.2 催芽

将种子晾晒 2 d～3 d，用 50℃恒水温浸泡种子 30 min，其间不断搅拌然后取出放入凉水中浸种 24 h，浸种过程中搓洗几遍以利于种子吸水。然后用清水淘洗干净，略晾一会用湿布包好，再加盖湿麻袋片保湿，放在 15℃～20℃条件下催芽。催芽期间每天早、晚各用清水冲洗 1 次，保持种子清洁、湿润、通气，从而使发芽均匀。催芽温度保持 15℃～20℃，经 5 d～7 d，80％种子发芽时，即可播种。

5 整地和播种

5.1 整地要求

前茬不应为伞形科作物,播种前应深翻,晒茬,耙平,作成宽 1 m～1.2 m、埂高 10 cm～15 cm 的栽培畦,根据具体情况确定畦长。

5.2 播种时间

温室四季均可种植,播种时间为定植期前 55 d～65 d。

5.3 播种量

每亩温室需播种畦面积 50 m²,播种量为 250 g。为了选择长势旺的大苗移栽,播种量可增加到 300 g。

5.4 播种方法

每立方米土中施入充分腐熟农家肥 20 kg～25 kg,氮磷钾三元复合肥(15-15-15)1 kg。耕翻细耙,制成营养土,畦面铺 10 cm 厚营养土。如用穴盘育苗,则用 126 孔的塑料穴盘,装入体积 2:1 的草炭与蛭石配合的基质备用。

5.5 播种密度

每穴 3 株定植,西芹株行距为 10 cm×25 cm,本芹株行距为 10 cm×15 cm。

6 田间管理

6.1 灌溉

定植后及时浇水。待表土干湿适宜时,及时中耕松土,进行蹲苗。当心叶变绿时结束蹲苗。一般可结合追肥每 4 d～5 d 浇水 1 次,保持土壤湿润,有利于生长。采收前 7 d～10 d 停止浇水、施肥。

6.2 施肥

6.2.1 基肥

结合深松整地,一般施用充分腐熟农家肥 6 000 kg/亩,氮磷钾三元复合肥(15-15-15)25 kg/亩～30 kg/亩,或磷酸二铵 20 kg/亩、硫酸钾 10 kg/亩。缺硼的地块施硼砂 0.5 kg/亩～1 kg/亩。

6.2.2 追肥

一般隔一次水追一次肥,每次施氮磷钾三元复合肥(15-15-15)10 kg/亩～15 kg/亩。中后期喷施叶面肥防止早衰。成长需充足肥料,全生育期内必须充分供应氮、磷、钾及钙、硼等中微量元素肥料。在内层叶开始旺盛生长时,采用水肥一体化技术,每亩追施高氮型水溶性复合肥 10 kg 左右,收获前 30 d 不应施用速效氮肥。

6.3 病虫害防治

6.3.1 防治原则

按照"预防为主,综合防治"的植保方针,坚持"农业防治、物理防治、生物防治为主,化学防治为辅"的防治原则。农药使用应符合 NY/T 393 的要求。

6.3.2 常见病虫害

a) 常见病害:斑枯病、霜霉病、菌核病、软腐病、病毒病等;
b) 常见虫害:潜叶蝇、蚜虫、粉虱等。

6.3.3 防治措施

6.3.3.1 农业防治

选择抗病品种,根据当地主要病虫害控制对象,选用抗病性、抗逆性强优良品种;清洁田园,及时摘除病叶、病果、拔除病株,带出地块进行无害化处理,降低病虫害基数;加强苗床环境控制,培育适龄壮苗;加强养分管理,提高抗逆性;加强水分管理,严防干旱和积水;结果后期摘除基部老叶、黄叶;实行严格的轮作制度,与非豆类作物轮作 3 年以上;温室采用无滴膜,起垄盖地膜。

6.3.3.2 物理防治

在温室内悬挂黄色黏虫板诱杀白粉虱、蚜虫、潜叶蝇等害虫,30 cm×20 cm 的黄板每亩放 30 块～40 块,悬挂高度与植株顶部持平或高出 5 cm～10 cm,并在棚室入口处张挂银灰色反光膜避蚜虫。在夏季覆盖薄膜,利用太阳能进行高温闷棚,杀灭棚内及土壤表面的虫、菌、卵等。放风口用防虫网封闭,夏季育苗和栽培应采用防虫网和遮阳网,防虫栽培。

6.3.3.3 生物防治

利用瓢虫、草蛉、丽蚜小蜂等昆虫天敌捕食害虫;应用有益微生物及其代谢产物防治病虫。

6.3.3.4 化学防治

农药使用应符合 NY/T 393 的要求。主要病虫害防治方案参见附录 A。

6.4 其他管理措施

6.4.1 育苗

出苗前,苗床气温白天保持 20℃～25℃,夜间 10℃～15℃。冬春季育苗,要注意加盖地膜和草苫保温。夏秋季育苗,应采用遮阳网覆盖,遮阳降温。齐苗后,白天保持 18℃～22℃,夜间不低于 8℃。当幼苗第 1 片真叶展开后,进行初次间苗,苗距以 1 cm～1.5 cm。以后再进行 1 次～2 次间苗,苗距以 2 cm～3 cm 为宜,穴盘育苗保持每穴 3 株～4 株。幼苗期,早晨或傍晚各喷 1 次水。2 片～3 片叶后,育苗期间,要注意浇小水,保持土壤湿润。幼苗长到 4 片～5 片叶时,要注意控水。2 片～3 片叶时,如长势弱、缺肥,用 0.5%～0.6% 的尿素加少量的钙肥、钾肥淋施,或叶面喷施 0.2% 的尿素溶液。

6.4.2 定植

苗龄 50 d 左右,幼苗长至 10 cm～12 cm 高、5 片～6 片叶时可进行定植;定植后立即浇定植水,如遇高温及时拉上遮阳网,低温时节及时覆膜闭棚至缓苗。

6.4.3 温度管理

缓苗期白天 22℃～25℃,夜间不低于 18℃。冬季栽培关键是温度管理,盖膜初期,外界温度较高,应加强放风降温。生长期间,设施内白天温度保持在 15℃～20℃,最高不超过 25℃,夜间保持在 6℃以上。

6.4.4 植株调整

缓苗后,当芹菜长至 20 cm～25 cm 高时及时定苗,每穴留 1 株,定苗后及时灌水封穴。

7 采收

7.1 采收时间

芹菜要适时收获。本芹在叶柄高 50 cm～60 cm 时开始掰收,西芹一般在植株高度达 70 cm 左右、单株重 1 kg 以上时一次性收获。

7.2 采收方法

采收前一天浇 1 次水。每株有成叶 5 片～6 片,一般收获 1 片～3 片,留 2 片～3 片。收获时,掰大不掰小,不要伤及其他叶片,并留足一定数量的叶片。以后可根据市场需要和定植下茬蔬菜的需要,分次掰收,一般每隔 20 d～30 d 掰收 1 次。采收后,要清除黄叶、烂叶和老叶。掰收后不要马上浇水,大约在收后 1 周,心叶开始生长,掰收伤口已经愈合时,再进行施肥灌水,每亩追施硫酸铵 10 kg～15 kg。

最后一次采收,在短缩茎下边用刀,将整株割下,整理后捆把上市。割收时,注意不要割散叶片。整个冬季,一般每株可连续收 3 次～5 次,采收期达 100 d 左右。

8 生产废弃物的处理

地膜、农药包装物等废弃物不能随意丢弃,应收集整理,送交指定回收点统一销毁。残叶等应收集沤肥,进行循环利用。

9 运输储藏

9.1 运输

宜专用车辆运输,运输前应彻底清扫、清洗车厢。运输应符合 NY/T 1056 的要求。

9.2 储藏

芹菜无黄、干枯、烂叶,叶梗鲜绿、健壮、无病虫害、不伤热,不冻结。储藏应符合 NY/T 1056 的要求。

a) 窖藏:窖温调控。采收后入窖,窖内温度以−3℃～−2℃为宜;

b) 气调储藏:2%～3%氧气和 4%～5%二氧化碳,可以有效地保持芹菜的储藏品质。温度宜在 0℃～1℃,相对湿度 90%～95%。

10 生产档案管理

生产全过程,要建立质量追溯体系,健全生产记录档案,包括地块档案和整地、播种、定植、灌溉、施肥、病虫害防治、采收、储藏和销售记录等。记录保存期限不得少于 3 年。

附 录 A

（资料性附录）

东北地区绿色食品日光温室芹菜生产主要病虫害防治方案

东北地区绿色食品日光温室芹菜生产主要病虫害防治方案见表 A.1。

表 A.1 东北地区绿色食品日光温室芹菜生产主要病虫害防治方案

防治对象	防治时期	农药名称	使用剂量	使用方法	安全间隔期,d
斑枯病	生长期	10%苯醚甲环唑水分散粒剂	35 g/亩～45 g/亩	喷雾	14
甜菜夜蛾	发生期	1%苦皮藤素水乳剂	90 mL/亩～120 mL/亩	喷雾	10
蚜虫、粉虱	生长期	25%噻虫嗪水分散粒剂	4 g/亩～8 g/亩	喷雾	14
		5%啶虫脒乳油	24 g/亩～36 g/亩	喷雾	14
		10%吡虫啉可湿性粉剂	10 g/亩～20 g/亩	喷雾	7
		1.5%苦参碱可溶液剂	30 mL/亩～40 mL/亩	喷雾	10
注:农药使用以最新版本 NY/T 393 的规定为准。					

绿色食品生产操作规程

LB/T 090—2020

黄淮海及环渤海湾地区
绿色食品拱棚芹菜生产操作规程

2020-08-20 发布　　　　　　　　　　　　2020-11-01 实施

中国绿色食品发展中心　发布

前　言

　　本规程由中国绿色食品发展中心提出并归口。

　　本规程起草单位：天津市农业发展服务中心、山东省农业科学院蔬菜花卉研究所、中国绿色食品发展中心、农业农村部乳品质量监督检验测试中心、天津农垦宏达有限公司、天津市蓟州区绿色食品发展中心、山东省济宁市鱼台县农业局。

　　本规程主起草人：任伶、张卫华、马雪、张玮、王莹、马文宏、张凤娇、刘烨潼、徐熙彤、李靖、尹欣璇、朱青、杜兰红、和亮、赵晓琴、陈慧颖、徐弘、刘希柱、杨鸿炜。

黄淮海及环渤海湾地区绿色食品拱棚芹菜生产操作规程

1 范围

本规程规定了黄淮海及环渤海湾地区绿色食品拱棚芹菜的产地环境,品种选择,整地、播种,田间管理,采收,生产废弃物处理,运输储藏及生产档案管理。

本规程适用于北京、天津、河北、山西、内蒙古(赤峰和乌兰察布地区)、辽宁东西南部、江苏中北部、安徽中北部、山东、河南等地区的绿色食品拱棚芹菜的生产。

2 规范性引用文件

下列文件对于本文件的应用是必不可少的。凡是注日期的引用文件,仅注日期的版本适用于本文件。凡是不注日期的引用文件,其最新版本(包括所有的修改单)适用于本文件。

GB 16715.5 瓜类作物种子 第 5 部分:绿叶菜类

NY/T 391 绿色食品 产地环境质量

NY/T 393 绿色食品 农药使用准则

NY/T 394 绿色食品 肥料使用准则

NY/T 743 绿色食品 绿叶类蔬菜

NY/T 1056 绿色食品 储藏运输准则

3 产地环境

环境质量应符合 NY/T 391 的规定。绿色食品拱棚芹菜的产地应选择富含有机质、保水保肥力强的壤土或黏壤土种植。栽培田要求地势平坦、排灌方便、前茬未种过芹菜。

4 品种选择

4.1 选择原则

选择熟期适宜、优质、高产、抗逆性强、符合目标市场消费习惯的品种。

4.2 品种选择

芹菜分本芹和西芹 2 种,本芹品种应选择津南实芹、马家沟芹菜等有特色的品种,西芹国外品种较多,如美国西芹、四季西芹,可根据栽培茬口和目的不同选用适宜的品种。

4.3 种子处理

选择籽粒饱满、纯度好、发芽率高、发芽势强的种子。种子质量指标应符合 GB 16715.5 的要求:纯度≥93%、净度≥95%、发芽率≥70%、含水量≤8%。

5 整地、播种

5.1 播种育苗

5.1.1 播种方式及播种量

芹菜可以直播,也可以育苗移栽。大棚芹菜育苗栽培,栽植 1 亩地需芹菜种子 80 g~100 g;直播需要 300 g~500 g。

5.1.2 播种时间

保护设施得当芹菜可以实现周年生产。拱棚芹菜主要有春拱棚芹菜和秋拱棚芹菜,春拱棚芹菜一般在 1 月～2 月播种，3 月～4 月定植；秋拱棚芹菜在 6 月中下旬至 10 月上旬播种均可。

5.1.3 浸种催芽

在播种前将种子晒 1 d 后，在清水中浸泡 24 h，使种子充分吸水，每隔 8 h 将种子揉搓并淘洗数遍到水清为止。将上述种子用纱布包好，放入冰箱冷藏室里，温度保持 4℃～5℃催芽，一般经过 4 d～5 d 有 80% 的种子"露白"后即可播种。

5.1.4 播种

选择地势较高、旱能浇、涝能排、土质疏松的肥沃地块做苗床，苗床一般设在通风遮阳的大棚。播前苗床浇足底水，每平方米撒播或浅沟条播拌沙种子 250 g 左右，播后覆 1 cm 营养土或细沙。秋延迟拱棚芹菜播种在午后或阴天进行，防止烈日晒伤幼芽，同时用遮阳网做好苗床遮阳。

5.1.5 苗期管理

苗期温度控制在 15℃～20℃，水分管理保持土壤见干见湿。

早春育苗温度低水分蒸发量少，要根据苗床水分情况进行浇水，不干不浇，以防降低地温。早春芹菜育苗的关键要防止低温春化，一旦春化抽薹就失去商品价值。

秋拱棚育苗苗期温度高，蒸发量大，出苗后，早晨或傍晚喷浇一次水，水量以畦面见水为准，以后 3 d～4 d 浇水 1 次，达到中午见干、早晚见湿。幼苗长到 3 片～4 片叶时控制水分，防止徒长。育苗期随着幼苗长大，逐渐撤去遮阳网，至 2 叶期时，全部揭去遮阳网，并进行一次间苗，苗距 3 cm。

芹菜苗期一般不追肥，如遇长势弱、缺肥时，可在 4 片～5 片叶时，每平方米随浇水施入 8 g～10 g 尿素。

5.1.6 壮苗标准

芹菜的壮苗标准：株高 10 cm 左右，叶柄短粗、开展度大，有 5 片～6 片真叶，主根发达，须根多。

5.2 定植

5.2.1 施基肥、整地做畦

选择富含有机质、保水保肥能力强的壤土栽培。肥料的使用应符合 NY/T 394 的要求。在前茬作物收获后，施腐熟有机肥 4 000 kg/亩～5 000 kg/亩、适量添加菌剂，如枯草芽孢杆菌 2 kg/亩～4 kg/亩（每克孢子含量不低于 2 亿），高氮低磷中钾复合肥（如 N-P$_2$O$_5$-K$_2$O 为 22-5-13 或者 N-P$_2$O$_5$-K$_2$O 为 20-8-13）25 kg/亩。深耕 25 cm 左右，疏松土壤，精细整地，可做成宽 120 cm～150 cm 的平畦，也可开沟做高畦，畦宽 100 cm、沟宽 30 cm、沟深 15 cm。

5.2.2 取苗

取苗时，应将苗床先浇透水，连根带土挖出，可铲断一部分主根，以利于侧根的发生。将苗按大小分级，以备栽植。

5.2.3 定植

一般采用沟栽定植方法，将每一畦面按沟深 10 cm、沟宽 5 cm、沟间距 18 cm～20 cm 的规格开沟，将幼苗直立地放入沟中。株距：本芹 8 cm，亩栽苗 40 000 株左右；西芹 20 cm，亩栽苗 16 000 株左右。品种不同，要求的株行距略有不同。

定植时间早春宜选择晴天上午，秋季栽培一般选择在阴天或晴天傍晚进行。芹菜宜浅栽，定植深度 1 cm～1.5 cm，以不埋心叶为宜。太深浇水后心叶易被泥浆埋住，影响发根和生长，造成缺苗；过浅苗不稳，浇水易倒伏，不利于发根。

早春栽培可以提前造墒，定植时浇小水缓苗，一周后再浇一次小水确保水分供应，但是又不大幅度地降低地温。

秋季定植每栽完 1 畦立即浇水，避免幼苗因失水过多缓苗慢。定植完后立即用遮阳网遮盖降温，做到白天阳光强时盖、傍晚阳光弱时揭，培养出根系发达、叶面厚实、茎秆粗壮的健壮芹菜苗。

6 田间管理

6.1 温度管理

芹菜植株的最适生长温度为15℃～20℃,春末和夏秋5月～10月,要通过浇水和调节放风量的大小来控制温度。这一阶段棚内最高温度不超过22℃;早春1月～3月和进入11月之后,要通过加强覆盖保温、降低通风量来保证温度。这一阶段棚内最低温度不能低于10℃。如果5℃～10℃连续达10 d,很容易通过春化,导致抽薹。

6.2 光照调节

芹菜耐弱光。光照的长短对它的营养生长影响不大,但是对它的生殖生长影响非常大。通过光照调节,通过揭盖草帘子,控制每天的光照时间在6 h～9 h,让芹菜始终处于短日照条件下。可以避免或延迟抽薹,达到连续采收、获得高产的目的。

6.3 水分管理

芹菜根系较浅,喜欢湿润的环境。因此,缓苗后根据不同的土壤条件和天气情况确定适宜的浇水量和浇水间隔期。原则上小水勤浇,保持土壤见干见湿,不能积水,土壤湿度的剧烈变化容易引起叶柄开裂。推荐使用滴灌系统,进行水肥一体化管理,节水、减肥、省工,还可有效防止土壤的盐碱化,减少病害的发生。

6.4 追肥管理

芹菜追肥的使用应符合NY/T 394的规定。芹菜缓苗结束进入旺盛生长期后,结合浇水每次施入高氮低磷中钾复合肥(如N-P_2O_5-K_2O为20-8-13)4 kg/亩～5 kg/亩,一般不空水。注意硼肥和钙肥等中微量元素的及时补充,缺钙容易诱发干心病,缺硼易使叶柄开裂,茎秆发脆易断。中微量元素可以随水冲施,也可以通过叶面喷雾的方式进行补充。

6.5 植株调整

到生产中后期,下部叶片老化,失去光合作用,影响通风透光,可将病叶、老叶打去,进行沼气发酵。

6.6 病虫害防治

6.6.1 防治原则

遵循"预防为主,综合防治"的植保方针,坚持"农业防治、物理防治、生物防治为主,化学防治为辅"的防治原则。

6.6.2 常见病虫害

主要病害:叶斑病、斑枯病等。

主要虫害:蚜虫、甜菜夜蛾等。

6.6.3 防治措施

6.6.3.1 农业防治

首先应根据当地病害的流行情况选用适当的抗病品种;实行与非伞形花科类蔬菜轮作;种植前深耕晒垡,种植密度要合理,保证田间通透度,加强栽培管理,尤其是水肥管理,培育健壮植株;采用深沟高畦防止积水;及时中耕除草,保证土壤疏松度;摘除病残体,清洁田园等。

6.6.3.2 物理防治

田间设置黑光灯或频振式杀虫灯,诱杀地下害虫和鳞翅目害虫等,一般30亩地可以设置1盏杀虫灯。

6.6.3.3 生物防治

利用瓢虫、捕食螨、赤眼蜂、丽蚜小蜂、草蛉等天敌防治害虫;使用生物药剂或者生物菌剂防治细菌性或者真菌性病害如乙蒜素、枯草芽孢杆菌、哈茨木霉菌等,做好提前预防。

6.6.3.4 化学防治

化学防治应符合 NY/T 393 农药使用准则的规定。在主要防治对象的防治适期，根据病虫害发生特点和农药特性，选择适当的施药方式和施药时间，注意轮换用药，严格控制安全间隔期。主要病虫害化学防治方案参见附录 A。

7 采收

芹菜一般是一次性采收。芹菜定植后 60 d 左右，本芹株高达到 40 cm 以上、西芹达到 80 cm 即达采收的标准。可根据下茬作物的需要或市场行情采收，但也要根据种植品种生长期的要求而定，否则会造成产量和品质下降。采收芹菜的产品质量应符合 NY/T 743 的要求。采收时留根 2 cm 左右，抖掉泥土，削掉多余主根和侧根。采收时注意勿伤叶柄，摘除老叶、黄叶、烂叶，去掉糠心、有分蘖和褐茎的植株，整理后扎捆包装。短期储藏，可在棚内假植储藏，分期上市。

8 生产废弃物处理

芹菜采收后可将摘掉的芹菜叶子、长病虫害的芹菜和砍掉的根收集起来，放到不透气的大塑料袋子中，然后加入固体石灰氮，石灰氮用量 0.5 kg/m³～0.7 kg/m³，混匀，加入少量水，封口，7 d～10 d 后倒出来，摊开，晾 1 d～2 d，加入 EM 菌后粉碎，作为有机肥混入土壤中。或者收集起来进行沼气发酵，发酵后的沼液和沼渣回田。

9 运输储藏

芹菜的储藏、运输要符合 NY/T 1056 的规定，运输时要轻装、轻卸，严防机械损伤。运输工具要清洁卫生、无污染。短途运输要严防日晒、雨淋。临时储存应保证有阴凉、通风、清洁、卫生的条件。防止日晒、雨淋、冻害以及有毒、有害物质的污染，应按品种、规格分别堆码，要保证有足够的散热间距，温度以 0℃～2℃、相对湿度以 90%～95% 为宜。

10 生产档案管理

建立绿色食品拱棚芹菜生产档案，应详细记录产地环境条件、生产技术、肥水管理、病虫害的发生和防治、采收及采后处理、各环节所采取的具体措施。记录所用生产资料的品种、规格、使用方法、使用时间等，记录保存期 3 年以上。

附　录　A

（资料性附录）

黄淮海及环渤海湾地区绿色食品拱棚芹菜生产主要病虫害防治方案

黄淮海及环渤海湾地区绿色食品拱棚芹菜生产主要病虫害防治方案见表 A.1。

表 A.1　黄淮海及环渤海湾地区绿色食品拱棚芹菜生产主要病虫害防治方案

防治对象	防治时期	农药名称	使用剂量	使用方法	安全间隔期，d
叶斑病	发病初期	10％苯醚甲环唑水分散粒剂	60 g/亩～80 g/亩	喷雾	5
斑枯病	发病初期	10％苯醚甲环唑水分散粒剂	35 g/亩～45 g/亩	喷雾	5
蚜虫	发病初期	5％啶虫脒乳油	24 mL/亩～36 mL/亩	喷雾	7
	发病初期	25％噻虫嗪水分散粒剂	4 g/亩～8 g/亩	喷雾	10
	发病初期	1.5％苦参碱可溶液剂	30 mL/亩～40 mL/亩	喷雾	10
甜菜夜蛾	发病初期	1％苦皮藤素水乳剂	90 mL/亩～120 mL/亩	喷雾	10
注：农药使用以最新版本 NY/T 393 的规定为准。					

绿色食品生产操作规程

LB/T 091—2020

黄淮海及环渤海湾地区
绿色食品露地芹菜生产操作规程

2020-08-20 发布　　　　　　　　　　　2020-11-01 实施

中国绿色食品发展中心 发布

前　　言

本规程由中国绿色食品发展中心提出并归口。

本规程起草单位：安徽农业大学、安徽省绿色食品管理办公室、中国绿色食品发展中心、滁州市农业委员会、泾县农业生态能源局、安庆市绿色食品办公室、江苏省绿色食品办公室、山西省农产品质量安全中心、天津市绿色食品办公室。

本规程主要起草人：陈友根、张勤、唐伟、王华君、卢伟、王刚、金永辉、张虎、杭祥荣、隋志文、张玮。

黄淮海及环渤海湾地区绿色食品露地芹菜生产操作规程

1 范围

本规程规定了黄淮海及环渤海湾地区绿色食品露地芹菜生产的产地环境、品种选择、育苗、定植、田间管理、采收、生产废弃物处理、包装储运及生产档案管理。

本规程适用于北京、天津、河北、山西、内蒙古（赤峰和乌兰察布地区）、辽宁东西南部、江苏中北部、安徽中北部、山东、河南的绿色食品露地芹菜的生产。

2 规范性引用文件

下列文件对于本文件的应用是必不可少的。凡是注日期的引用文件，仅注日期的版本适用于本文件。凡是不注日期的引用文件，其最新版本（包括所有的修改单）适用于本文件。

GB/T 16715.5　瓜菜作物种子　第 5 部分：绿叶菜类

NY/T 391　绿色食品　产地环境质量

NY/T 393　绿色食品　农药使用准则

NY/T 394　绿色食品　肥料使用准则

NY/T 658　绿色食品　包装通用准则

NY/T 743　绿色食品　绿叶类蔬菜

NY/T 1056　绿色食品　储藏运输准则

3 产地环境

产地环境应符合 NY/T 391 的规定。选择生态环境良好、无污染的地区，远离工矿区和公路、铁路干线，避开污染源，距离医院和公路、铁路干线等有明显污染源地域 1 km 以上。在绿色食品和常规生产区域之间设置有效的缓冲带或物理屏障。产地地势高燥，土壤为壤土或沙壤土，土层深厚，土壤肥沃，不含残毒和有害物质，pH 以 6.0～7.6 为宜，有机质含量在 13 g/kg 以上，具有较好的保水保肥和供肥能力。

4 品种选择

4.1 选择原则

选用适合本地环境条件，抗病虫、抗寒、耐热、外观和内在品质好的品种。春季选择冬性强、不易抽薹、耐寒的品种；夏季选择耐热、抗病、生长快的品种；秋季选择耐寒、产量高、耐储运的品种。种子质量应符合 GB 16715.5 的规定。

4.2 品种选择

应选用优良抗病品种，如黄苗芹菜、玻璃脆、津南实芹、梅河青苗实芹、美国西芹、天津白庙等。

4.3 种子处理

种子晒 1 d～2 d 后用 50℃ 左右的温水浸种 30 min，其间不断搅拌，然后用凉水浸泡 15 h～20 h。捞出洗净沥干，用湿布包好放入 15℃～20℃ 环境中催芽，每天用清水冲洗 1 次～2 次，待 60% 以上种子露白即可播种。

5 育苗

5.1 用种量

每平方米苗床用种 2 g 左右，每亩用种量为 60 g～80 g。

5.2 育苗设施选择及整理

5.2.1 育苗场地

应选土层深厚、土壤肥沃、保水保肥能力强、排灌方便、3 年未种过伞形花科作物的地块作苗床为宜。可选用穴盘育苗，基质配制比可选用泥炭∶珍珠岩∶蛭石＝3∶1∶1。建议选用符合绿色食品要求的专用育苗基质。

5.2.2 设施准备

播前土壤深耕 25 cm～30 cm，耕后细耙，整成宽 1.0 m～1.5 m、长 8 m～10 m、高 15 cm～20 cm 的平畦。结合深耕，每平方米施有机肥 5 kg、硫酸铵 50 g、过磷酸钙 250 g。与土壤混匀，耙平，灌足底水。可根据苗床肥力，适当调整肥料用量。也可每亩苗床在施用有机肥的基础上施用三元复合肥(15-15-15)20 kg～30 kg。穴盘育苗一般每立方米基质中加入磷酸二铵 2 kg。肥料使用应符合 NY/T 394 的规定。

5.3 播种方法

5.3.1 苗床播种

播前浇透水后，将种子均匀撒下，厚度 1 cm～2 cm，可条播或撒播。

5.3.2 穴盘播种

将装好的盘进行压穴，在每个孔穴中心放入 1 粒种子。播种后覆盖原基质。可先播在 288 孔穴盘内，当小苗长到 1 片～2 片真叶时，移栽入 72 孔穴盘育大龄苗。

5.4 播种时间

可根据当地气候情况选择栽培茬口和适宜时间。一般春茬芹菜可在 2 月中下旬至 3 月上旬播种，夏茬芹菜 4 月下旬至 5 月上旬播种，秋茬芹菜 6 月中下旬播种。

5.5 苗期管理

5.5.1 水分

根据天气情况，播种至出苗前，选择早晨或傍晚，浇水 1 次～2 次。出苗后一般每天浇 1 次～2 次。2 片真叶可 3 d～4 d 浇水 1 次～2 次。4 片～5 片真叶后，减少浇水次数，保持土壤见干见湿。如遇大雨畦内积水，要及时排出。

5.5.2 温度

温度较高季节育苗，为保湿和降低床温，可在畦面上覆盖遮阳网或搭盖荫棚等。保护地育苗时，苗期温度白天可控制在 17℃～20℃，夜间 7℃～10℃。

5.5.3 施肥

幼苗前期一般不施肥。幼苗长至 2 片～3 片真叶时，根据幼苗长势，每亩酌情冲施 1 次尿素 5 kg 左右。

5.5.4 除草间苗

出齐苗后结合间苗拔除杂草。苗距 1 cm～1.5 cm；苗长至 5 cm～7 cm 时进行第 2 次间苗，苗距 3 cm 左右。

5.5.5 壮苗标准

一般本芹苗龄 50 d 左右，西芹苗龄 60 d～70 d，幼苗长至 10 cm～12 cm 时，叶色深绿，无病虫害的幼苗即可移栽定植。

6 定植

6.1 整地施肥

耕深 25 cm～30 cm，细耙做畦，畦宽连沟 1.8 m～2m，畦沟深 25 cm～30 cm，做到排灌畅通。结合整地，每亩施有机肥 4 000 kg～5 000 kg、硫酸钾 25 kg～30 kg、过磷酸钙 30 kg～35 kg。缺硼土壤，每

苗可施入硼砂 1 kg～2 kg。

6.2 定植时间

根据当地气候选择适宜的定植时间。一般春茬 3 月～4 月定植,夏茬 6 月～7 月定植,秋茬 7 月下旬定植。

6.3 定植方法

移栽前 1 d～3 d 停止浇水,芹菜要随起随栽,幼苗带土取出后,先将干老叶片去净,定植深度以露出心叶为宜,四周用土压实,栽后立即浇水。露地早春芹菜定植时要采用地膜覆盖,一般先覆地膜,后开穴定植。

6.4 定植密度

本芹的定植株行距为 10 cm×(10～15) cm;西芹的定植株行距为(15～20) cm×(20～25) cm。

7 田间管理

7.1 补苗

定植 3 d 后开始查苗补苗,保证苗齐。

7.2 肥水管理

定植后缓苗期间一般不施肥,缓苗后每亩可随水施尿素 5 kg 左右或硫酸铵 10 kg 左右。植株进入旺盛生长期,及时追肥 2 次～3 次,每次每亩追施尿素 7 kg～9 kg 或硫酸铵 15 kg～20 kg、硫酸钾 10 kg～15 kg,或根据芹菜生长情况,适当调整施肥次数和施肥量。追肥时在芹菜行间进行,追肥后及时灌水,保持田间土壤湿润。采收前 10 d 停止追肥、浇水。在芹菜采收前 15 d～20 d 可喷施 3% 赤霉酸可溶粉剂 500 倍～600 倍液,间隔 5 d～7 d 可再喷施 1 次,促进芹菜生长。灌溉水质量应符合 NY/T 391 的要求。肥料和农药使用应符合 NY/T 394 和 NY/T 393 的要求。

7.3 中耕锄草

芹菜前期生长较慢,常有杂草危害,应及时中耕除草。在每次追肥前结合除草进行中耕。芹菜根系较浅,中耕宜浅,不能太深,以免伤及根系,影响芹菜生长。

7.4 辅助措施

芹菜生长期间光照较强时,可搭建高 25 cm～50 cm 的棚架,覆盖遮阳网等覆盖物。待芹菜长至 15 cm～20 cm 高时,用遮阳网绕畦四周遮围芹菜。

7.5 病虫害防治

7.5.1 防治原则

按照"预防为主,综合防治"的植保方针,坚持"农业防治、物理防治、生物防治为主,化学防治为辅"的防治原则。农药使用应符合 NY/T 393 的要求。

7.5.2 常见病虫害

芹菜主要病害有斑枯病;主要虫害有蚜虫、甜菜夜蛾等。

7.5.3 防治方法

7.5.3.1 农业防治

选用抗病品种,培育壮苗。加强肥水管理,科学施肥。加强田间管理,合理安排栽培密度,合理间套作和轮作。及时清除田间及周围杂草。采收后,注意应清洁田园,将病叶、残叶带出田外,集中处理。

7.5.3.2 物理防治

温汤浸种;悬挂灭蝇纸,诱杀斑潜蝇;利用黄板诱杀蚜虫和粉虱等;铺设银灰色膜驱避蚜虫;利用灯光诱杀甜菜夜蛾等害虫。

7.5.3.3 生物防治

保护利用天敌,如利用瓢虫防治蚜虫。采用生物农药如苦参碱防治蚜虫,利用苦皮藤素防治甜菜夜蛾等。

7.5.3.4 化学防治

主要化学药剂防治方案参见附录 A。

8 采收

芹菜茎叶均可食用,大苗小苗都能采收上市,可根据市场需求采收。一般最适采收期在定植 80 d~100 d 后,叶柄 60 cm 以上。产品应符合 NY/T 743 的要求。

9 生产废弃物处理

农膜等覆盖材料,农药、肥料包装袋等,要分类回收,进行循环利用或进行无害化集中处理。对于废弃的芹菜等可将其粉碎,混入畜禽粪便等,发酵制成有机肥,进行资源化利用。

10 包装储运

10.1 包装

包装应选用适宜的包装容器,如塑料袋。按照相同品种、相同等级、相同大小规格等分别包装。包装容器上应标明产品名称、商标、级别、重量、产地、采收日期及安全认证标志等。包装应符合 NY/T 658 的要求。

10.2 储运

储运应符合 NY/T 1056 的要求。冷库储藏适宜温度为 0℃左右,相对湿度以 90%~95%为宜。按品种规格分别储藏,可放入货架提高储藏量,防止挤压。储藏期间要定期检查芹菜包装容器内的温度,使其温度保持稳定。运输要轻装轻卸,夏季最好用冷藏车运输。在运输车厢内尽量减少与车厢底、壁、顶等接触,保持空气的循环流通。

11 生产档案管理

详细记录产地环境变化档案;建立农药、肥料等投入品采购、出入库、使用等档案;建立肥水管理、病虫害防治、采收等农事操作管理档案;档案保存至少 3 年。

附　录　A

（资料性附录）

黄淮海及环渤海湾地区绿色食品露地芹菜生产主要病虫害防治方案

黄淮海及环渤海湾地区绿色食品露地芹菜生产主要病虫害防治方案见表 A.1。

表 A.1　黄淮海及环渤海湾地区绿色食品露地芹菜生产主要病虫害防治方案

防治对象	防治时期	农药名称	使用剂量	使用方法	安全间隔期,d
斑枯病	发病前或发病初期	10%苯醚甲环唑水分散粒剂	35 g/亩～45 g/亩	喷雾	5
蚜虫	始盛期	50%吡蚜酮可湿性粉剂	10 g/亩～16 g/亩	喷雾	10
	发生高峰初期	5%啶虫脒乳油	24 mL/亩～36 mL/亩	喷雾	7
	发生初盛期	25%噻虫嗪水分散粒剂	4 g/亩～8 g/亩	喷雾	10
	发生初期	1.5%苦参碱可溶液剂	30 mL/亩～40 mL/亩	喷雾	10
甜菜夜蛾	低龄幼虫发生期	1%苦皮藤素水乳剂	90 mL/亩～120 mL/亩	喷雾	10
注:农药使用以最新版本 NY/T 393 的规定为准。					

绿色食品生产操作规程

LB/T 092—2020

长 江 流 域
绿色食品大棚芹菜生产操作规程

2020-08-20 发布

2020-11-01 实施

中国绿色食品发展中心 发布

前　言

本规程由中国绿色食品发展中心提出并归口。

本规程起草单位:湖南省绿色食品办公室、湖南省蔬菜研究所、中国绿色食品发展中心、四川省绿色食品发展中心、江西省绿色食品发展中心。

本规程主要起草人:易斌、汪端华、殷武平、李文彪、唐伟、邓彬、姚霖。

长江流域绿色食品大棚芹菜生产操作规程

1 范围

本规程规定了长江流域绿色食品塑料大棚芹菜的产地环境和设施要求、栽培季节、品种选择、播种育苗、定植、田间管理、病虫害防治、采收、生产废弃物的处理、生产档案。

本规程适用于上海、江苏、浙江、安徽、江西、湖北、湖南、四川、重庆、贵州和云南的绿色食品大棚芹菜生产。

2 规范性引用文件

下列文件对于本文件的应用是必不可少的。凡是注日期的引用文件，仅注日期的版本适用于本文件。凡是不注日期的引用文件，其最新版本（包括所有的修改单）适用于本文件。

GB 16715.5　瓜菜作物种子　第5部分：绿叶菜类

NY/T 391　绿色食品　产地环境质量

NY/T 393　绿色食品　农药使用准则

NY/T 394　绿色食品　肥料使用准则

NY/T 743　绿色食品　绿叶类蔬菜

NY/T 658　绿色食品　包装通用准则

3 产地环境和设施要求

3.1 产地环境

生产基地环境应符合 NY/T 391 的要求；选择排灌方便、土层深厚、富含有机质、保水保肥能力强的地块，土壤酸碱度适宜范围为 pH 6.0～7.6。

3.2 设施要求

推荐使用跨度为 8 m、肩高 1.8 m、长度不超过 45 m 的大棚和连栋大棚，6 m 跨度标准大棚，简易竹木大棚均可使用。

4 栽培季节

4.1 春夏茬口

1月上旬至2月下旬保护地育苗，3月～4月定植，高温来临时采收。

4.2 早秋茬口

最早可在6月下旬播种，7月中下旬定植，9月中旬至10月下旬采收。

4.3 秋冬茬口

7月下旬至10月中旬播种育苗，8月下旬至11月上旬定植，12月至翌年3月上市。

5 品种选择

芹菜主栽类型有中国芹菜和西芹两大类，生产者首先确定芹菜类型并选择品种。春夏茬口选择不易抽薹、较耐寒品种，如铁秆大芹菜、春丰等；早秋茬口选择抗热耐涝品种，如津南实芹1号、正大脆芹等；秋冬种植，选择选用耐寒、优质、高产和抽薹晚的品种，如开封玻璃脆、津南实芹3号等。种子质量应符合 GB 16715.5 的要求。

6 播种育苗

6.1 播种量

芹菜大棚栽培,高温季节育苗应该适当加大播种量,中国芹菜夏秋育苗每亩栽培田用种量 150 g~180 g,冬春育苗每亩栽培田需要 100 g~120 g;西芹每亩栽培田需要 20 g~25 g。

6.2 种子处理

6.2.1 种子质量

种子质量应符合 GB 16715.5 中一级良种以上的要求。

6.2.2 种子处理

播前将种子晾晒 2 d~3 d,用 48℃温水浸种 30 min,进行种子消毒,浸种时不断搅拌,浸后立即投入冷水中降温 10 min,再用室温的清水浸种 14 h~18 h,用清水冲洗并反复用手轻轻揉搓种子,搓开表皮,摊开晾种,待种子表面水分干湿适度时,用湿布包好进行催芽,催芽温度控制在 15℃~20℃,当 30%~50% 的种子露白时即可播种。

6.3 播前准备

6.3.1 育苗设施

根据不同季节和条件选用大棚、阳畦、温床等育苗设施,夏秋季节育苗应配有防虫、遮阳设施。

6.3.2 苗床准备

育苗床要选择地势高、排灌通畅、防雨防涝、保肥保水性能好、土壤疏松肥沃、3 年未种过伞形花科作物的地块。做成畦宽 1.0 m~1.2 m、沟宽 30 cm~40 cm、沟深 15 cm~20 cm 的高畦。将选好的苗床提前 7 d~15 d 翻耕炕晒,施腐熟的过筛农家肥 1 000 kg/亩、三元复合肥(15-15-15)20 kg/亩,所用肥料应符合 NY/T 394 的要求,耕翻、耙细、整平,苗床的面积为移栽面积的 1/10 左右。

6.4 播种

播种时先浇透底水,待水渗下后,将经过浸种或催芽的种子与细土拌匀后撒播,然后覆土,覆土厚度 0.5 cm 左右。冬春育苗,床面加盖地膜;夏秋育苗,床面覆草保湿。

6.5 育苗期管理

6.5.1 温度

温度苗期温度控制在 20℃~25℃。冬春育苗,应在播种前 20 d 扣膜闷棚,提高棚温和地温,播种后如棚温过低,要及时加盖小拱棚。后期随着气温的升高,逐渐加大通风。夏秋育苗,采用遮阳网覆盖,出苗前浮面覆盖,出苗后搭凉棚遮阳,遮阳网揭盖的原则是盖晴天不盖阴天,盖白天不盖晚上,盖大雨不盖小雨,至定植前 1 周,撤除遮阳网。

6.5.2 水肥管理

水的管理原则是小水勤浇,夏秋育苗早晚浇水。冬春育苗在晴天上午浇水。追肥只能追少量速效化肥,齐苗后喷施一次 0.1% 的尿素,以后视生长情况追施速效性氮肥,促进幼苗生长。

6.5.3 除草、间苗

视草害情况,及时人工除草。

当幼苗第 1 片真叶展开后,进行初次间苗,苗距 1 cm~1.5 cm,以后再进行 1 次~2 次间苗,苗距以 2 cm~3 cm 为宜,间苗后及时浇水。

7 定植

7.1 整地施肥

前茬作物收获后及时清除杂物,每亩施充分腐熟的农家肥 3 000 kg~4 000 kg、三元复合肥(15-15-15)50 kg,铺施均匀,深翻 20 cm,整细耙平,做成 1.5 m~2 m 宽的畦。肥料应符合 NY/T 394 的要求。

7.2 定植密度

当苗龄达到 40 d～50 d、真叶 4 片～5 片、株高 12 cm～15 cm 时即可定植。移栽前 3 d～4 d 停止浇水，带土取苗，单株定植。早秋季栽培，中国芹菜以每亩定植 25 000 株～35 000 株为宜；秋冬和春夏栽培，以每亩定植 35 000 株～45 000 株为宜。西芹一般每亩定植 10 000 株～12 000 株。

7.3 定植方法

在畦内按苗距 15 cm 左右挖穴，栽苗后覆土，定植深度以埋住根颈为度，不可过深。高温季节定植宜在 15:00 后进行，定植前浇大水，以利起苗。栽培深度应与苗床上的入土深度相同，露出心叶，栽后浇水。

8 田间管理

8.1 大棚春夏栽培

大、中棚定植初期，要密闭保温，一般不放风，棚内白天温度可达 25℃ 左右，心叶发绿时温度再降至 20℃ 左右，棚内温度超过 25℃ 要放风，随外界温度升高加大放风量，先揭开两端放风，再从两侧开口放风。在定植初期适当浇水，加强中耕保墒，提高地温，缓苗后，浇缓苗水，适时松土。植株高度 33 cm～35 cm 时应加强肥水管理，追肥时要将塑料薄膜揭开大放风，待叶片上露水散去后，每亩施尿素 5 kg～7.5 kg 或复合肥 10 kg～15 kg，追肥后浇水 1 次，以后每 10 d 施肥 1 次，隔 3 d～4 d 浇 1 次水，保持畦面湿润至收获。生长旺盛期，可每亩喷施 1 kg～2 kg 磷酸二氢钾，按 0.2% 浓度叶面喷施。

8.2 大棚早秋栽培

定植后立即在大棚膜上覆盖遮阳网遮阳降温，遮阳网应晴天盖、阴天揭，晴天早上盖、傍晚揭，后期天气转凉可揭去棚膜和遮阳网进行露地栽培。管理上以浇水、除草为主，并及时追肥，在定植后 15 d，每亩追施尿素 5 kg～10 kg，在植株进入旺盛生长期后每 10 d～15 d 施肥 1 次，每次每亩施尿素 5 kg～7.5 kg 或复合肥 10 kg～15 kg，可随水冲施，以后隔 3 d～4 d 浇 1 次水，保持畦面湿润至收获。

8.3 大棚秋冬栽培

缓苗期覆盖遮阳网，昼盖夜揭，后期天气转凉，可揭去棚膜作露地栽培，到 10 月下旬至 11 月上旬及时扣棚。扣膜初期要经常通风，进入 12 月，要注意防寒保温，遇到冰雪天气可覆盖草帘，雪天要清扫棚上积雪。当外界气温白天在 18℃～20℃ 时，选无风晴天揭开塑料薄膜进行通风，保持白天温度 22℃～25℃，夜间温度 10℃～15℃。越冬栽培前期管理同早秋栽培，入冬前一般在当地夜间上冻，白天化冻的时期浇一次冻水，一次要浇透、浇足，追肥节点和追肥量同早秋栽培，当平均气温回升到 5℃ 以上时，要去掉黄叶，浇返青水，及时中耕培土。

9 病虫害防治

9.1 主要病虫害

病害主要有软腐病、斑枯病、早疫病等。虫害主要有蚜虫、斜纹夜蛾等。

9.2 防治原则

按照"预防为主，综合防治"的植保方针，坚持以"农业防治、物理防治、生物防治为主，化学防治为辅"的原则。

9.2.1 农业防治

选用抗病、抗逆性、适应性强的优良品种；及时摘除病叶、病果，拔除病株。带出地块进行无害化处理，降低病虫基数；实行严格的轮作制度，在同一地块至少与非伞形科作物隔 3 年再进行栽培，有条件的地区实行水旱轮作或夏季灌水闷棚。

9.2.2 物理防治

每棚安装 1 盏杀虫灯，诱杀甜菜夜蛾、小菜蛾、斜纹夜蛾、菜青虫等；采用无滴消雾膜，起垄盖地膜；

放风口用 40 目防虫网封闭,夏季育苗和栽培应采用 75% 遮阳网和 40 目防虫网进行遮阳、防虫栽培;在棚内悬挂黄色黏虫板诱杀粉虱、蚜虫、斑潜蝇等害虫,30 cm×20 cm 的黄板每亩放 30 块~40 块,悬挂高度与植株顶部持平或高出 5 cm~10 cm,并在棚室入口处张挂银灰色反光膜避蚜;在夏季覆盖薄膜利用太阳能进行高温闷棚,杀灭棚内及土壤表层的病、虫、菌、卵等。

9.2.3 生物防治

提倡利用自然天敌如瓢虫、草蛉、蚜小蜂等对蚜虫自然控制,使用植物源农药、生物农药等防治病虫。

9.2.4 化学防治

农药使用应符合 NY/T 393 的要求,具体参见附录 A。

10 采收

根据市场需求和芹菜商品成熟度分批及时采收。产品应符合 NY/T 743 的要求。包装应符合 NY/T 658 的要求。

11 生产废弃物处理

生产过程中,农药、投入品等包装袋应集中收集并积极交售到收集点,严禁随意弃置、掩埋或焚烧,避免对环境造成危害。生产后期的芹菜外叶一般集中粉碎,堆沤有机肥料循环利用。

12 生产档案

生产者需建立生产档案,记录品种、施肥、病虫草害防治、采收及田间操作管理措施;所有记录应真实、准确、规范,并具有可追溯性;生产档案至少保存 3 年。

附　录　A
（资料性附录）
长江流域绿色食品大棚芹菜生产主要病虫害防治方案

长江流域绿色食品大棚芹菜生产主要病虫害防治方案见表 A.1。

表 A.1　长江流域绿色食品大棚芹菜生产主要病虫害防治方案

防治对象	防治时期	农药名称	使用剂量	使用方法	安全间隔期,d
斑枯病	成株期至采收期	10%苯醚甲环唑水分散粒剂	35 g/亩～45 g/亩	喷雾	5
蚜虫	于低龄若虫高峰期施药	25%噻虫嗪水分散粒剂	4 g/亩～8 g/亩	喷雾	10
斜纹夜蛾、甜菜夜蛾	在低龄幼虫发生期施药	1%苦皮藤素水乳剂	90 mL/亩～120 mL/亩	喷雾	10
注:农药使用以最新版本 NY/T 393 的规定为准。					

绿色食品生产操作规程

LB/T 093—2020

长 江 流 域
绿色食品露地芹菜生产操作规程

2020-08-20 发布

2020-11-01 实施

中国绿色食品发展中心 发布

前　　言

本规程由中国绿色食品发展中心提出并归口。

本规程起草单位：湖北省农业科学院经济作物研究所、湖北省绿色食品管理办公室、中国绿色食品发展中心、上海市绿色食品发展中心、江苏省绿色食品办公室、浙江省农产品质量安全中心、安徽省绿色食品管理办公室、江西省绿色食品发展中心、重庆市农产品质量安全中心、四川省绿色食品发展中心、贵州省绿色食品发展中心、云南省绿色食品发展中心。

本规程主要起草人：邓晓辉、甘彩霞、唐伟、崔磊、周先竹、胡军安、杨远通、廖显珍、陈永芳、郭征球、王皓瑀、徐园园、刘颖、沈熙、高照荣、晏宏、李文彪、杜志明、阎君、曾海山、陈曦、李政、张海彬、杭祥荣。

长江流域绿色食品露地芹菜生产操作规程

1 范围

本规程规定了长江流域绿色食品露地芹菜的产地环境、栽培季节、品种选择、育苗、定植、田间管理、采收、运输储藏、生产废弃物处理及生产档案管理。

本规程适用于上海、江苏南部、浙江、安徽南部、江西、湖北、湖南、重庆、四川、贵州和云南北部等长江流域地区的绿色食品露地芹菜生产。

2 规范性引用文件

下列文件对于本文件的应用是必不可少的。凡是注日期的引用文件，仅注日期的版本适用于本文件。凡是不注日期的引用文件，其最新版本（包括所有的修改单）适用于本文件。

GB 16715.5 瓜菜作物种子 第5部分：绿叶菜类

NY/T 391 绿色食品 产地环境质量

NY/T 393 绿色食品 农药使用准则

NY/T 394 绿色食品 肥料使用准则

NY/T 658 绿色食品 包装通用准则

NY/T 743 绿色食品 绿叶类蔬菜

NY/T 1056 绿色食品 储藏运输准则

3 产地环境

生产基地环境应符合 NY/T 391 的要求，要求连续3年未种植过同科作物、土壤疏松肥沃、排灌便利、相对集中连片、距离公路主干线 100 m 以上、交通方便。

4 栽培季节

4.1 春茬

春季断霜后露地育苗，5月至6月上旬定植，7月～8月收获上市。

4.2 秋茬

秋季芹菜8月中下旬至9月上旬播种，10月～12月收获，晚播的于翌年3月～4月抽薹前收获结束。

5 品种选择

5.1 选择原则

芹菜有本芹（中国品种）和西芹两大类型，本芹以叶柄颜色分白色种和青色种。首先确定芹菜类型，然后选择品种。宜选用抗病性和抗逆性强、优质、高产、适应市场需求的露地芹菜品种。

5.2 品种选用

选择植株直立性强、株型紧凑，长势较强、分枝不多、抽薹偏晚的品种。本芹主要有铁杆青芹、早青芹和桐城水芹菜等；西芹主要有佛罗里达683、犹他系列等。本芹与西芹杂交类型的有半白芹和玻璃脆等。

5.3 种子处理

种子质量应符合 GB 16715.5 中有关芹菜种子的要求。春播种子不需低温处理，而秋播种子必须经低温处理。播前要浸种催芽,先用清水浸泡种子24 h,再用手就清水揉搓、冲洗后摊开,待种子稍干后,用湿布包好,置于15℃～20℃处催芽。催芽过程中每天用清水把种子清洗1次。约7 d后露白,待60％～80％种子露白时即可播种。

6 育苗

6.1 春茬

6.1.1 苗床准备

苗床应选择地势高、排灌通畅、土层疏松、土质肥沃的地块,沙壤土最好。苗床宜用腐熟的农家肥或商品有机肥作基肥,每亩施基肥800 kg～1 200 kg。深耕细作,播种前将畦床拍平,然后浇足底墒水。

6.1.2 播种

本芹每亩播种量为250 g～300 g,西芹每亩播种量为50 g～80 g。3月为适宜的播种期。可育苗或直播、撒播或条播。育苗分苗床育苗和穴盘育苗。苗床育苗宜湿法播种,先在细土厚度为3 cm以上的苗床上浇足底水,水渗进苗床后,把掺沙的种子按每平方米2 g均匀地撒在苗床上,然后覆土,覆土要薄而均匀,一般厚度为0.5 cm,以不露种为好。穴盘育苗播种,可用播种机或手持播种器给穴盘定量播种、洒水和覆盖基质,再置于15℃～20℃处催芽出苗,出土后将穴盘排放在温室移动式育苗床上,摆放整齐。

6.1.3 苗床管理

苗床要一直保持湿润,根据天气情况,一般每隔1 d～2 d,在早上或黄昏时小水轻轻喷浇,浇水持续到苗出齐。

芹菜苗期较长,容易长出杂草,人工拔草。

幼苗2叶时,按照苗距1 cm拔除弱苗、病苗。幼苗3片～4片叶时,宜分苗一次,苗距8 cm～10 cm,分苗宜加盖遮阳网保湿。分苗成活正常生长后可以适当中耕,每亩追施尿素9 kg～10 kg,促进幼苗根系发育,促进叶片的分化,培育壮苗。

6.1.4 炼苗

分苗生长正常后,拆去遮阳网并减少浇水,开始炼苗。

6.2 秋露地芹菜

6.2.1 苗床准备

同6.1.1。

6.2.2 播种

8月中下旬至9月上旬播种。高温暴雨期间育苗,棚上覆盖塑料膜,防止暴雨冲刷和大量雨水进入苗床,及时覆盖遮阳网。

6.2.3 苗床管理

8月温度高,通过覆盖遮阳网调节温度,小水勤浇,保持畦面湿润;当幼苗1片～2片真叶时,浇水后应向畦面撒一层细土,将露出地面的苗根盖住,每次浇水应在早晚气温低时浇水。

6.3 炼苗

定植前6 d～7 d要进行幼苗锻炼,逐渐去掉遮阳网。

7 定植

7.1 定植前准备

7.1.1 整地施肥

深耕土地;每亩施入商品有机肥600 kg～1 000 kg或腐熟农家肥5 000 kg～6 000 kg、45％(15-15-15)复合肥30 kg～40 kg作基肥,撒入大田,再翻耕做垄。垄宽0.9 m～1.0 m,沟宽0.3 m～0.4 m。施用的基肥应符合NY/T 394的要求。

7.2　定植时间

苗床幼苗长到 5 片～7 片叶、苗高 15 cm～18 cm 时，即可定植。

春茬 5 月至 6 月上中旬定植，秋茬 9 月～10 月定植。

7.3　定植密度

本芹单株定植，1 垄栽 6 行，株距 7 cm～8 cm，密度为每亩约 50 000 株。西芹单株定植，行距 35 cm～40 cm，株距 25 cm～30 cm，密度每亩为 6 000 株～8 000 株。定植时要稍微浅植，深度以"浅不露根、深不淤心"为宜。

8　田间管理

8.1　肥水管理

定植后及时浇定根水，气温高、光照强的区域宜用遮阳网覆盖。遇上连续高温干旱，定植时覆盖的遮阳网宜持续覆盖一段时间遮阳保苗。缓苗阶段（栽后 1 d～10 d），每天早上或黄昏应小水浇苗；缓苗后少浇水，进行 20 d 左右的蹲苗，并于浇水时及时追肥，亩施硫酸铵或尿素 4 kg～5 kg；旺盛生长期要保持土壤湿润，勤施薄施追肥，结合浇水及时追肥 2 次～3 次，每次每亩施用尿素 3 kg～4 kg。

8.2　病虫草鼠害防治

8.2.1　防治原则

预防为主、综合防治，优先采用农业措施、物理防治、生物防治，科学合理地配合使用化学防治。农药施用严格按 NY/T 393 的规定执行。

8.2.2　常见病虫害

芹菜主要病害有根腐病、灰霉病、立枯病、叶斑病、斑枯病和软腐病等，主要虫害有蚜虫、斑潜蝇等。

8.2.3　防治措施

8.2.3.1　农业防治

选用抗（耐）病优良品种。合理布局，实行轮作倒茬，加强中耕除草，清洁田园，降低病虫草害基数。

8.2.3.2　物理防治

覆盖银灰膜驱避蚜虫：每亩铺银灰色地膜 5 kg～6 kg，或将银灰膜剪成 10 cm～15 cm 宽的膜条，膜条间距 10 cm，纵横拉成网眼状。

设置黄板诱杀有翅蚜：用废旧纤维板或纸板剪成 100 cm×20 cm 的长条，涂上黄色油漆，同时涂上一层机油，制成黄板，或购买商品黄板，挂在行间或株间，黄板底部高出植株顶部 10 cm～20 cm，当黄板黏满蚜虫时，再重涂一层机油，一般 7 d～10 d 重涂 1 次。每亩悬挂黄色黏虫板 30 块～40 块。

斑潜蝇等虫害可用频振式杀虫灯、黑光灯、高压汞灯和双波灯诱杀。

8.2.3.3　生物防治

运用害虫天敌防治害虫，如释放捕食螨、寄生蜂等。保护天敌，创造有利于天敌生存的环境条件，不宜悬挂黏虫板和杀虫灯，选择对天敌杀伤力低的农药。释放潜蝇姬小蜂或小花蝽防治斑潜蝇。

8.2.3.4　化学防治

合理混用、轮换、交替用药，防止和推迟病虫害抗性的发生和发展。宜采用附录 A 介绍的方法。

9　采收

当株高 60 cm～80 cm 时即可开始陆续采收上市。同时，去掉黄叶和有病虫斑的叶片，然后进行分级包装。产品应符合 NY/T 743 的要求。

10　运输储藏

10.1　标识与标签

包装上应标明产品名称、产品的标准编号、商标（如有）、相应认证标识、生产单位（或企业）名称、详细地址、产地、规格、净含量和包装日期等,标识上的字迹应清晰、完整、准确。

10.2 包装

包装应符合 NY/T 658 的要求。用于产品包装的容器如塑料袋等须按产品的大小规格设计,同一规格大小一致,整洁、干燥、牢固、透气、美观、无污染、无异味,内壁无尖突物,无虫蛀、腐烂、霉变等现象。

按产品的品种、规格分别包装,同一件包装内的产品需摆放整齐紧密。

每批产品所用的包装、单位净含量应一致。

10.3 储藏

储藏应符合 NY/T 1056 的要求。按品种、规格分别储存。

冷库储藏适宜温度为 0℃～2℃,适宜相对湿度为 90%～95%。

库内堆码应保证气流均匀流通,不挤压。

10.4 运输

运输应符合 NY/T 1056 的要求。运输前应进行预冷,运输过程中要保持适当的温度和湿度,注意防冻、防淋、防晒、通风散热。

11 生产废弃物处理

生产过程中,农药、肥料等投入品的包装袋和农膜应集中回收,进行循环利用或无害化处理。对废弃的露地芹菜叶片和残次品采用粉碎还田或堆沤还田等方式进行资源化利用。

12 生产档案管理

应建立生产档案,记录产地环境条件、甘蓝品种、施肥、浇水、病虫害防治、采收及田间操作等管理措施;所有记录应真实、准确、规范;生产档案应有专柜保管,至少保存 3 年,做到产品生产可追溯。

附　录　A
（资料性附录）
长江流域绿色食品露地芹菜生产主要病虫害防治方案

长江流域绿色食品露地芹菜生产主要病虫害防治方案见表 A.1。

表 A.1　长江流域绿色食品露地芹菜生产主要病虫害防治方案

防治对象	防治时期	农药名称	使用剂量	使用方法	安全间隔期,d
蚜虫	发生期	10％吡虫啉可湿性粉剂	10 g/亩～20 g/亩	喷雾	7
		5％啶虫脒乳油	24 mL/亩～36 mL/亩	喷雾	7
		25％噻虫嗪水分散粒剂	4 g/亩～8 g/亩	喷雾	7
霜霉病	发生初期	40％三乙膦酸铝可湿性粉剂	235 g/亩～470 g/亩	喷雾	7
叶枯病、斑枯病、叶斑病	发生期	10％苯醚甲环唑水分散粒剂	35 g/亩～45 g/亩	喷雾	5
根腐病	发生期	80％代森锌可湿性粉剂	80 g/亩～100 g/亩	喷雾	7

注:农药使用以最新版本 NY/T 393 的规定为准。

绿色食品生产操作规程

LB/T 094—2020

福 建 地 区
绿色食品乌龙茶生产操作规程

2020-08-20 发布

2020-11-01 实施

中国绿色食品发展中心 发布

前　　言

本规程由中国绿色食品发展中心提出并归口。

本规程起草单位:福建省绿色食品发展中心、福建农林大学安溪茶学院、中国绿色食品发展中心。

本规程主要起草人:杨芳、何孝延、孙威江、陈秀琴、周乐峰、张宪。

福建地区绿色食品乌龙茶生产操作规程

1 范围

本规程规定了福建地区绿色食品乌龙茶生产的产地环境,茶园规划与建设,品种及茶苗选择,茶树种植,树冠管理,土壤管理与施肥,水分管理与灌溉,病虫草害防治,鲜叶采摘,茶叶加工,生产废弃物处理,包装、储藏和运输及生产档案管理。

本规程适用于福建地区的绿色食品乌龙茶生产。

2 规范性引用文件

下列文件对于本文件的应用是必不可少的。凡是注日期的引用文件,仅注日期的版本适用于本文件。凡是不注日期的引用文件,其最新版本(包括所有的修改单)适用于本文件。

GB 11767 茶树种苗

GB 14881 食品生产通用卫生规范

GB/T 32744 茶叶加工良好规范

NY/T 391 绿色食品 产地环境质量

NY/T 393 绿色食品 农药使用准则

NY/T 394 绿色食品 肥料使用准则

NY/T 658 绿色食品 包装通用准则

NY/T 1056 绿色食品 储藏运输通用准则

3 产地环境

产地环境质量应符合 NY/T 391 的要求。种植基地周边应生态环境优良,自然植被丰富,茶园与交通干线、工厂和城镇之间保持至少 300 m 以上的距离,附近及上风口(或河流的上游)没有污染源,并与常规农业区之间有至少 100 m 宽度的隔离带。

4 茶园规划与建设

4.1 园地选择

茶园宜选在平地或坡度 25°以内的山地,土壤为红壤、黄壤或沙质壤土,要求土壤微酸性,pH 4.0～6.5,土层厚度 1 m 以上,地下水位 1 m 以下,土质结构良好,无污染,富含有机质。

4.2 道路设置

依据园地规模设置主干道、支道与步行道。

4.3 水利系统

茶园排灌系统设置时应统筹安排,合理设计,平地茶园以排水沟为主,坡地及梯地茶园以蓄水沟为主,做到遇涝能排、遇旱能灌、路路相连、沟渠相通。

5 品种及茶苗选择

5.1 选择原则

选择适应当地气候条件,适合加工乌龙茶产品,抗性较强的高产优质茶树品种。

5.2 品种选择与搭配

茶树品种质量应符合 GB 11767 的要求,要求达到一、二级苗标准,且茶苗规格基本一致并经植物检疫部门检疫合格,实行早、中、晚品种合理搭配。

6 茶树种植

6.1 定植时间

以 10 月下旬至 12 月上旬、2 月至 3 月初为宜。

6.2 定植规格

6.2.1 单行条植

一般缓坡平地茶园和梯地茶园以单行条植为主,一般行距 150 cm～180 cm、株距 20 cm～33 cm、每穴 1 株～3 株。

6.2.2 双行条植

梯田茶园宜采用双行条植,大行距 120 cm～150 cm,小行距 26 cm～33 cm,丛(株)距 30 cm～35 cm,每穴 2 株～3 株。

6.3 定植方式

种植前施足底肥,以有机肥和矿物源肥料为主,底肥深度在 40 cm～50 cm。移栽时,先用黄泥浆蘸茶苗根部,分级把茶苗分放在穴中,一边分发一边种植,茶苗定植的深度以根颈部入土 4.5 cm～6 cm 为宜,根系离底肥 10 cm 以上。移栽定植后最好及时铺草覆盖,防旱保苗。覆盖材料可用青草、稻草、秸秆等,每亩用量 1 000 kg～1 300 kg。

7 树冠管理

7.1 定型修剪

7.1.1 第一次定型修剪

在茶苗达到 2 足龄时进行,如果茶苗生长良好,可在 1 足龄时进行,但必须达到以下要求:茎粗(离地表 5 cm 处测量)超过 0.3 cm,苗高达到 25 cm,有 1 个～2 个分枝,80% 的茶苗达到以上标准,便可对该茶园进行第一次定型修剪。修剪方法:用整枝剪在离地面 15 cm～20 cm 处剪去主枝,侧枝不剪。凡不符合第一次定型修剪标准的茶苗不剪,留待第二年达标后再剪。

7.1.2 第二次定型修剪

一般在第一次定型修剪后一年,此时树高应达到 40 cm,剪口高度为离地 25 cm～30 cm,即在第一次定型修剪的基础上,提高 10 cm～15 cm。如茶苗高度不达标,适当推迟修剪时间。

7.1.3 第三次定型修剪

在第二次修剪后一年时进行,修剪高度在上次剪口基础上提高 10 cm～15 cm。用篱剪或弧形修剪机剪成弧形树冠。茶树经 3 次定型修剪后,茶树高度一般在 50 cm～60 cm,树幅可达 70 cm～80 cm,就可以开始轻采留养了。

7.2 轻修剪

轻修剪对象为成龄茶园。每年可进行 1 次～2 次,时间宜在春茶后 5 月上中旬、秋末 10 月下旬至 11 月中旬进行,用篱剪剪去树冠面 3 cm～5 cm 的枝叶,把冠面突出枝、晚秋新梢剪除。

7.3 深修剪

深修剪对象为成年茶树。用平剪或带弧形剪,剪去树冠表面鸡爪枝、细弱枝及病虫枝,修剪深度为离树冠表面 15 cm～30 cm。

7.4 重修剪

剪去树高的 1/2 或略多一些,留下离地面高度 30 cm～45 cm 主要骨干枝,剪后留养,定剪 2 次,每次提高 10 cm。剪口平滑,忌撕裂树皮,一般在早春或春茶后进行。

7.5 台刈

剪去离地面 5 cm～10 cm 地上部分全部枝干,若根茎部有更新枝的应留数枝枝梢。一般在早春或春茶后进行。

8 土壤管理与施肥

8.1 土壤耕作

8.1.1 深耕翻土

茶园深翻每年或隔年 1 次,在 9 月底至 11 月秋茶结束后进行,翻耕深度为 20 cm～30 cm。

8.1.2 浅耕除草

在春茶前(2 月下旬至 3 月上旬)、夏茶前(5 月下旬)和夏秋季(7 月上旬至 9 月上旬)进行,深度 5 cm～10 cm。

8.2 施肥

8.2.1 施肥原则

肥料种类及使用应符合 NY/T 394 的要求。

8.2.2 基肥

8.2.2.1 种类:以有机肥为主,配合少量无机肥,每年 1 次。

8.2.2.2 时间:9 月底至 10 月底前,一般结合秋冬季深耕时施用。

8.2.2.3 方法:平地和宽幅梯级茶园在茶行中间、坡地和窄幅梯级茶园于上坡位或内侧方向开沟深施,沟深 20 cm 以上,施肥后及时盖土。

8.2.3 追肥

8.2.3.1 种类:可选用复合肥、尿素、钙镁磷肥、过磷酸钙或生物固氮菌肥、有机复合肥等。

8.2.3.2 时间:结合茶树生育规律进行,在各季茶芽萌发前施用。一年 3 次～4 次。

8.2.3.3 方法:采用沟施,沟深 10 cm～15 cm,施后覆土。

9 水分管理与灌溉

9.1 茶园应建设抗旱保水设施,坡地茶园应开横沟拦蓄地面径流,减少水土流失;雨季注意蓄水池蓄水,供旱期使用。每年在雨季过后或冬季清理水沟与沉沙函,保持排水畅通。茶园植树造林,茶园行间铺草以增强茶园土壤涵养水分的能力。

9.2 1 年～2 年生幼龄茶园,应特别采取遮阳、铺草、及时浇水等措施抗旱。栽植茶苗成活前每隔 5 d～7 d 应浇水 1 次,遇到高温干旱的气候条件,更应及时灌溉补水。

9.3 夏秋干旱季节,日均气温接近 30℃,最高气温超过 35℃持续 1 周以上,气象预报仍有一段时期持续高温无雨,茶树根系较集中的土层内含水率低于田间水量的 70% 时,安排茶园灌溉。

9.4 为保证茶园土壤保持水分,可采用地面覆盖等措施提高茶园保土、蓄水能力,植物源覆盖材料(草、修剪枝叶和作物秸秆等)应未受有害或有毒物质的污染。

10 病虫草害防治

10.1 防治原则

遵循"预防为主,综合治理"方针,构建良好的绿色茶园生态系统,优先考虑农业、物理防治与生物防治措施,必要时再使用化学防控。坚持茶园虫口调查和测报制度。

10.2 农业防治

10.2.1 选用抗病虫品种,异地调苗应进行检疫。

10.2.2 茶园四周或茶园内不适合种茶的空地应植树造林,茶园的上风口应营造防护林。主要道路、沟渠两边种植行道树,选择不落叶的杉、棕、苦楝、桂花、玉兰等树种,茶园周边和梯坎保留一定数量的杂草和种草,改善茶园的生态环境。

10.2.3 结合分批、多次、及时采摘与修剪和台刈,抑制危害芽叶、枝干的病虫。

10.2.4 茶园覆盖物选用稻草或者茶树枝叶等材料,铺设厚度 3 cm～5 cm。茶行间种绿肥,抑制茶园杂草生长。

10.2.5 合理管理肥水,增强树势,提高茶树抵抗力,减少病虫害发生。合理修剪,改善密闭茶园通风透光条件。

10.3 物理防控

10.3.1 人工捕杀,减轻茶毛虫、茶蚕、蓑蛾、卷叶蛾类和茶丽纹象甲等害虫的危害。

10.3.2 吸虫捕杀,采用负压吸虫器收集假眼小绿叶蝉、粉虱等茶园小型叶面害虫,进行集中处理。

10.3.3 每15亩～25亩茶园安装1盏频振式或太阳能杀虫灯,诱杀茶尺蠖、茶毛虫、金龟甲等害虫成虫。

10.3.4 每亩在高于茶蓬 10 cm～20 cm 处悬挂20张～25张黄色或蓝色黏虫板,诱杀黑刺粉虱、蚜虫、假眼小绿叶蝉和茶黄蓟马等,害虫高发期每15 d更换1次。

10.3.5 信息素诱杀(性信息素和昆虫聚集信息素)或糖醋液等诱杀害虫。

10.3.6 采用机械除草、人工锄草或覆盖防草布等方法防除杂草。

10.3.7 深耕施肥和初冬农闲时,将茶园内枯枝落叶和茶树上的病虫枝叶清理出茶园集中销毁,减少越冬病虫基数。

10.4 生物防治

10.4.1 利用天敌防治虫害。通过茶行间种绿肥植物或其他经济作物,结合农事操作为茶园天敌提供栖息场所和迁移条件,保护天敌种群多样性,发挥自然天敌的控害作用。

10.4.2 宜使用生物源农药如微生物农药、植物源农药和矿物源农药。如白僵菌、苏云金杆菌(Bt)和昆虫病毒(核型多角体病毒和颗粒体病毒)制剂。

10.4.3 可采用行间套种豆科作物、鼠茅草等以草抑草。

10.5 化学防治

10.5.1 农药使用要严格按 NY/T 393 的规定执行。

10.5.2 选用高效、低毒、低残留农药,科学轮换和混配使用。限制使用高水溶性农药,禁止使用国家公告禁止的高毒、高残留农药和已撤销在茶树上登记许可使用的农药。

10.5.3 农药使用方法应按照产品包装标签规定要求执行,严格控制用药量、施药次数和安全间隔期。具体防治措施和推荐用药参见附录 A。

11 鲜叶采摘

11.1 采摘原则

根据茶树生长特性和乌龙茶成品茶对鲜叶原料嫩度的要求,遵循采留结合、量质兼顾原则,按标准适时采摘。具体为芽梢驻芽形成后小开面至中开面,采驻芽二、三叶,夏暑茶可适当嫩采。

11.2 采摘方法

手工采摘应保持芽叶或嫩梢完整、新鲜、匀净,不夹带茶果、老枝叶或非茶类夹杂物。采茶机应使用无铅汽油,防止汽油、机油污染茶叶、茶树和土壤。采下的茶叶应及时运抵加工厂加工,防止鲜叶变质。

12 茶叶加工

12.1 生产过程要求

加工厂区环境、厂房与设施、加工设备与工具、人员卫生管理等应符合 GB 14881、GB/T 32744 的要求。要求相对独立的加工车间和加工生产线;若存在平行生产,要求与常规生产之间有一个冲顶加工。

12.2 初制加工

按晒青、做青(摇青、晾青)杀青、揉捻(包揉)、干燥顺序加工。

12.2.1 晒青

将鲜叶薄摊在晒青布上,厚 2 cm～4 cm,日光萎凋时间 15 min～60 min,视季节、品种、地区实际情况而定。其间进行 2 次～3 次翻筛,并结合晾青,使鲜叶失水均匀一致。萎凋至叶面失去光泽,叶色转暗绿,顶叶稍下垂,梗弯而不断,手捏有弹性感,散发出微青草气。

12.2.2 做青

做青由摇青和晾青交替进行。摇青视季节、品种、地区实际情况而定,闽南乌龙茶摇青 3 次～4 次,历时 12 h～18 h,晾青间适宜温度为 18℃～23℃,相对湿度为 65%～75%;闽北乌龙茶摇青 4 次～5 次,历时 10 h～12 h,晾青间适宜温度为 22℃～25℃,湿度不高于 80%,摇青时间先少后多,根据气候、季节、嫩度及产品不同风格灵活掌握。以做青叶色转为暗黄绿色,叶面略有皱纹,叶梗柔软,稍有弹性,青气消失,散发清香,间有水果甜香为做青适度标志。

12.2.3 杀青

杀青适宜温度为 220℃～280℃,时间 10 min 内,杀青至叶底颜色转暗,颜色均匀,手抓有刺手感,青味褪去,有一定茶香,杀青叶应及时摊凉。

12.2.4 揉捻(包揉)

杀青叶摊凉后及时揉捻,使揉捻叶卷曲成条。颗粒型乌龙茶需进行包揉工序,包括包揉、松包解团、初烘、复包揉、定型工序。

12.2.5 干燥

烘干温度 85℃～120℃,烘至足干。

12.3 精制加工

按毛茶、拣剔、筛分、风选、拼配、烘焙(拼配)、包装顺序加工。

12.3.1 验收

对照标准样进行审评验收,包含数量验收、品质状况、水分、碎茶等,评定茶叶等级。

12.3.2 归堆

按地域、大类、等级、季节等要求进行归堆。

12.3.3 拣剔

采用拣梗机和色选机进行拣剔,拣净率如达不到产品质量要求,应结合人工拣剔。

12.3.4 筛分

采用圆筛机进行筛分,颗粒型乌龙茶的筛网孔径为 3 mm～5 mm,条型乌龙茶的筛网孔径为 6 mm～7 mm。

12.3.5 风选

利用风选机选别出茶叶的轻重和非茶类夹杂物。

12.3.6 拼配

根据原料的地域、外形、色泽、香气、滋味特色,科学合理拼配。

12.3.7 匀堆

拣剔后的茶叶,按原级别投料将各筛号茶按一定比例打堆拼和。可采用人工匀堆和机械匀堆,使产品符合要求。

12.3.8 烘焙

烘焙温度时间根据产品等级、风格或市场要求而定,一般在 60℃～160℃。

13 生产废弃物处理

地膜、肥料包装袋等应及时专门收集,集中处理;茶园修剪等产生的废弃枝叶和间作产生的作物秸秆等应保留在茶园,作为茶园覆盖物处理;茶叶加工中产生的废弃物如茶末、茶梗等,应收集集中后进行无害化处理,如将茶末堆积做有机肥料还园,或销售给专业公司作为生产吸附剂、活性炭、动物饲料、食用菌培养基等。

14 包装、储藏和运输

14.1 包装

包装应符合 NY/T 658 的要求。

14.2 储藏

储藏条件应符合 NY/T 1056 的要求。

14.3 运输

运输工具应清洁、干燥;运输时应防雨、防暴晒,避免受到污染。

15 生产档案管理

建立绿色食品乌龙茶生产档案,包括生产投入品采购、出入库、使用记录、农事记录、加工记录等。建立可追溯体系,记录生产、加工、储藏、销售等环节,有连续的、可追踪的生产批号系统,根据批号系统能查询到完整的档案记录。档案记录应保存 3 年以上。

附 录 A

（资料性附录）

福建地区绿色食品乌龙茶生产主要病虫害防治方案

福建地区绿色食品乌龙茶生产主要病虫害防治方案见表 A.1。

表 A.1 福建地区绿色食品乌龙茶生产主要病虫害防治方案

防治对象	防治时期	农药名称	使用剂量	使用方法	安全间隔期,d
茶小绿叶蝉	若虫盛发初期	1%印楝素微乳剂	27 mL/亩～45 mL/亩	喷雾	—
	发生初期	25%噻虫嗪水分散粒剂	4 g/亩～6 g/亩	喷雾	3
	发生初期	50%啶虫脒水分散粒剂	2 g/亩～3 g/亩	喷雾	14
	若虫盛发期	150 g/L茚虫威乳油	17 mL/亩～22 mL/亩	喷雾	10
茶橙瘿螨（螨虫）	3 头/cm～5头/cm 时	45%石硫合剂结晶	150 倍液	喷雾	封园防治
茶毛虫	低龄幼虫期	16 000 IU/mg 苏云金杆菌可湿性粉剂	800 倍～1 600 倍液	喷雾	—
		0.5%苦参碱水剂	70 mL/亩～90 mL/亩	喷雾	—
茶尺蠖	低龄幼虫期或始盛期	0.6%苦参碱水剂	60 mL/亩～75 mL/亩	喷雾	—
		20%甲氰菊酯乳油	7.5 g/亩～9.5 g/亩	喷雾	7
茶饼病	发病前或初期	1.5%多抗霉素可湿性粉剂	150 倍液	喷雾	—
炭疽病	发病前或初期	46%氢氧化铜水分散粒剂	1 500 倍～2 000 倍液	喷雾	5
		10%苯醚甲环唑水分散粒剂	1 000 倍～1 500 倍液	喷雾	14

注:农药使用以最新版本 NY/T 393 的规定为准。

绿 色 食 品 生 产 操 作 规 程

LB/T 095—2020

绿 色 食 品
中短粒型大米生产操作规程

2020-08-20 发布　　　　　　　　　　　　2020-11-01 实施

中国绿色食品发展中心 发布

前　言

本规程由中国绿色食品发展中心提出并归口。

本规程起草单位：黑龙江省绿色食品发展中心、中国绿色食品发展中心、黑龙江省农业科学院食品加工研究所、辽宁省绿色食品发展中心、吉林省绿色食品办公室、内蒙古自治区绿色食品发展中心、五常市葵花阳光米业有限公司。

本规程主要起草人：刘培源、卢淑雯、米强、唐伟、王勇男、韩明钊、卓超、陈曦、刘胜利、姚国秀、任传英、叶博、李岩、孙丽荣、隋竹文、张金凤、包立高。

绿色食品中短粒型大米生产操作规程

1 范围

本规程规定了绿色食品中短粒型大米生产的术语和定义、加工企业基本要求、原料要求、生产工艺及操作方法、生产废弃物处理、产品检验、包装标识、运输储存、平行生产及生产档案管理。

本规程适用于绿色食品中短粒型大米的生产。

2 规范性引用文件

下列文件对于本文件的应用是必不可少的。凡是注日期的引用文件，仅注日期的版本适用于本文件。凡是不注日期的引用文件，其最新版本（包括所有的修改单）适用于本文件。

GB 7718　食品安全国家标准　预包装食品标签通则

GB 14881　食品安全国家标准　食品生产通用卫生规范

GB/T 26630　大米加工企业良好操作规范

GB 28050　食品安全国家标准　预包装食品营养标签通则

LS/T 6116　大米粒型分类判定

NY/T 391　绿色食品　产地环境质量

NY/T 419　绿色食品　稻米

NY/T 658　绿色食品　包装通用准则

NY/T 1055　绿色食品　产品检验规则

NY/T 1056　绿色食品　储藏运输准则

3 术语和定义

下列术语和定义适用于本文件。

3.1

中短粒型大米　medium to short grain rice

指粒长≤6mm、长宽＜2.0的大米。按照 LS/T 6116 的规定确定。

4 加工企业基本要求

加工企业应建在交通方便、水源充足，远离粉尘、烟雾、有害气体及污染源的地区。厂区环境卫生、生产车间及生产设施设备、人员健康及卫生管理等应符合 GB 14881 和 GB/T 26630 的要求。

5 原料要求

5.1 稻谷

应来自获证绿色食品稻谷企业、合作社等主体或全国绿色食品水稻标准标准化生产基地或经绿色食品工作机构认定，按照绿色食品生产方式生产，达到绿色食品水稻标准的自建基地。

5.2 水

抛光工艺用水应符合 NY/T 391 中加工用水的要求。

6 生产工艺及操作方法

6.1 大米生产工艺流程

清理→去石→砻谷→谷糙分离→厚度分级→碾米→碎米分离→抛光→色选→精选→包装。

6.2 大米生产设备

大米生产设备包括：圆筒初清筛、自衡振动筛、平面回转筛；去石机；砻谷机、稻壳分离机；谷糙分离筛；厚度分级机；砂辊碾米机；立式铁辊（加湿）碾米机；白米分级筛；抛光机；色选机；大米定量包装机。

6.3 操作方法

6.3.1 开机前检查

各设备开机前，先检查各部是否松动的情况，检查橡胶弹簧是否有歪斜、脱出或变形过大等现象，在检查无误后，方可开机运行。

6.3.2 清理

a) 圆筒初清筛正常运行 3 min～5 min 后，方可打开闸门投料，流量一般控制在 6.5 t/h～7.5 t/h 范围。

b) 工作期间，及时清除大杂，保证大杂清除率达 100％。

c) 观察自衡振动筛振幅盘上的行程，是否符合规定（≤6 mm），不合规定，应由维修班来调整振幅。

d) 正常运行 3 min～5 min 后，方可投料，流量一般控制在 6.5 t/h～7.5 t/h。

e) 机器工作期间，不要频繁调节风量，确保风量稳定在 100 m³/min～110 m³/min，以免影响清理效果。

f) 平面回转筛大、小杂接料口挂好接料袋，确保杂质不外漏。

g) 启动设备，注意观察筛体振动情况，如有不正常跳动、晃动现象或非正常响声，应立即停机，按《设备维修维护手册》检查并排除故障。

h) 打开给料闸门，调整匀料板使物料左右均匀流入上层筛面。调好后，必须用销紧螺母紧固匀料板轴。

i) 注意观察大、小杂内是否混有粮食，如混有粮食应立即停机，按《设备维修维护手册》检查筛面情况。

j) 上层筛面杂质至少每 1 h 清理 1 次，下杂袋满了要及时更换。

k) 给料停止后，设备继续运转 2 min 后再停机。

6.3.3 去石

a) 去石机正常运行 3 min～5 min 后，检查机器的各部是否有异常振动，在确认没有异常后，起动粉尘吸风系统，调整微压计的压力在 0.60 kPa～0.80 kPa。

b) 打开闸门，开始投料并控制物料流量在 6.5 t/h～7.5 t/h，并要流速均匀。

c) 调节风量调节杆，使得分级板上的谷物形成一个个 20 mm～30 mm 宽、20 mm～30 mm 长的波纹，向左旋转，将增加风量。若风量调节之后，谷物的运动仍旧不规则，应向左旋转角度调节杆调节筛船角度或调节振幅（一般筛体角度为 5°～9°，振幅为 4 mm～5 mm）。

d) 经常检查出石口、出料口排出的物料质量，发现石中含粮或粮中含石超标，应及时相应调节流量、风量、振幅或筛体角度，使其达到最佳效果。

e) 机器工作中，一旦发现堵塞或振动异常等，应立即停机，会同维修班检查，排除隐患后再开机。

f) 停机顺序：先停止进料后，再停去石机主机、风机，最后关闭吸风闸门。停机时，应保持筛面有一定的物料，以利于下次开机时迅速排石。

6.3.4　砻谷

a) 转动砻谷机空气减压阀,调节空气压力到 0.3 MPa~0.5 MPa。

b) 启动稻壳分离机,然后开动砻谷机,待料斗中存料后,将开关拨到自动或手动位置。

c) 糙米出口处检查脱壳率,调节谷壳分离器的阀门,调节脱壳率减压阀的压力(0.15 MPa~0.25 MPa),达到所需要的脱壳率(一般应保持在 85%~90%)。工作中随时监视脱壳情况,适时做出必要调整。

d) 喂料流量的调节,用调节手柄调大小,一般流量控制在 6.5 t/h~7.5 t/h。

e) 停机时,先停料,再停砻谷机,等候 5 s~6 s,确认所有的物料都已经被吹出谷壳分离部分和螺旋输送机已经卸空,然后关掉电动机。

6.3.5　谷糙分离

a) 转动谷糙分离筛喂料分配阀操作杆,关闭喂料阀,将物料(谷糙混合物)充满料斗。开动电机,打开喂料阀门,将料斗中的谷糙混合物料喂入分配盘,分配盘阀板的弹簧拉力应尽可能调节大,以保证物料充满分配盘,切记不能使物料从分配盘溢出。

b) 用料流调整旋钮调节来自料斗的喂料量,使散落在物料分离板上的物料层的厚度为 6 mm~8 mm。

c) 用角度调节扳手,调节分离板倾斜角度,以便使物料在分离板的整个表面均匀一致。

d) 运行期间,定期检查分离状况,适时地调整喂料量、分离板的倾斜角度或两个分配板,从而达到谷糙分离的工艺指标。

e) 运转过程中,经常检查机体各部,若有异常,应立即停料、停机检查,排除隐患后,再进料开机。

f) 当结束运行时,停止喂料的同时立即关机,保持各分离板上的物料均匀不变,以利于下次开机时迅速达到良好的分离效果。

6.3.6　厚度分级

a) 设备运转时,禁止清理设备里面的杂物。

b) 听到设备异常响动,要按顺序关闭设备。

c) 清理及维修设备后,检查工具是否留在设备里面。

6.3.7　碾米

6.3.7.1　碾米工艺及要求

a) 碾米工艺:开糙→碾白1→碾白2→碾白3→(碾白4)(多次轻碾可降低碎米率)。

b) 碾米要求:总碎米率<20%,其中小碎米<2.5%,白米含糠粉率<0.2%。

6.3.7.2　开糙

a) 砂辊碾米机开机前,应先开吸糠风机,在喂料门关闭状态下启动主机。

b) 空载开机后,检查各处轴承是否过热或有异声。检查整机是否有异常的振动和噪声,检查电机的空载电流是否在额定范围。

c) 调节风量闸门,使静压达到 0.8 kPa~1.4 kPa。

d) 在每根调节杆的末端上都放上一个最小压砣,观察后面的铁辊米机、加湿米机等各部分都正常后,再慢慢地打开该机的进料阀,开始碾米,进料流量一般控制在 4.5 t/h~5 t/h。

e) 调节压砣位置及增减压砣,观察并控制电流表的电流在 40 A~60 A,以便达到预期的碾白效果。注意:刚出米时,压砣调节不宜过大,防止过载。

f) 加工过程中,经常观察设备的运行情况,若有异常,应立即关闭进料闸门停机检查,排除隐患。

g) 电机一旦停机,应先关闭进料阀门,停止吸风,将机器内的残留物清理出机外,再启动电机,尽量避免带料启动。

6.3.7.3 碾白

a) 立式铁辊(加湿)碾米机开机前,应先开启吸糠风机,在喂料门关闭状态下启动主机。

b) 空载开机后,检查各处轴承是否过热或有异声;检查整机是否有异常的振动和噪声;检查电机的空载电流是否在额定范围。

c) 调节风量闸门,使静压达到 0.8 kPa~1.4 kPa。

d) 前期运转准备好后,打开料门进料。

e) 将料门压砣置于压砣杆根部,让碾白室充满物料,当出料口开始出料且电流值稳定后(电流一般分别控制在 60 A~80 A、40 A~60 A),再开始调整压砣,达到所要求的白米精度。刚出米时,压砣调节不宜过大,防止过载。

f) 加湿调节:

  1) 正常加工,加湿泵要在碾米一切正常后开启,而关闭则要在碾米结束前 5 min 停止给水。

  2) 加工开始时,必须在碾白室充满物料时,方能进行加湿。加工过程中,上一工序或料斗中无米时,应及时关闭加湿泵,以避免无米时往碾白室加水,引起锈蚀或轴承损坏。

  3) 不定期检查米质表面变化,根据所出米的表面情况进行严格调整加湿量。加湿量应控制在物料流量的 0.3%~0.4%,如加湿量过度,会引起机器碾白室堵塞、机体锈蚀、大米保质期缩短等。

6.3.8 碎米分离

a) 白米分级筛运转时要检查回转是否正常。如果机器在停止过程中发生不正常或偏振运动,应停止机器运转寻找原因,特别应注意支撑杆的弹簧(或吊装钢丝绳)是否松弛。

b) 检查支撑杆时,要松掉弹簧支撑杆上部压紧块的所有螺丝,手动转动重块来调节筛座到平衡位置。

c) 当机器要停止运转时,一定要继续运转机器直至机器内的物料全部排出机器为止。如果机器内有大量物料而停止机器,有可能会损坏筛网。

d) 处理含水量较高的物料时,机器停止运转后可以将筛格逐层取下,用气枪将筛面上的积料吹掉,如果有必要,可以用水清洗。

6.3.9 抛光

a) 根据糙米的品种、含水量和成品的精度要求,调整抛光机适当流量。

b) 随时检查白米碎米、糠粉含量,及时调整机器,降低碎米、糠粉含量。

c) 启动时防护板必须始终就位和闭合,停机后方可打开防护板,以防设备伤人。

d) 根据产品需要,适当进行多次抛光。

6.3.10 色选

a) 开启电源后,色选机需要预热 30 min,使色选室和其他条件稳定下来。在预热达到时间要求后,再开始进料。

b) 进料前,启动辅助设备:空压机、吸尘风机和提升机等。

c) 将进机的压缩空气气压调节到 0.25 MPa 正常工作压力。

d) 由专业技术人员按照生产的要求,合理地进行操作或确认:系统设定、流量设定、灵敏度设定等技术参数。

e) 使用过程中,尽量使一次选、二次选的每个信道的流量保持一致,以保证色选效果。

f) 根据产品需要,适当进行多次色选。

6.3.11 精选

根据产品需要进行精选。

6.3.12 包装

a) 确定包装重量在大米定量包装机的量程范围内,精度值满足产品包装要求。

b) 确保环境温度 0℃～40℃,相对湿度≤90%,不可结露。

c) 确认压缩空气清洁、干净、无油,压力不小于 0.4 MPa。

d) 开关置于"开"的位置。接通热合设备(包括封口机、预封口机、真空封口机、捆扎机等)电源,预热不少于 20 min;接通电子包装秤电源,校调零点,设置或调出使用参数;接通缝口机和输送机电源,确认其工作正常。

e) 确认成品仓有原料后,打出 3 个～5 个包装,用检斤秤复检。结果相符则可正常包装作业。

7 生产废弃物处理

生产过程中的稻壳可运输至热电厂发电;米糠可用于生产米糠油或饲料用;包装物等其他废弃物集中起来,按国家有关规定处理。

8 产品检验

产品检验应按照 NY/T 419 和 NY/T 1055 的规定执行。

9 包装标识

9.1 包装

包装应符合 NY/T 658 的相关规定,同时应符合下列要求:

a) 加工后成品米须降温至 30℃ 以下(含 30℃)或不高于室温 7℃(含 7℃)才能包装,有利于储藏。

b) 包装大米的器具应专用,不得污染。

c) 打包间的落地米不得直接包装出厂。

d) 包装袋口应缝牢固,以防撒漏。

e) 出厂产品应附有厂检验部门签发的合格证,合格证应使用无毒材质制成。

9.2 标识和标签

标识和标签应符合 GB 7718、GB 28050 和 NY/T 658 的要求。

10 运输储存

运输和储存应符合 NY/T 1056 的要求。

11 平行生产

存在平行生产情况时,企业应制定平行生产管理制度,并严格执行。绿色食品与非绿色食品大米平行生产管理制度应包括原料和成品的区分管理、冲顶加工管理、人员管理等。

12 生产档案管理

生产全过程,要建立质量追溯体系,健全生产记录档案,包括原料来源、生产线安排、加工时间、加工量、产品检验、出入库记录等。记录保存期限不得少于 3 年。

绿 色 食 品 生 产 操 作 规 程

LB/T 096—2020

绿 色 食 品
长粒型大米生产操作规程

2020-08-20 发布　　　　　　　　　　　　　2020-11-01 实施

中国绿色食品发展中心 发布

前　　言

本规程由中国绿色食品发展中心提出并归口。

本规程起草单位：湖南省绿色食品办公室、中国绿色食品发展中心、衡阳市绿色食品管理办公室、衡阳市粮油生产技术推广站、湖南角山米业有限责任公司、衡山仲旺水稻种植专业合作社。

本规程主要起草人：唐可兰、陈玲、张志华、刘丽辉、欧阳艳、肖亚强、孙晓辉、彭交文。

绿色食品长粒型大米生产操作规程

1 范围

本规程规定了绿色食品长粒型大米生产的术语和定义、加工企业生产条件要求、原料要求、生产工艺及操作方法、生产废弃物处理、产品质检、包装标识、运输储存、平行生产及生产档案管理。

本规程适用于绿色食品长粒型大米的生产。

2 规范性引用文件

下列文件对于本文件的应用是必不可少的。凡是注日期的引用文件，仅注日期的版本适用于本文件。凡是不注日期的引用文件，其最新版本（包括所有的修改单）适用于本文件。

GB 7718　食品安全国家标准　预包装食品标签通用标准

GB 14881　食品安全国家标准　食品生产通用卫生规范

GB/T 17109　粮食销售包装

GB 28050　食品安全国家标准　预包装食品营养标签通则

LS/T 6116　大米粒型分类判定

NY/T 391　绿色食品　产地环境质量

NY/T 419　绿色食品　稻米

NY/T 658　绿色食品　包装通用准则

NY/T 1055　绿色食品　产品检验规则

NY/T 1056　绿色食品　储藏运输准则

3 术语和定义

下列术语和定义适合于本文件。

3.1

长粒型大米　long grain rice

大米粒形细长，米粒长度≥6mm，长与宽之比一般大于3。按照 LS/T 6116 的要求确定。

4 加工企业生产条件要求

加工企业应建在交通方便、水源充足，远离粉尘、烟雾、有害气体及污染源的地区。厂区环境卫生、生产车间及生产设施设备、人员健康及卫生等符合 GB 14881 的要求。

5 原料要求

5.1 稻谷

应来自获证绿色食品稻谷企业、合作社等主体或国家级绿色食品稻谷原料标准化生产基地或经绿色食品工作机构认定，按照绿色食品生产方式生产，达到绿色食品水稻标准的自建基地。

5.2 水

抛光工艺用水应符合 NY/T 391 中加工用水的要求。

6 生产工艺及操作方法

6.1 大米生产工艺流程

清理→去石→砻谷→谷糙分离→厚度分级→碾米→碎米分离→抛光→色选→精选→包装。

6.2 大米生产设备

大米生产设备包括：圆筒初清筛、自衡振动筛、平面回转筛、去石机、砻谷机、稻壳分离机、谷糙分离筛、厚度分级机、砂辊碾米机、立式铁辊（加湿）碾米机、白米分级筛、抛光机、色选机、大米定量包装机。

6.3 操作方法

6.3.1 开机前检查

各设备开机前，先检查各部是否松动的情况，检查橡胶弹簧，是否歪斜，脱出或变形过大等现象，在检查无误时，方可开机运行。

6.3.2 清理

a) 圆筒初清筛正常运行 3 min～5 min 后，方可打开闸门投料，流量一般控制在 6.5 t/h～7.5 t/h。

b) 工作期间，及时清除大杂，保证大杂清除率达 100%。

c) 观察自衡振动筛振幅盘上的行程，是否符合规定（≥6 mm），不合规定，应由维修班来调整振幅。

d) 正常运行 3 min～5 min 后，方可投料，流量一般控制在 6.5 t/h～7.5 t/h。

e) 机器工作期间，不要频繁调节风量，确保风量稳定在 100 m³/min～110 m³/min，以免影响清理效果。

f) 平面回转筛大、小杂接料口挂好接料袋，确保杂质不外漏。

g) 启动设备，注意观察筛体振动情况，如有不正常跳动、晃动现象或非正常响声，应立即停机，按《设备维修维护手册》检查并排除故障。

h) 打开给料闸门，调整匀料板使物料左右均匀流入上层筛面。调好后，必须用销紧螺母紧固匀料板轴。

i) 注意观察大、小杂内是否混有粮食，如混有粮食应立即停机，按《设备维修维护手册》检查筛面情况。

j) 上层筛面杂质至少每 1 h 清理 1 次，下杂袋满了要及时更换。

k) 给料停止后，设备继续运转 2 min 后再停机。

6.3.3 去石

a) 去石机正常运行 3 min～5 min 后，检查机器的各部是否有异常振动，在确认没有异常后，起动粉尘吸风系统，调整微压计的压力在 0.60 kPa～0.80 kPa。

b) 打开闸门，开始投料并控制物料流量在 6.5 t/h～7.5 t/h，并要流速均匀。

c) 调节风量调节杆，使得分级板上的谷物形成一个个 20 mm～30 mm 宽、20 mm～30 mm 长的波纹，向左旋转，将增加风量。若风量调节之后，谷物的运动仍旧不规则，应向左旋转角度调节杆调节筛船角度或调节振幅（一般筛体角度为 5°～9°，振幅为 4 mm～5 mm）。

d) 经常检查出石口、出料口排出的物料质量，发现石中含粮或粮中含石超标，应及时相应调节流量、风量、振幅或筛体角度，使其达到最佳效果。

e) 机器工作中，一旦发现堵塞或振动异常等，应立即停机，会同维修班检查，排除隐患后再开机。

f) 停机顺序：先停止进料后，再停去石机主机、风机，最后关闭吸风闸门。停机时，应保持筛面有一定的物料，以利于下次开机时迅速排石。

6.3.4 砻谷

a) 转动砻谷机空气减压阀,调节空气压力到 0.3 MPa～0.5 MPa。

b) 启动稻壳分离机,然后开动砻谷机,待料斗中存料后,将开关拨到自动或手动位置。

c) 糙米出口处检查脱壳率,调节谷壳分离器的阀门,调节脱壳率减压阀的压力(0.15 MPa～0.25 MPa),达到所需的脱壳率(一般应保持在 85％～90％)。工作中随时监视脱壳情况,适时做出必要调整。

d) 喂料流量的调节,用调节手柄调大小,一般流量控制在 6.5 t/h～7.5 t/h。

e) 停机时,先停料,再停砻谷机,等候 5 s～6 s,确认所有的物料都已经被吹出谷壳分离部分和螺旋输送机已经卸空,然后关掉电动机。

6.3.5 谷糙分离

a) 转动谷糙分离筛喂料分配阀操作杆,关闭喂料阀,将物料(谷糙混合物)充满料斗。开动电机,打开喂料阀门,将料斗中的谷糙混合物料喂入分配盘,分配盘阀板的弹簧拉力应尽可能调节大,以保证物料充满分配盘,切记不能使物料从分配盘溢出。

b) 用料流调整旋钮调节来自料斗的喂料量,使散落在物料分离板上的物料层的厚度为 6 mm～8 mm。

c) 用角度调节扳手,调节分离板倾斜角度,以便使物料在分离板的整个表面均匀一致。

d) 运行期间,定期检查分离状况,适时地调整喂料量、分离板的倾斜角度或两个分配板,从而达到谷糙分离的工艺指标。

e) 运转过程中,经常检查机体各部,若有异常,应立即停料、停机检查,排除隐患后,再进料开机。

f) 当结束运行时,停止喂料的同时立即关机,保持各分离板上的物料均匀不变,以利于下次开机时迅速达到良好的分离效果。

6.3.6 厚度分级

a) 设备运转时,禁止清理设备里面的杂物。

b) 听到设备异常响动,要按顺序关闭设备。

c) 清理及维修设备后,检查工具是否留在设备里面。

6.3.7 碾米

6.3.7.1 碾米工艺及要求

a) 碾米工艺:开糙→碾白 1→碾白 2→碾白 3→(碾白 4)(多次轻碾可降低碎米率)。

b) 碾米要求:总碎米率＜20％,其中小碎米＜2.5％,白米含糠粉率＜0.2％。

6.3.7.2 开糙

a) 砂辊碾米机开机前,应先开吸糠风机,在喂料门关闭状态下启动主机。

b) 空载开机后,检查各处轴承是否过热或有异声;检查整机是否有异常的振动和噪声;检查电机的空载电流是否在额定范围。

c) 调节风量闸门,使静压达到 0.8 kPa～1.4 kPa。

d) 在每根调节杆的末端上都放上 1 个最小压砣,观察后面的铁辊米机、加湿米机等各部分都正常后,再慢慢地打开该机的进料阀,开始碾米,进料流量一般控制在 4.5 t/h～5 t/h。

e) 调节压砣位置及增减压砣,观察并控制电流表的电流在 40 A～60 A,以便达到预期的碾白效果。注意:刚出米时,压砣调节不宜过大,防止过载。

f) 加工过程中,经常观察设备的运行情况,若有异常,应立即关闭进料闸门停机检查,排除隐患。

g) 电机一旦停机,应先关闭进料阀门,停止吸风,将机器内的残留物清理出机外,再启动电机,尽量避免带料启动。

6.3.7.3 碾白

a) 立式铁辊(加湿)碾米机开机前,应先开启吸糠风机,在喂料门关闭状态下启动主机。

b) 空载开机后,检查各处轴承是否过热或有异声;检查整机是否有异常的振动和噪声;检查电机的空载电流是否在额定范围。

c) 调节风量闸门,使静压达到 0.8 kPa～1.4 kPa。

d) 前期运转准备好后,打开料门进料。

e) 将料门压砣置于压砣杆根部,让碾白室充满物料,当出料口开始出料且电流值稳定后(电流一般分别控制在 60 A～80 A,40 A～60 A),再开始调整压砣,达到所要求的白米精度。刚出米时,压砣调节不宜过大,防止过载。

f) 加湿调节:
　　1) 正常加工,加湿泵要在碾米一切正常后开启,而关闭则要在碾米结束前 5 min 停止给水。
　　2) 加工开始时,必须在碾白室充满物料时,方能进行加湿。加工过程中,上一工序或料斗中无米时,应及时关闭加湿泵,以避免无米时往碾白室加水,引起锈蚀或轴承损坏。
　　3) 不定期检查米质表面变化,根据所出米的表面情况进行严格调整加湿量。加湿量应控制在物料流量的 0.3%～0.4%,如加湿量过度,会引起机器碾白室堵塞、机体锈蚀、大米保质期缩短等。

6.3.8 碎米分离

a) 白米分级筛运转时要检查回转是否正常。如果机器在停止过程中发生不正常或偏振运动,应停止机器运转寻找原因,特别应注意支撑杆的弹簧(或吊装钢丝绳)是否松弛。

b) 检查支撑杆时,要松掉弹簧支撑杆上部压紧块的所有螺丝,手动转动重块来调节筛座到平衡位置。

c) 当机器要停止运转时,一定要继续运转机器直至机器内的物料全部排出机器为止。如果机器内有大量物料而停止机器,有可能会损坏筛网。

d) 处理含水量较高的物料时,机器停止运转后可以将筛格逐层取下,用气枪将筛面上的积料吹掉,如果有必要,可以用水清洗。

6.3.9 抛光

a) 根据糙米的品种、含水量和成品的精度要求,调整抛光机适当流量。

b) 随时检查白米碎米、糠粉含量,及时调整机器,降低碎米、糠粉含量。

c) 启动时防护板必须始终就位和闭合,停机后方可打开防护板,以防设备伤人。

d) 根据产品需要,适当进行多次抛光。

6.3.10 色选

a) 开启电源后,色选机需要预热 30 min,使色选室和其他条件稳定下来。在预热达到时间要求后,再开始进料。

b) 进料前,启动辅助设备:空压机、吸尘风机和提升机等。

c) 将进机的压缩空气气压调节到 0.25 MPa 正常工作压力。

d) 由专业技术人员按照生产的要求,合理地进行操作或确认:系统设定、流量设定、灵敏度设定等技术参数。

e) 使用过程中,尽量使一次选、二次选的每个信道的流量保持一致,以保证色选效果。

f) 根据产品需要,适当进行多次色选。

6.3.11 精选

根据产品需要进行精选。

6.3.12 包装

a) 确定包装重量在大米定量包装机的量程范围内,精度值满足产品包装要求。

b) 确保环境温度 0℃～40℃,相对湿度≤90%,不可结露。

c) 确认压缩空气清洁、干净、无油,压力不小于 0.4 MPa。

d) 开关置于"开"的位置。接通热合设备(包括封口机、预封口机、真空封口机、捆扎机等)电源,预热不少于 20 min;接通电子包装秤电源,校调零点,设置或调出使用参数;接通缝口机和输送机电源,确认其工作正常。

e) 确认成品仓有原料后,打出 3 个～5 个包装,用检斤秤复检。结果相符则可正常包装作业。包装应符合 GB/T 17109、NY/T 658 的相关要求,标签应符合 GB 7718、GB 28050 的相关要求。

7 生产废弃物处理

包装袋等不可利用废弃物应倒入专用处理设施;稻秆回收压缩打捆作为发电、造纸等再利用;稻壳可用于发电或烘干设备燃料等利用;米糠可用于动物饲料加工或工业原料。

8 产品质检

产品质量应符合 NY/T 419 中籼米的各项指标要求,产品检验应按 NY/T 1055 的规定执行。

9 包装标识

9.1 包装

包装应符合 GB/T 17109、NY/T 658 的相关规定,同时应符合下列要求:

a) 加工后成品米须降温至 30℃以下(含 30℃)或不高于室温 7℃(含 7℃)才能包装,有利于储藏。

b) 包装大米的器具应专用,不得污染。

c) 打包间的落地米不得直接包装出厂。

d) 包装袋口应缝牢固,以防撒漏。

e) 出厂产品应附有厂检验部门签发的合格证,合格证应使用无毒材质制成。

9.2 标识

标签应符合 GB 7718、GB 28050 的相关要求。

10 运输储存

运输和储存应符合 NY/T 1056 的要求。

11 平行生产

出现绿色食品大米与非绿色食品大米共用生产线时,企业应制定包含原料和成品的区分管理、冲顶加工管理、人员管理等内容的平行生产管理制度,并严格执行。

12 生产档案管理

生产全过程,要建立质量追溯体系,健全生产记录档案,包括原料来源、加工时间、加工量、产品检验、产品入库记录等。记录保存期限不得少于 3 年。

绿 色 食 品 生 产 操 作 规 程

LB/T 097—2020

绿 色 食 品
小麦粉生产操作规程

2020-08-20 发布   2020-11-01 实施

中国绿色食品发展中心 发布

前　言

　　本规程由中国绿色食品发展中心提出并归口。

　　本规程起草单位:湖南省农产品加工研究所、湖南省食品测试分析中心、中国绿色食品发展中心、湖南天人谷业有限公司、长沙凯雪粮油食品有限公司。

　　本规程主要起草人:李志坚、李高阳、单杨、张志华、张宪、李丰华、赵传文、袁洪燕、付复华、尚雪波、肖轲、谭欢、潘兆平、林树花、何双、刘阳、韩晓磊、段传胜、蒋成。

绿色食品小麦粉生产操作规程

1 范围

本规程规定了绿色食品小麦粉生产需要的术语和定义,生产过程要求,原料要求,工艺流程,操作方法,包装、运输和储存,平行生产管理,生产废弃物处理,生产档案管理。

本规程适用于绿色食品小麦粉的生产加工。

2 规范性引用文件

下列文件对于本文件的应用是必不可少的。凡是注日期引用文件,仅注日期的版本适用于本文件。凡是不注日期的引用文件,其最新版本(包括所有的修改单)适用于本文件。

GB 1351　小麦

GB 1355　小麦粉

GB 7718　预包装食品标签通则

GB 14880　食品安全国家标准　食品营养强化剂使用标准

GB 14881　食品安全国家标准　食品生产通用卫生规范

NY/T 391　绿色食品　产地环境质量

NY/T 392　绿色食品　食品添加剂使用准则

NY/T 421　绿色食品　小麦及小麦粉

NY/T 658　绿色食品　包装通用准则

NY/T 896　绿色食品　产品抽样准则

NY/T 1055　绿色食品　产品检验规则

NY/T 1056　绿色食品　储藏运输准则

3 术语和定义

下列术语和定义适用于本文件。

3.1

打麦

通过打板的旋转,以及小麦之间的摩擦去除黏附在小麦表面的尘土及打碎煤渣、土块的操作。

3.2

润麦

通过着水机加入一定量的水分,使小麦皮层纤维素吸水胀润,韧性加强,研磨时不易破碎混入小麦粉中,使皮层与胚乳易于分离。

3.3

研磨

利用小麦润麦后各部分不同的强度,配置不同表面的磨辊,对物料挤压、剪切,达到破碎的目的。

3.4

清粉

利用风选和筛选将纯麦心及含皮胚乳按照粒度和比重进行分离。

3.5

配粉

将不同品质、不同等级的基础粉按一定比例混合并根据需要加入各种添加剂或改良剂,进行搅拌混合制成符合一定质量要求的小麦粉。

4 生产过程要求

绿色食品小麦粉生产加工厂生态环境要求符合 NY/T 391 的要求,选址和厂区环境、厂房和车间、设施与设备、卫生管理、生产过程的食品安全控制等应符合 GB 14881 的要求。

5 原料要求

5.1 原料

小麦应来自获证绿色食品认证的小麦生产企业、合作社等主体或国家级绿色食品小麦原料标准化生产基地或经绿色食品工作机构认定、按照绿色食品生产方式生产、达到绿色食品小麦标准的自建基地,同时应符合 GB 1351 和 NY/T 421 的要求。

辅料的选择应符合绿色食品相关规定的要求。

5.2 食品添加剂和食品营养强化剂

食品添加剂和食品营养强化剂应符合 NY/T 392 和 GB 14880 的相关要求。

5.3 加工用水

生产过程中用水应符合 NY/T 391 的要求。

6 工艺流程

6.1 通用小麦粉

小麦验收→初清→配麦→清理→水分调节→二次清理→研磨→清粉→筛理→成品包装→入库。

6.2 专用小麦粉

小麦验收→初清→配麦→清理→水分调节→二次清理→研磨→清粉→筛理→配粉→成品包装→入库。

7 操作方法

7.1 初清

原料小麦依次通过圆筒筛、旋振筛、振动清理筛、风选等对小麦进行初清,经提升后进入毛麦仓或立筒仓存储。要求小杂去除率≥90%,大杂去除率≥80%。

7.2 配麦

利用配麦器、流量秤对出仓小麦进行准确计量,根据不同小麦品种、质量按预定搭配比例将小麦同时放出,控制各麦仓出口小麦流量进行合理搭配以保证小麦粉品质。

7.3 毛麦清理

毛麦依次通过磁选器、带风选振动清理筛、去石机、精选机、带风选打麦机、洗麦机去除小麦中的磁性金属物、灰尘、麦糠、麦毛、沙石、泥块、并肩石、破碎粒、异种粮、植物的根、茎、叶、其他植物的种子、绳头、纸屑、鼠粪、虫卵、发芽或霉变的粮粒等,经处理后要求尘芥杂质≤0.1%,其中沙石含量≤0.02%,不应含有大杂和磁性金属杂质,感官检测下脚中不应含正常完整麦粒。

7.4 水分调节

采用着水机对小麦进行着水润麦,通过搅拌使水在小麦中基本均匀分布。着水后进入润麦仓中润麦调质,一次着水对小麦进行初步的水分调节,使小麦水分均匀,达到入磨水分的 80%;利用水分调节系统对小麦进行二次润麦,第二次着水量根据第一次着水情况、工作环境(温度、湿度)及成品所要求的水分综合考虑来控制。硬质小麦润麦时间为 24 h~36 h,要求含水量达到 14.5%~14.9%;软质小麦润麦时间为 16 h~24 h,要求含水量达到 14.0%~14.5%。

7.5 净麦清理

磁选去除小麦中的磁性金属物;打麦工序对小麦表面及腹沟进行重打,擦除小麦外表皮;刷麦对经过碾打后的黏连外表皮的小麦进行表面刷洗;筛理筛除去经碾打和擦麦而破坏的小麦破碎粒;使用去石机除去小麦重麦,主要为石子并肩石等;色选去除小麦中颜色发暗的病斑粒、霉变粒等;风选去除小麦中外表皮及部分未成熟粒及皱皮粒、霉变粒。处理后达到入磨标准,要求基本不含大杂、小杂,尘芥杂质不超过 0.1%,基本不含磁性金属物,入磨净麦含水量应使生产出的成品小麦粉符合 NY/T 421 的要求。

7.6 研磨

通过皮磨系统、清粉系统、心磨系统、渣磨系统、尾磨系统进行磨粉。

7.6.1 皮磨系统

道数的设置与小麦原料的情况和出粉率要求有关,加工硬麦为主的粉路一般设 4 道皮磨,加工软麦为主的粉路一般设 5 道皮磨。出粉率要求 72%~74%时,设 4 道皮磨;出粉率要求 74%~76%时,设 4 道皮磨和打麸机;出粉率要求 76%~77%时,设 5 道皮磨和打麸机。逐道研磨,保持麸皮完整。在皮磨系统的后路使用打麸机有利于刮净麸皮上的胚乳、提高出粉率。

7.6.2 清粉系统

经过前路皮磨系统的研磨和筛理后,上层平筛筛去麸片进入下一道皮磨继续研磨,底层平筛筛出小麦粉,余下的粗粒和粗粉通过分级箱的筛理成为麦渣、粗麦心、细麦心及粗粉等分别送往下一道研磨系统进行处理,达到分离碎麸皮、连粉麸皮和纯洁的粉粒,提高小麦粉质量,降低物料温度的目的,要求灰分降低率≥30%。

7.6.3 心磨系统

一般设置 5 道~10 道,逐步将麦渣、麦心磨细成粉,未达到小麦粉细度要求的物料送至下一道继续研磨,同时筛理出少量麸屑和麦胚与粉分离,防止它们影响后路心磨系统出粉的质量。

7.6.4 渣磨系统

渣磨的道数一般设置 1 道~3 道,硬麦多些,软麦少些,使麦皮与胚乳分开,使麦渣、麦心得到提纯,稍含胚乳的麸皮和麦胚粗粒,送入下一道渣磨或前路皮磨,粒度变小但更均匀的渣和清洁的麦心送入前路心磨。

7.6.5 尾磨系统

处理含有麸屑、质量较次的麦心,将心磨系统和清粉系统送来的黏连麸星的小小麦粉颗粒进行研磨,并送往相应的筛理系统进行分配,从中提出小麦粉,提高出粉率。

7.7 清粉

将皮磨、心磨、渣磨、尾磨系统送来的物料进行进一步的分级提纯,并将分级提纯后的物料送往相应的磨粉系统进行研磨。

7.8 筛理

利用高方筛对小麦粉进行筛理,要求未筛净率≤10%,含粉率≤5%。经过前路皮磨系统的研磨和筛理后,上层平筛筛去麸片进入下一道皮磨继续研磨,底层平筛筛出小麦粉,余下的粗粒和粗粉通过分级箱的筛理成为麦渣、粗麦心、细麦心及粗粉等分别送往清粉系统或下一道研磨系统进行处理,达到分离碎麸皮、连粉麸皮和纯洁的粉粒,提高小麦粉质量,降低物料温度的目的,要求灰分降低率≥30%。

7.9 配粉

在制粉车间严格按配方比例进行配比,按专用小麦粉要求经过合适的比例或配方混配制成各种专用小麦粉,在混配过程中使用的改良剂等添加剂须添加准确,并做好使用记录,应符合 NY/T 392 的要求。添加剂由专人负责管理,车间的添加剂库房应上锁,库房要求清洁卫生,并具备各种添加剂的储存条件、领用数量、品种、有效期、生产日期等标识清楚,未用完的添加剂及时密封,做好标识。

7.10 编制批号或编号

每批次加工产品应编制加工批号或编号,批号或编号一直沿用至产品销售终端。

7.11 检验

产品抽样按 NY/T 896 的规定执行,产品检验应符合 NY/T 1055、GB 1355 和 NY/T 421 的要求。

8 包装、运输和储存

8.1 包装

包装材料应符合 NY/T 658 的要求,标志、标签等应符合 GB 7718 的要求。

8.2 运输和储存

产品运输、储存应符合 NY/T 1056 的要求。

9 平行生产管理

小麦粉生产企业进行绿色食品和常规产品同时生产时,应对原料选择、运输、加工生产线、成品包装储运等环节全程有效控制,保证绿色食品生产与常规产品生产的有效隔离。

9.1 加工过程管理

9.1.1 加工车间管理

绿色食品小麦粉的加工由专人管理,进行独立的加工生产,避免同时进行绿色食品和常规产品的加工生产,如需同时生产,应优先绿色产品生产加工,每次加工前后应对所使用的容器、工具和设备进行清洗,以防交叉污染。

9.1.2 原料、配料管理

绿色食品和常规产品的加工原料应分开放置,在生产过程使用的加工辅料一致时,按照绿色食品生产要求进行管理,建立完整的出入库记录,明确配料流向。

9.2 包装、储藏及标识管理

9.2.1 原料运输管理

原料小麦采购后,由指定专车来完成运输。混运时,采用易于分区的容器分开存放绿色食品和常规产品用原料。保持运输工具清洁卫生,运输车辆每天清洗 1 次,混运情况应每趟清洗 1 次。

9.2.2 储藏管理

绿色食品小麦粉的生产原料应存放于单独的仓库。如与常规产品的加工原料共用同一仓库时,应分区域储藏。仓储前应对库房进行全面清洁,以防止交叉,并有显著的标识区分两种生产原料。

9.2.3 记录与追溯管理

按照生产加工企业追溯制度要求建立产品加工记录,绿色食品应有独立的记录,追溯编号信息应明确,区分于常规产品。

9.2.4 成品包装、标识管理

根据生产日期、生产批号等,按照绿色食品标识规则进行编号、标识,并分时段、分区域存放包装成品。绿色食品的包装、存储区域应设置明显标识,与常规产品分开存放,防止混淆。

9.2.5 销售运输管理

绿色食品成品应采用专车运输,一般不得与常规产品混装混运,保持车辆清洁卫生,每天至少清理 1 次。

10 生产废弃物处理

生产废弃物包括生产过程的废弃物(如小麦清理过程中的杂质、现场清扫出来的粉尘、不合格产品、

废旧包装等)、与生产相关过程的废弃物(如机电维修的废棉纱、设备修理废料以及工厂产生的其他废料废渣等)、生产人员生活垃圾(如带入现场的塑料袋、一次性饭盒以及塑料泡沫板、烟蒂)等,及时清理,分类收集,及时转运,资源化回收利用或无害化处理,不形成环境污染,并做好处理记录。

11 生产档案管理

11.1 加工企业应单独建立绿色食品小麦粉档案管理制度。

11.2 档案资料主要包括质量管理体系文件、生产加工计划、产地合同、生产加工数量、生产过程控制、产品检测报告、人员档案及其健康体检报告与应急情况处理等控制文件等,内容真实、准确、规范,字迹清楚、不得损坏、丢失、随意涂改。

11.3 建立可追溯体系,生产、加工、储藏、销售等环节,有连续的、可跟踪的生产批号系统,根据批号系统能查询到完整的档案记录。

11.4 文件记录至少保存 3 年,档案资料指定由专人保管。

绿 色 食 品 生 产 操 作 规 程

LB/T 098—2020

绿 色 食 品
手工挂面生产操作规程

2020-08-20 发布

2020-11-01 实施

中国绿色食品发展中心 发 布

前　言

本规程中国绿色食品发展中心提出并归口。

本规程起草单位:湖南省农产品加工研究所、中国绿色食品发展中心、克明面业股份有限公司、河南御麦园食品有限公司。

本规程主要起草人:谢秋涛、袁洪燕、张菊华、李高阳、李林静、李绮丽、张宪、毛利平、张志华。

绿色食品手工挂面生产操作规程

1 范围

本规程规定了绿色食品手工挂面的术语和定义,生产过程要求,原料要求,工艺流程及操作方法,生产废弃物处理,包装、运输与储存,生产档案管理等要求。

本规程适用于以小麦粉为主要原料的绿色食品手工挂面的生产加工。

2 规范性引用文件

下列文件对于本文件的应用是必不可少的。凡是注日期的引用文件,仅注日期的版本适用于本文件。凡是不注日期的引用文件,其最新版本(包括所有的修改单)适用于本文件。

GB 14880 食品安全国家标准 食品营养强化剂使用标准

GB 14881 食品安全国家标准 食品生产通用卫生规范

LS/T 3202 面条用小麦粉

LS/T 3212 挂面

NY/T 391 绿色食品 产地环境质量

NY/T 392 绿色食品 食品添加剂使用准则

NY/T 421 绿色食品 小麦及小麦粉

NY/T 658 绿色食品 包装通用准则

NY/T 1040 绿色食品 食用盐

NY/T 1055 绿色食品 产品检验规则

NY/T 1056 绿色食品 储藏运输准则

3 术语和定义

下列术语和定义适用于本文件。

3.1

手工挂面

以小麦粉为主要原料,添加或不添加辅料,经手工加工而成的挂面。

3.2

绿色食品手工挂面

以手工方式制取并获得绿色食品标志的挂面制品。

4 生产过程要求

绿色食品手工挂面生产加工厂生态环境要求符合 NY/T 391 的要求,选址及厂区环境、厂房和车间、设施与设备、卫生管理、管理制度和人员等应符合 GB 14881 的要求。

5 原料要求

5.1 原料

小麦及小麦粉应符合 NY/T 421、LS/T 3202 及相关绿色食品标准的要求。食用盐应符合 NY/T 1040 的要求,其他辅料的选择应符合绿色食品相关规定要求。所有原料应来自获证绿色食品企业或合作社等主体,或国家级绿色食品原料标准化生产基地,或经绿色食品工作机构认定、按照绿色食品生产方式生产、达到绿色食品标准的自建基地。不得混入掺假的、含杂质的及品质变劣的原料。

5.2 食品添加剂和食品营养强化剂

应符合 NY/T 392 和 GB 14880 的要求。

5.3 加工用水

生产过程中用水应符合 NY/T 391 的要求,pH 中性,硬度不宜超过 10 度。

6 生产工艺及操作方法

手工挂面主要生产工艺流程:和面→熟化(一次醒面)→切面→盘条、绕条→二次醒面→拉面→三次醒面→干燥(晾晒或烘干)→收面→裁切→包装。

6.1 和面

6.1.1 加水量:为小麦粉质量的 25%~32%。

6.1.2 食用盐:为小麦粉质量的 2%~5%。

6.1.3 其他辅料:根据生产需求适量添加。

6.1.4 和面用水温:20℃~25℃。

6.1.5 食用盐和可溶性辅料按比例充分溶解到水中,再加入小麦粉中进行和面。

6.1.6 和面时,要反复用力揉和,干湿适当,不含生粉,不应过硬或过软,直至不黏手,不黏盆为止。

6.2 熟化

醒面使面团进一步成熟。熟化时间 30 min~40 min,熟化温度 25℃~30℃。

6.3 切面

将醒好的面团放在面板上,用擀面杖压成 2 cm~3 cm 厚度的面饼,再用快刀将面饼划割成直径 2 cm~3 cm 的圆形长条。连续划割,中途不能停断,随之用手来回反复捻搓成直径 1 cm~2 cm 的圆条。

6.4 盘条

将揉搓好的圆条层层盘入盆中,捻搓盘条时需要加入面粉,以防条与条之间相互黏连。

6.5 绕条

把两根 65 cm 长、一指粗的扦固定好。将盘好的面交叉地缠绕在扦上,至竹扦绕满为止。绕条时用力要均匀,排列自然有序。

6.6 醒面

将绕好的面放入发酵槽中,进行二次醒面,时间 25 min~35 min。

温度较低,可延长到 50 min;温度高则 20 min 即可。

6.7 拉面

将醒好的面,一次拉长,拉制时要平均用力向外慢慢伸张,拉到 80 cm 左右。

6.8 醒面

三次醒面,将拉至 80 cm 的面对折,再次放入发酵槽中,时间 25 min~35 min。

6.9 干燥

上杆,将面条从发酵槽中取出,放至高为 2 m 的架子上。

二次拉长,将面从架子上垂直下拉至 1.8 m 长,进行晾晒或烘干。

6.10 收面

下杆,将干燥后的手工挂面取下。

6.11 裁切

根据需求的规格进行裁切。

6.12 包装

称量后包装,得成品。

6.13 检验

应符合 NY/T 1055 和 LS/T 3212 的要求。

7 生产废弃物处理

在挂面生产各环节产生的不可再利用的物料,及时收集,进行无害化处理;生产过程产生的破损包材、清洁用品、破损工具等废弃物,及时清理,分类收集,及时转运,资源化回收利用或无害化处理,不形成环境污染,并做好处理记录。

8 包装、运输和储存

8.1 包装

包装材料、容器和标志、标签等应符合 NY/T 658 的要求。

8.2 运输和储存

产品运输、储藏应符合 NY/T 1056 的要求。

9 生产档案管理

9.1 挂面加工企业应建立绿色食品机械挂面生产档案。档案内容包括质量管理体系文件、生产加工计划、产地合同、生产加工数量、生产过程控制、产品检测报告、人员健康体检报告与应急情况处理等控制文件。

9.2 应建立可追溯体系。采购、加工、储藏、检验、销售等环节,有完整的、真实的、连续的、可追踪的生产批号系统,根据批号系统能查询到完整的档案记录。

9.3 所有记录应完整、真实、规范、字迹清楚。

9.4 档案记录应保存 3 年以上,档案资料由专人保管。

绿色食品生产操作规程

LB/T 099—2020

绿色食品
机械挂面生产操作规程

2020-08-20 发布　　　　　　　　2020-11-01 实施

中国绿色食品发展中心 发布

前　言

本规程由中国绿色食品发展中心提出并归口。

本规程起草单位：湖南省农产品加工研究所、中国绿色食品发展中心、克明面业股份有限公司。

本规程主要起草人：袁洪燕、谢秋涛、李高阳、单杨、张菊华、李林静、李绮丽、张宪、张志华、李志坚、谭欢、潘兆平。

绿色食品机械挂面生产操作规程

1 范围

本规程规定了绿色食品机械挂面的术语和定义,生产过程要求,原料要求,工艺流程及操作方法,平行生产管理,生产废弃物处理,包装、运输与储存,生产档案管理等要求。

本规程适用于以小麦粉为主要原料的绿色食品机械挂面的生产加工。

2 规范性引用文件

下列文件对于本文件的应用是必不可少的。凡是注日期的引用文件,仅注日期的版本适用于本文件。凡是不注日期的引用文件,其最新版本(包括所有的修改单)适用于本文件。

GB 14880　食品安全国家标准　食品营养强化剂使用标准

GB 14881　食品安全国家标准　食品生产通用卫生规范

GB 31621　食品安全国家标准　食品经营过程卫生规范

LS/T 3202　面条用小麦粉

LS/T 3212　挂面

NY/T 391　绿色食品　产地环境质量

NY/T 392　绿色食品　食品添加剂使用准则

NY/T 421　绿色食品　小麦及小麦粉

NY/T 658　绿色食品　包装通用准则

NY/T 1040　绿色食品　食用盐

NY/T 1055　绿色食品　产品检验规则

NY/T 1056　绿色食品　储藏运输准则

3 术语和定义

下列术语和定义适用于本文件。

3.1

机械加工挂面

以小麦粉为主要原料,添加或不添加辅料,经和面、压片、烘干、切断等多道工序加工而成的各种挂面制品。

3.2

绿色食品机械挂面

以机械加工的方式制取并获得绿色食品标志的挂面制品。

4 生产过程要求

绿色食品机械挂面生产加工厂生态环境要求应符合 NY/T 391 的要求,选址及厂区环境、厂房和车间、设施与设备、卫生管理、管理制度和人员等应符合 GB 14881 的要求。

5 原料要求

5.1 原料

小麦及小麦粉应符合 NY/T 421、LS/T 3202 及相关绿色食品标准的规定。食用盐应符合 NY/T

1040 的要求,其他辅料的选择应符合绿色食品相关规定要求。所有原料应来自获证绿色食品企业或合作社等主体,或国家级绿色食品原料标准化生产基地,或经绿色食品工作机构认定、按照绿色食品生产方式生产、达到绿色食品标准的自建基地。不得混入掺假的、含杂质的及品质变劣的原料。

5.2 食品添加剂和食品营养强化剂

应符合 NY/T 392 和 GB 14880 的要求。

5.3 加工用水

生产过程中用水应符合 NY/T 391 的要求,pH 中性,硬度不宜超过 10 度。

6 生产工艺及操作方法

机械挂面的主要生产工艺流程:

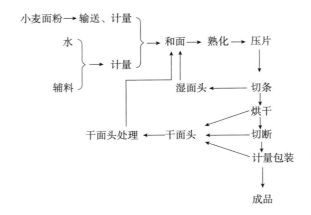

6.1 和面

将小麦粉、辅料、添加剂、水等按比例定量添加,经机械拌和形成散碎的料坯,要求干湿适当,粒度大小一致,色泽均匀,不含生粉,手握能成团。

    a) 加水量为小麦粉质量的 25%~32%。按工艺条件配水、配料,盐、碱等可溶性辅料须按比例加入水中,充分溶解散热后,再加入小麦粉中混合。

    b) 和面用水温控制在 20℃~25℃。

    c) 和面时间 15 min~20 min,冬季宜长,夏季较短。

    d) 湿面头要及时回机,干面头粉必须通过 CQ20 筛绢,干面头回机量不得超过 15%。干、湿面头都须按比例定量加入。

    e) 开机之前先行检查机内有无杂物,然后启动和面机试转 1 min~3 min。在运行中发现异常时,应立即停机检查,再行启动。

    f) 和面时间、和面机转速应根据季节、原料、设备类型等情况确定,适当调整。

    g) 和面结束停机后,要认真清理机内残留湿粉,保证卫生,清理前要切断电源开关,确保安全。

6.2 熟化

使面团进一步成熟,水分得到均匀分布,面筋充分形成,改善面团工艺性能。

    a) 面团熟化应在相对静止的条件下进行。熟化机采用低速搅拌,转速以 8 r/min~10 r/min 为宜,机体内储料要控制在 2/3 以上。

    b) 熟化时间 15 min~20 min,熟化温度 25℃~30℃,要求面团的温度、含水量不能与和面后相差过大。

    c) 停机后,要及时清理残留面团,保证清洁卫生。

6.3 压片

把经过和面与熟化的面团,通过多道压辊,逐步压成符合规定厚度的面片。采用复合压延和或连续压延的方式进行,要求面片厚薄均匀、平整光滑、无破边、无孔洞、色泽均匀,并有一定的韧性和强度。

a) 初压面片的厚度≥4mm(两片复合前相加厚度≥8mm),以保证面片最终承受 8 倍～10 倍的压延倍数,使面片密实、光洁。

b) 面机的线速度与挂面产量成正比,末道压辊线速度≤0.6 m/s。

c) 面片要逐道压延,轧片道数以 6 道～7 道为宜,各道轧辊较理想的压延比依次为 50%、40%、30%、25%、15%和 10%。

d) 开机前要全面检查压辊中有无杂物,彻底清扫干净。传动机构要加注润滑油,并试车 2 min～3 min。

e) 面团进入压辊后,要逐道调整轧距,直至面片达到规定厚度;运行均衡,不余不绷。对不合格的面片,要及时回机。

f) 调整压辊轧距一定要保持两辊轴线平行,在生产过程中要经常检查校正,以保证面片两边厚薄一致。

g) 压辊的刮刀与压辊的贴合要松紧适度。要经常清理刮刀的面屑,以保证清洁卫生。

6.4 切条

要求切出的面条平整、光滑、无毛刺、无疙瘩、无并条、无油污。

a) 要保证面刀的机械加工精度,生产前要调试好面刀的啮合深度,两根齿辊的轴线要平行,运行时无径向跳动。

b) 开机前清理面刀中的面屑,检查梳齿与齿辊的配合,要求松紧适度,角度合理(30°左右)。

c) 面片送入面刀时的操作方法与接送面片进入压辊的方法相同,切勿重叠多层进入面刀,防止梳齿顶出,失去清理面屑的作用。

d) 切条结束将面刀卸下,清理面屑,涂食用油,妥善保管,以保证面刀转动自如和防止锈蚀。

6.5 烘干

采用合理的温度和湿度,降低面条含水量。烘干后要求平直光滑、不酥、不潮、不脆,有良好的烹调性能和一定的抗断强度。

a) 面条烘干要根据不同品种、不同季节、不同天气情况,灵活控制各个温区的温湿度,确保挂面烘干质量。

b) "保湿烘干"是行之有效的工艺手段,关于"保湿烘干"的技术参数,由各厂根据烘干室具体情况试验制定。

c) 根据面条的物理特性和干燥的特殊要求,烘干室应分成预干燥区、主干燥区和终干燥区。每个阶段的温湿度应逐步实现监控和自控,终干燥区降温速度以 0.5℃/min 为宜,烘干时间应不低于 3.5h,烘干过程风速、风量情况,主要技术参数参考表 1。

表 1 挂面烘干技术参数

干燥阶段	烘干过程	温度,℃	相对湿度,%	占总干燥时间,%	风速,m/s
预干燥	冷风定条	25～30	85～85	15～20	1.0～1.2
主干燥	保湿出汗	35～40	80～90	20～25	1.5～1.8
	升温降潮	40～50	55～65	30～35	
终干燥	降温散热	20～30	60～70	25～30	0.8～1.0

d) 挂面在烘干室中的运行情况,要经常进行检查,落杆要及时摆正,每班清扫烘干室断碎挂面 2 次～3 次,防止酸变发霉。

e) 隧道式烘干室预干燥区和终干燥区的风向应与主干燥区相反,减少向烘干室两头扩散。

6.6 切断

a) 切断机械必须与下架装置联结、配套,使用前要试车 2 min~3 min。

b) 挂面必须按规定标准长度切断,切断的挂面,要长短一致,切口平滑,摆放整齐。

c) 下架前的挂面要经常进行检查,凡潮面、酥面不得切断、包装。

d) 人工下架、切断时,要轻拿轻放,排放整齐,要按规定地点收面,不得超前抢收。

e) 经常注意切面机工作状况,防止有挂面杆进入切刀,并保持设备卫生。

6.7 成品包装和检验

切段的挂面,按照生产需求和规定进行计量,进行包装,质量误差不宜超过±1%。

6.8 编制批号或编号

每批次加工产品应编制加工批号或编号,批号或编号一直沿用至产品终端销售,并在相关票据上注明加工批号。

6.9 检验

产品检验应符合 NY/T 1055 和 LS/T 3212 的要求。

7 平行生产管理

挂面生产企业同时进行绿色食品和常规产品生产时,应对原料选择、运输、加工生产线、成品包装储运等环节全程生产控制,保证绿色食品生产与常规产品生产的有效隔离。

7.1 加工过程管理

7.1.1 加工车间管理

绿色食品的加工由专人管理,进行独立的加工生产,避免同时进行绿色食品和常规产品的加工生产,如需同时生产,应优先绿色产品生产加工,每次加工前后应对所使用的容器、工具和设备进行清洗,以防交叉污染。

7.1.2 原料、配料管理

绿色食品和常规产品的加工原料应分开放置,在生产过程使用的加工辅料一致时,按照绿色食品生产要求进行管理,建立完整的出入库记录,明确配料流向。

7.2 包装、储运及成品标识管理

7.2.1 原料运输管理

原料采购后,由指定专车来完成运输。混运时,采用易于分区的容器分开存放绿色食品和常规产品用原料。保持运输工具清洁卫生,运输车辆每天清洗 1 次,混运情况应每趟清洗 1 次。

7.2.2 储藏管理

绿色食品的生产原料应有单独的仓库。如与常规产品的加工原料共用同一仓库时,应分区域储藏。仓储前应对库房进行全面清洁,以防止交叉,并有显著的标识区分两种生产原料。

7.2.3 记录与追溯管理

按照生产加工企业追溯制度要求建立产品加工记录,绿色食品应有独立的记录,追溯编号信息应明确,区分于常规产品。

7.2.4 成品包装、标识管理

根据生产日期、生产批号等,按照绿色食品标识规则进行编号、标识,并分时段、分区域的存放包装成品。绿色食品的包装、存储区域应设置明显标识,与常规产品分开存放,防止混淆。

7.2.5 销售运输管理

绿色食品成品应采用专车运输,不得与常规产品混装混运,保持车辆清洁卫生,每天至少清理 1 次。

8 生产废弃物处理

在机械挂面生产各环节产生的不可再利用的物料(如受污染的挂面原料、中间产品等),及时收集,

进行无害化处理;生产过程产生的破损包材、清洁用品、破损工具、生产人员生活垃圾等废弃物,及时清理,分类收集,及时转运,资源化回收利用或无害化处理,不形成环境污染,并做好处理记录。

9 包装、运输与储存

9.1 包装

包装材料、容器和标志、标签等应符合 NY/T 658 的要求。

9.2 运输和储存

产品运输、储藏应符合 NY/T 1056 和 GB 31621 的规定。

10 生产档案管理

10.1 加工企业应单独建立绿色食品机械挂面生产档案。档案内容包括质量管理体系文件、生产加工计划、产地合同、生产加工数量、生产过程控制、产品检测报告、人员健康体检报告与应急情况处理等控制文件。

10.2 应建立可追溯体系。采购、加工、储藏、检验、销售等环节,有完整的、真实的、连续的、可追踪的生产批号系统,根据批号系统能查询到完整的档案记录。

10.3 所有记录应完整、真实、规范、字迹清楚。

10.4 档案记录应保存 3 年以上,档案资料由专人保管。

绿 色 食 品 生 产 操 作 规 程

绿 色 食 品
物理压榨大豆油生产操作规程

2020-08-20 发布

2020-11-01 实施

中国绿色食品发展中心 发 布

前　言

本规程由中国绿色食品发展中心提出并归口。

本规程起草单位：湖南省农产品加工研究所、湖南省食品测试分析中心、中国绿色食品发展中心、九三集团哈尔滨惠康食品有限公司、道道全粮油岳阳有限公司。

本规程主要起草人：潘兆平、李高阳、单杨、付复华、张志华、罗淑年、熊巍林、尚雪波、李志坚、李绮丽、谭欢、李敏利、简容、刘阳、韩晓磊、林树花、肖轲、何双、蒋成、段传胜、袁洪燕。

绿色食品物理压榨大豆油生产操作规程

1 范围

本规程规定了绿色食品物理压榨大豆油生产中的术语和定义,生产过程要求,工艺流程,加工工艺,标志标签,包装、运输及标识管理,平行生产管理,生产废弃物处理,生产档案管理。

本规程适用于绿色食品物理压榨大豆油的生产加工。

2 规范性引用文件

下列文件对于本文件的应用是必不可少的。凡是注日期的引用文件,仅注日期的版本适用于本文件。凡是不注日期的引用文件,其最新版本(包括所有的修改单)适用于本文件。

GB/T 191　包装储运图示标志
GB 5749　生活饮用水卫生标准
GB 7718　预包装食品标签通则
GB 8873　粮油名词术语　油脂工业
GB 8955　食品安全国家标准　食用植物油及其制品生产卫生规范
GB 14881　食品安全国家标准　食品生产通用卫生规范
GB 19641　植物油料卫生标准
GB 28050　食品安全国家标准　预包装食品营养标签通则
NY/T 285　绿色食品　豆类
NY/T 391　绿色食品　产地环境质量
NY/T 392　绿色食品　食品添加剂使用准则
NY/T 658　绿色食品　包装通用准则
NY/T 1056　绿色食品　储藏运输准则

3 术语和定义

下列术语和定义适用于本文件,本规程未定义的术语参见 GB 8873 中术语和定义。

3.1
物理压榨大豆油

以经过清理筛选的优质大豆为原料,经过破碎、轧胚、调质、压榨得到的大豆原油,再经除杂精制而成的保留了大豆原有的气味、滋味和营养物质的可食用大豆油。

3.2
绿色食品物理压榨大豆油

以物理压榨方法生产的获得绿色食品标志的大豆油。

3.3
清理

利用适宜清理设备除去大豆中所含杂质的工序的总称。

3.4
破碎

根据加工需要,利用机械的方法,将大豆变成几瓣的过程。

3.5

调质

通过调节温度和湿度,使油料具有适宜弹塑性的过程。

3.6

轧胚

利用机械的作用,将大豆由粒状压成薄片的过程。

3.7

蒸炒

生胚经过湿润,加热、蒸胚及炒胚等处理,发生一定的物理化学变化,并使其内部的结构改变,转变成熟胚的过程。

3.8

过滤

在重力或机械外力作用下,使大豆原油通过过滤介质,悬浮杂质被截留在过滤介质上形成滤饼,达到固液分离和脱除胶体杂质的过程。

3.9

膨化

利用挤压膨化设备将油料生胚或破碎的油料颗粒或整粒油子转变为容重较大的多孔隙的膨化料粒的加工过程。

3.10

水洗干燥

悬浮在碱炼油中残存的皂粒,以水洗去除并在负压状态下除去油脂中水分的方法。

4 生产过程要求

4.1 选址及厂区环境

按 GB 8955 的规定执行,生态环境及空气质量要求应符合 NY/T 391 的要求。

4.2 厂房和车间

按 GB 8955 的规定执行。应在绿色食品和常规生产区域之间设置有效的缓冲带或物理屏障,以防止绿色食品生产受到污染。

4.3 用水要求

按 GB 5749 的规定执行并符合 NY/T 391 的要求。

4.4 卫生要求

按 GB 8955 的规定执行。所选设备应符合绿色食品加工要求;与被加工原料、半成品、成品直接接触的零部件的材料必须选用无污染材料;与被加工原料、半成品、成品直接接触的部位必须严禁漏油、渗油。

5 工艺流程

5.1 冷榨

大豆→清理→调质(软化)→破碎→轧胚→压榨→原油→沉淀→过滤→大豆油。

5.2 热榨

大豆→清理→调质(软化)→破碎→轧胚→蒸炒→压榨→原油→沉淀→过滤→水化脱胶→碱炼脱酸→水洗干燥→脱色→脱臭→大豆油。

5.3 膨化压榨

大豆→清理→调质(软化)→破碎→轧胚→膨化→压榨→原油→沉淀→过滤→水化脱胶→碱炼脱酸→水洗干燥→脱色→脱臭→大豆油。

6 加工工艺

6.1 原料要求

6.1.1 大豆应来自获得绿色食品认证的大豆企业、合作社等主体或国家级绿色食品大豆原料标准化生产基地或经绿色食品工作机构认定、按照绿色食品生产方式生产、达到绿色食品大豆标准的自建基地。品质应符合 NY/T 285 和 GB 19641 的相关要求。

6.1.2 辅料的选择应符合绿色食品相关规定的要求。

6.1.3 食品添加剂的使用应符合 NY/T 392 的要求。

6.2 制油工艺

6.2.1 原料清理

通过筛选设备分离大豆中的泥土、沙石,通过风选设备分离大豆中的轻杂质及灰尘,通过磁选设备去除大豆中的金属杂质,通过比重设备去除与原料颗粒相仿而比重不同的杂质,通过铁辊筒磨泥机、立式圆打筛设备清除并肩泥。清理后,要求净料含杂量≤0.1%,下脚料中油料含量≤0.5%。

6.2.2 调质(软化)

利用软化设备(如软化锅),在 55℃～65℃下,维持 15 min～30 min,对大豆水分进行调节,使物料最终含水量在 10.5%～11.5%,从而改善其弹塑性、使其变软,保证轧胚胚片质量。

6.2.3 破碎

将大豆送入破碎设备,利用挤压、剪切、磨剥和撞击等作用将大豆破碎。要求大豆破碎后粒度均匀,不出油,不成团,少成粉,粒度符合要求。大豆破碎粒度为 4 瓣～6 瓣,破碎豆的粉末度控制为通过每 2.54 cm 20 目筛不超过 10%。预榨饼破碎后的最大对角线长度为 6 mm～10mm。

6.2.4 轧胚

轧胚的关键在于轧胚机的操作。为了保证轧胚质量,要严格控制轧胚前物料的水分和温度。轧胚机上最好设置软化箱,以免软化后其所含水分与温度损失过大。开机前应周密检查轧胚机的工作情况,如发现两端料胚薄厚不均,或未经轧制的油料混入胚内,应停车检查,调整轧距(应两边均衡的调整,并避免调得过紧)。检查刮料板是否紧贴在轧辊表面上,防止发生黏辊现象。注意流量的均匀性,防止空载运转。对轧胚的要求是料胚薄而均匀,粉末度小,不漏油。一般大豆的轧胚厚度要求 0.35 mm 以下。油料轧胚后不得露油,20 目筛下物不超过 3%。

6.2.5 蒸炒

轧胚后将生胚进入蒸炒锅进行蒸炒,蒸炒到大豆含水量在 1.5%～2.8%,温度到 100℃～110℃时即可以开始进入榨油机进行压榨。饼厚控制在 1 mm～1.5 mm。

6.2.6 膨化

用挤压膨化机,将轧胚后的大豆生胚进行膨化制成熟胚,使油料转变成多孔的膨化胚片。膨化后的物料温度在 110℃以下。

6.2.7 压榨

对于螺旋榨油机压榨,将轧胚(蒸炒)后的物料喂入榨油机进料口,通过调节螺旋榨油机出油缝隙和出饼厚度来间接微调温度,还可通过增加冷油喷淋、中空榨轴和榨笼加水循环等方法来调节温度,使压榨温度维持在大豆蛋白变性温度以下,经压榨得到大豆原油。

对于液压榨油机压榨,将轧胚(蒸炒)后的物料包饼、叠饼、预压饼,然后压榨。通过调节设备参数使压榨温度维持在大豆蛋白变性温度以下,经压榨得到大豆原油。

上述两种压榨方式的温度应维持在60℃以下。

6.2.8 沉降、过滤

原油采用过滤设备,经过离心沉降或重力沉降,滤去原油中的机械杂质,得到压榨大豆油。经过过滤处理的大豆原油含机械杂质≤0.2%,水分及挥发物≤0.5%。其中,原油沉降得到的油脚采用输送设备送回复榨,以提高出油率。

6.2.9 水化脱胶

将大豆原油量0.1%~0.15%的热水或稀碱、食盐、磷酸等电解质水溶液,在搅拌下加入85℃的沉淀过滤后的油中,使其中的胶溶性杂质吸水凝聚,然后沉降分离。

6.2.10 碱炼脱酸

通过在油中添加碱性水溶液进行中和反应而达到脱除油中含有的游离脂肪酸的目的。碱的浓度及碱量将随着油中游离脂肪酸含量的变化而变化。碱液浓度一般为12%~13%,超量碱根据工艺选定,大豆油一般为油量的0.10%~0.13%。将碱液缓慢加入,保持油温在85℃~90℃10 min,离心分离。

6.2.11 水洗干燥

将脱酸后离心上层油加热到80℃~85℃,比水温稍低(水微沸),加离心油重5%~10%的去离子软水,3 min水洗,脱去残余的皂和磷脂。采用连续式离心分离机分离。抽真空脱水,加热至110℃,脱水过程中观察油的透明状态、气泡等。根据脱酸油残皂情况确定水洗次数,一般水洗1次~3次。干燥后脱酸油含水量≤0.10%。

6.2.12 脱色

油脂经储槽转入脱色罐,在真空下加热干燥后,与由吸附剂罐吸入的吸附剂在搅拌下充分接触,完成吸附平衡,然后经冷却,由油泵泵入压滤机分离吸附剂。至脱色油澄清、透明。脱色剂(酸性活性白土、活性炭等)加入量为油量1.0%以下,油温≤105℃,操作绝对压强2.5 kPa~4.0 kPa,保持30 min。

6.2.13 脱臭

在填料塔中保持温度≤230℃,操作绝对压强≤0.4 kPa条件下,通入≤1.0%油重的蒸汽量,保持1 h,运用水蒸气蒸馏,脱除油脂中的臭味成分。脱臭油无臭味、感官良好。

7 标志标签

按GB 7718、GB 28050的规定执行。包装储运图示标志按GB/T 191的规定执行。产品的包装容器和外包装的标签均应标注绿色食品标志。

8 包装、运输及储藏

8.1 包装

按NY/T 658的规定执行。

8.2 运输及储藏

按NY/T 1056、GB 14881的规定执行。

9 平行生产管理

大豆油生产企业同时进行绿色食品和常规产品生产时,应对原料选择、运输、加工生产线、成品包装储运等环节全程有效控制,保证绿色食品生产与常规产品生产的有效隔离。

9.1 加工过程管理

9.1.1 加工车间管理

绿色食品大豆油的加工由专人管理,进行独立的加工生产,避免同时进行绿色食品和常规产品的加工生产。如需同时生产,应优先绿色产品生产加工,每次加工前后应对所使用的容器、工具和设备进行清洗,以防交叉污染。

9.1.2 原料、配料管理

绿色食品和常规产品的加工原料应分开放置,在生产过程使用的加工辅料一致时,按照绿色食品生产要求进行管理,建立完整的出入库记录,明确配料流向。

9.2 包装、储藏及标识管理

9.2.1 原料运输管理

原料大豆采购后,由指定专车来完成运输。混运时,采用易于区分的容器分开存放绿色食品和常规产品用原料。保持运输工具清洁卫生,运输车辆每天清洗1次,混运情况应每趟清洗1次。

9.2.2 储藏管理

绿色食品大豆油的生产原料应存放于单独的仓库。如与常规产品的加工原料共用同一仓库时,应分区域储藏。仓储前应对库房进行全面清洁,并有显著的标识区分两种生产原料。

9.2.3 记录与追溯管理

按照生产加工企业追溯制度要求建立产品加工记录,绿色食品应有独立的记录,追溯编号信息应明确,区分于常规产品。

9.2.4 成品包装、标识管理

根据生产日期、生产批号等,按照绿色食品标识规则进行编号、标识,并分时段、分区域的存放包装成品。绿色食品的包装、存储区域应设置明显标识,与常规产品分开存放,防止混淆。

9.2.5 销售运输管理

绿色食品成品应采用专车运输,一般不得与常规产品混装混运,保持车辆清洁卫生,每天至少清理1次。

10 生产废弃物处理

生产中所产生的大豆粕可用于浸出油提取,提取后作为肥料、饲料或用于提取蛋白;产生的不合格灌装瓶,不再回收利用于豆油生产,而由专门的回收机构处理;其他不能二次利用的废弃物由垃圾清运部门进行集中处理,不得对环境产生污染,并做好处理记录。

11 生产档案管理

11.1 加工企业应单独建立绿色食品物理压榨大豆油档案管理制度。

11.2 建立绿色食品物理压榨大豆油生产档案,包括质量管理体系文件、生产投入品采购、出入库、使用记录、加工记录、生产加工计划、产地合同、生产加工数量、生产过程控制、产品检测报告、人员健康体检报告与应急情况处理等控制文件。内容真实、准确、规范,字迹清楚,不得损坏、丢失、随意涂改。

11.3 建立可追溯体系,生产、加工、储藏、销售等环节,有连续的、可追踪的生产批号系统,根据批号系统能查询到完整的档案记录。

11.4 档案记录应保存3年以上,档案资料指定由专人保管。

绿 色 食 品 生 产 操 作 规 程

LB/T 101—2020

绿 色 食 品
预榨浸出大豆油生产操作规程

2020-08-20 发布　　　　　　　　　　　2020-11-01 实施

中国绿色食品发展中心　发布

前　言

本规程由中国绿色食品发展中心提出并归口。

本规程起草单位：湖南省农产品加工研究所、湖南省食品测试分析中心、中国绿色食品发展中心、道道全粮油岳阳有限公司。

本规程主要起草人：林树花、李高阳、单杨、张志华、熊巍林、李志坚、尚雪波、何双、潘兆平、谭欢、李敏利、袁洪燕、肖轲、刘阳、韩晓磊、段传胜、蒋成、李绮丽。

绿色食品预榨浸出大豆油生产操作规程

1 范围

本规程规定了绿色食品预榨浸出大豆油生产需要的术语和定义,生产过程要求,生产加工,生产废弃物处理,平行生产管理,标志标签、包装、运输和储存,记录控制,生产档案管理等要求。

本规程适用于绿色食品预榨浸出大豆油和大豆原油的生产加工。

2 规范性引用文件

下列文件对于本文件的应用是必不可少的。凡是注日期引用文件,仅注日期的版本适用于本文件。凡是不注日期的引用文件,其最新版本(包括所有的修改单)适用于本文件。

GB/T 1535 大豆油

GB 1886.52 食品安全国家标准 食品添加剂 植物油抽提溶剂(又名己烷类溶剂)

GB 5749 生活饮用水卫生标准

GB 8955 食用植物油厂卫生规范

GB 14881 食品安全国家标准 食品生产通用卫生规范

GB/T 17374 食用植物油销售包装

NY/T 285 绿色食品 豆类

NY/T 286 绿色食品 大豆油

NY/T 391 绿色食品 产地环境质量

NY/T 392 绿色食品 食品添加剂使用准则

NY/T 658 绿色食品 包装通用准则

NY/T 896 绿色食品 产品抽样准则

NY/T 1055 绿色食品 产品检验规则

NY/T 1056 绿色食品 储藏运输准则

3 术语和定义

下列术语和定义适用于本文件。

3.1

绿色食品浸出大豆油

获得绿色食品标志且经浸出工艺制取的大豆油。

3.2

预榨浸出大豆油

经预处理的大豆油料先用榨机(或挤压膨化)将饼中残油率降至12%~18%,再用浸出法处理,使饼粕中的残油率降至1%以下,不能直接供人类食用的大豆油。

3.3

成品大豆油

经处理符合本标准成品油质量指标和卫生要求的直接供人类食用的大豆油。

4 生产过程要求

4.1 厂区及车间环境

绿色食品浸出大豆油生产加工厂选址和厂区环境应符合 GB 8955、GB 14881 和 NY/T 391 的相关要求。

生产车间应维持温度在(26±1)℃、相对湿度 45%～60%,避免高温高湿等不利环境条件引起的油脂氧化酸败的可能。尽量减少人员出入,进入车间必须着清洁工作服,戴无菌手套和口罩,并定期对车间进行消毒及紫外杀菌。

4.2 人员

加工人员上岗前须经绿色食品大豆油生产知识培训,熟练掌握绿色食品大豆油的生产、加工要求,熟悉卫生知识,上岗前和每年度均进行健康检查,取得健康证后方能上岗。

4.3 设施与设备

应符合 GB 14881 的要求。

4.4 原辅料

原料应来自获证绿色食品大豆企业、合作社等主体或国家级绿色食品大豆原料标准化生产基地或经绿色食品工作机构认定,按照绿色食品生产方式生产,达到绿色食品大豆标准的自建基地。

原料还应符合 NY/T 285 及 NY/T 286 的要求,按 NY/T 658、NY/T 896、NY/T 1055 与 NY/T 1056 的规定进行包装、抽样、检验和储运;各项操作避免机械损伤、混杂,防止二次污染;原料如需入库仓储,含水量应＜9%;辅料的选择应符合绿色食品相关规定的要求。

浸出工艺使用的油提溶剂应符合 GB 1886.52 的要求。

食品添加剂的使用还应符合 NY/T 392 的要求,不得使用国家明令禁止的添加剂。

绿色食品加工用水的水质应符合 NY/T 391 的要求。

5 生产加工

5.1 工艺流程

清理→破碎去皮→轧坯→预榨→浸出→蒸发汽提→过滤→水化脱胶→碱炼脱酸→脱色→脱臭→成品大豆油。

5.2 加工方法

5.2.1 清理

应剔除病粒、残粒、秕瘦粒、虫食粒及不符合本品粒状的杂粒及杂物。大豆原料若是含水量较高则应先经过干燥,确保原料含水量＜9%。

5.2.2 破碎去皮

大豆破碎至 4 瓣～8 瓣,用鼓风机将脱落的碎皮与豆粒分开。

5.2.3 轧坯

将破碎后的豆瓣经过轧坯机轧成片状,避免粉末状。轧坯厚度:0.30 mm～0.35 mm。

5.2.4 预榨(膨化)

大豆经预榨机或挤压膨化机榨出部分油脂,使豆饼中残油率降至 20% 以下。经过膨化机膨化使大豆油细胞破裂,易于出油。

5.2.5 浸出

将豆坯移入浸出器中,按适当比例加入 6 号浸提溶剂,调节浸出温度 65℃～68℃,料液比 1：(0.8～1.4)(w：w),浸提 80 min～120 min。

5.2.6 蒸发汽提

将液化豆油和溶剂油液体升温至 80℃～90℃,加热＞90 min,使溶剂油气化,收集气化后的溶剂,将溶剂气体在 30℃冷凝收集。另将含有溶剂的豆粕进入蒸脱机使豆粕中的溶剂气化,冷凝收集气化的溶剂,且使豆粕含水率＜14％。

5.2.7 过滤

经过离心机离心过滤,使油体中无明显固体杂质。水分及挥发物≤0.3％,杂质≤0.4％。

5.2.8 水化脱胶

向毛油中加入一定量的水使磷脂水化,然后水化物-胶质通过离心分离去除。非水化磷脂可以通过加酸转变成水化磷脂后去除。

水化用水,水的总硬度(以 CaO 计)＜250 mg/L;其他指标应符合 GB 5749 的要求。水化后大豆油中残磷量＜20 mg/kg。

水化温度:70℃～85℃。

加水量:间歇式脱磷加水量为胶质含量的 3 倍～5 倍;连续式脱磷加水量为油量的 1％～3％。

酸类添加量:0.05％～0.20％。

酸的种类:柠檬酸、磷酸、硫酸等。

脱胶油的质量要求:含水量＜0.2％,杂质＜0.15％,磷脂＜0.05％。

5.2.9 碱炼脱酸

通过加入食用碱去除毛油中的酸性物质,生成的皂和水通过离心去除。碱炼后游离脂肪酸含量＜0.1％。

水的总硬度(以 CaO 计)＜50 mg/L;其他指标应符合 GB 5749 的要求。

烧碱的质量要求:杂质≤5％的固体碱或相同质量的液体碱。

碱液浓度:10 波美度～30 波美度。

碱液用量:根据酸价、色泽、杂质和加工方式计算理论值,可超理论值 20％～40％(或 0.1％～0.13％干基)。

5.2.10 脱色

豆油可经过活性白土吸附脱色。白土选用食品级活性白土,不板结,游离酸(以 H_2SO_4 计)≤0.2％。

5.2.11 脱臭

豆油经过装有硅酸盐的填料塔高温(240℃～250℃)、高压(3 MPa)蒸发脱除低沸点组分以去除异味。

5.2.12 成品大豆油

成品大豆油不得掺有其他食用油和非食用油;不得添加任何香精和香料。成品大豆油所接触的包装材料符合 GB/T 1535、NY/T 658 的要求,且不能将回收的包装材料用于绿色食品预榨浸出大豆油的生产。

6 生产废弃物处理

6.1 种类

豆粕、回收的植物油提取剂、废水、皂脚等副产物、生产现场产生的弃渣、废料、不合格包装材料、塑料泡沫板等白色垃圾,机电维修的含油废棉纱、设备修理废料及工厂产生的其他废料废渣等。

6.2 处理

a) 豆粕在蒸脱机蒸脱干燥后,浸提溶剂残留≤50 mg/kg,可做饲料加工原料处理。

b) 回收的浸提溶剂可冷凝后继续用于大豆油浸提。

c) 生产产生的废水应经过净化处理达到排放标准后,方可向外排放。

d) 皂脚等副产物收集后进行综合利用。

e) 生产产生的不合格灌装瓶,不再回收利用于豆油生产,由专门的回收机构处理。

f) 其他不能二次利用的废弃物不再用于大豆油生产,由垃圾清运部门进行集中处理。

7 平行生产管理

大豆油生产企业同时进行绿色食品和常规产品生产时,应对原料选择、运输、加工生产线、成品包装储运等环节全程生产控制,保证绿色食品生产与常规产品生产的有效隔离。

7.1 加工过程管理

7.1.1 加工车间管理

绿色食品的加工由专人管理,进行独立的加工生产,避免同时进行绿色食品和常规产品的加工生产,如需同时生产,应优先绿色产品生产加工,每次加工前后应对所使用的容器、工具和设备进行清洗,以防交叉污染。

7.1.2 原料、配料管理

绿色食品和常规产品的加工原料应分开放置,在生产过程使用的加工辅料一致时,按照绿色食品生产要求进行管理,建立完整的出入库记录,明确配料流向。

7.2 包装、储运及成品标识管理

7.2.1 原料运输管理

原料采购后,由指定专车来完成运输。混运时,采用易于分区的容器分开存放绿色食品和常规产品用原料。保持运输工具清洁卫生,运输车辆每天清洗1次,混运情况应每趟清洗1次。

7.2.2 储藏管理

绿色食品的生产原料应有单独的仓库。如与常规产品的加工原料共用同一仓库时,应分区域储藏。仓储前应对库房进行全面清洁,防止交叉,并有显著的标识区分两种生产原料。

7.2.3 记录与追溯管理

按照生产加工企业追溯制度要求建立产品加工记录,绿色食品应有独立的记录,追溯编号信息应明确,区分于常规产品。

7.2.4 成品包装、标识管理

根据生产日期、生产批号等,按照绿色食品标识规则进行编号、标识,并分时段、分区域的存放包装成品。绿色食品的包装、存储区域应设置明显标识,与常规产品分开存放,防止混淆。

7.2.5 销售运输管理

绿色食品成品应采用专车运输,不得与常规产品混装混运,保持车辆清洁卫生,每天至少清理1次。

8 标志标签

除了符合 GB/T 1535 的要求之外,还应符合以下专门条款。

8.1 产品名称

8.1.1 凡标识"浸出"的大豆油产品均应符合本规程。

8.1.2 浸出大豆油应在产品标签中标识"浸出"字样。

8.2 原产国

应注明产品原料的生产国别。

8.3 质量等级

产品应标注质量等级。

9 包装、运输和储存

9.1 包装

应符合 GB/T 17374 及国家的有关规定和要求。

9.2 运输

运输中应注意安全,防止日晒、雨淋、渗漏、污染和标签脱落。散装运输要有专车,保持车辆清洁、卫生。

9.3 储存

应储存于阴凉、干燥及避光处。不得与有害、有毒物品一同存放。

10 记录控制

10.1 记录要求

从原料到成品所有生产过程都要有记录,且所有记录应真实、准确、规范、字迹清楚,不得损坏、丢失、随意涂改,并具有可追溯性。

10.2 记录内容

记录内容设计要包含关键点质量控制要素,且要人员、事件、物品一一对应,要实现可追溯。

11 生产档案管理

11.1 存档要求

记录文件至少保存 3 年,档案资料指定由专人保管。

11.2 建立档案制度

绿色食品大豆油加工单位应建立档案管理制度。档案资料主要包括质量管理体系文件、生产加工计划、产地合同、生产加工数量、生产过程控制、产品检测报告、人员档案及其健康体检报告与应急情况处理等控制文件等,内容准确、完整、清晰。建立可追溯体系,生产、加工、储藏、销售等环节,有连续的、可跟踪的生产批号系统,根据批号系统能查询到完整的档案记录。

————————

绿 色 食 品 生 产 操 作 规 程

LB/T 102—2020

绿 色 食 品
物理压榨菜籽油生产操作规程

2020-08-20 发布

2020-11-01 实施

中国绿色食品发展中心 发布

前　言

本规程由中国绿色食品发展中心提出并归口。

本规程起草单位：湖南省农产品加工研究所、湖南省食品测试分析中心、中国绿色食品发展中心、道道全粮油岳阳有限公司。

本规程主要起草人：谭欢、李高阳、单杨、张志华、熊巍林、李敏利、尚雪波、李志坚、张群、袁洪燕、于美娟、杨慧、潘兆平、林树花、何双、蒋成、韩晓磊、段传胜、肖轲、刘阳。

绿色食品物理压榨菜籽油生产操作规程

1 范围

本规程规定了绿色食品物理压榨菜籽油的生产加工过程要求、原辅料要求、加工工艺、包装、运输和储藏、平行生产管理、生产废弃物处理及生产档案管理。

本规程适用于绿色食品物理压榨菜籽油的生产。

2 规范性引用文件

下列文件对于本文件的应用是必不可少的。凡是注日期的引用文件,仅注日期的版本适用于本文件。凡是不注日期的引用文件,其最新版本(包括所有的修改单)适用于本文件。

GB/T 191 包装储运图示标志

GB 5749 生活饮用水卫生标准

GB 7718 食品安全国家标准 预包装食品标签通则

GB 8955 食品安全国家标准 食用植物油及其制品生产卫生规范

GB 14881 食品安全国家标准 食品生产通用卫生规范

GB 28050 食品安全国家标准 预包装食品营养标签通则

GB 31621 食品安全国家标准 食品经营过程卫生规范

JJF 1070 定量包装商品净含量计量检验规则

NY/T 391 绿色食品 产地环境质量

NY/T 392 绿色食品 食品添加剂使用准则

NY/T 658 绿色食品 包装通用准则

NY/T 751 绿色食品 食用植物油

NY/T 1055 绿色食品 产品检验规则

NY/T 1056 绿色食品 储藏运输准则

NY/T 2982 绿色食品 油菜籽

3 生产加工过程要求

绿色食品物理压榨菜籽油生产厂区的环境质量应符合 NY/T 391 的要求,选址和厂区环境、厂房和车间、设施与设备、卫生管理等应符合 GB 14881 的要求;生产车间要维持温度在(26±1)℃、相对湿度45%~60%,能有效避免高温高湿等不利环境条件引起的油脂氧化酸败的可能,不利于微生物的滋生;尽量减少人员出入,进入车间必须着清洁工作服、戴无菌手套和口罩,并定期对车间进行紫外杀菌;生产设备保持清洁卫生,避免杂质等混入油脂中影响产品品质。

4 原辅料要求

4.1 油菜籽应选用绿色食品油菜籽,即应符合 NY/T 2982 的要求,且应来自获证绿色食品企业、合作社等主体或国家级绿色食品油菜籽原料标准化生产基地或经绿色食品工作机构认定、按照绿色食品生产方式生产、达到绿色食品油菜籽标准的自建基地。

4.2 辅料的选择应符合绿色食品相关规定的要求。

4.3 生产过程中用水应符合 GB 5749 和 NY/T 391 的要求。

4.4 加工过程中所使用的食品添加剂的种类和用量应符合 NY/T 392 的要求。

4.5 原辅料的采购、运输、验收、储存等按照 GB 31621 的规定执行。

5 加工工艺

绿色食品压榨菜籽油生产及加工过程按照 GB 14881 和 GB 8955 的规定执行。

5.1 油菜籽清理、清洗及软化调质

经检验合格的油菜籽原料需要经过清理或清洗去除铁杂、石子、泥沙等大杂及灰尘、皮壳等轻型杂质,之后进入软化烘干系统进行调温、调湿处理。软化料出料温度严格控制在 60℃～65℃。

5.2 轧胚、蒸炒

经过调质后的油菜籽原料进入轧胚机进行轧胚,胚片厚度为 0.3 mm～0.4 mm;通过除湿风网系统除去残余湿气,通过胚片收集系统收集胚片进入蒸炒系统,通过蒸炒进一步调节油料水分和温度,使油料温度保持在 85℃～90℃、残余水分≤6%。选择控温性能良好的蒸炒设备严格控制温度。

5.3 压榨取油

蒸炒后的原料立即直接进入压榨系统进行压榨取油。采用低温压榨工艺,在较低压榨温度(60℃～65℃)下利用专业压榨设备进行压榨,得到压榨原油,即毛油,立即储存在压榨原油罐中。压榨工艺可反复进行。

5.4 原油的物理精炼

原油的物理精炼包括静置及过滤,达到去水、去杂的目的。首先使原油通过一段时间(24 h～48 h)的静置,其中水分以及部分杂质经过自沉降作用而与原油发生分离。分离后的油渣可以进入压榨系统进行回榨,原油则进入过滤系统进行过滤,进一步去除杂质。

5.5 原油的脱胶

目前可采用水化脱胶和酸法脱胶进行脱胶。水化脱胶法即将原油缓慢加热至 85℃后,按毛油质量的 0.1%～0.15%添加 85%的磷酸,从而将原油中的非水化磷脂转化为水化磷脂,达到脱胶的目的。

5.6 原油的脱酸

原油的脱酸可使用浓度为 12%的 NaOH 或其他碱溶液。首先通过测定原油的酸价对加碱量进行预估,计算碱液的理论用量,超量碱则按理论用量的 1.5 倍计算。油温控制在 85℃～90℃,于加碱前在 30 r/min～40 r/min 条件下进行搅拌,使油均匀受热,然后采用喷淋或者混合器加碱法于 5 min～10 min 内加入碱液,同时提高搅拌速度至 60 r/min～70 r/min,加碱完毕后恢复转速至 30 r/min～40 r/min。

5.7 水洗、脱水

脱酸后继续保持原油温度为 80℃～85℃,同时将去离子软水加热至微沸,按离心油质量的 5%～10%加入油中,水洗约 3 min,进一步脱去原油中残余的皂脚和磷脂。然后在真空和加热(约 110℃)条件下进行脱水。该工序可以重复进行,最终使酸价≤1.0 mg KOH/g、含水量≤0.1%即可。

5.8 脱色

在负压条件下,加热原油至油温为 60℃～80℃,再往原油中添加白土(1.5%～4%)和所加白土量的 0.2%～2%的活性炭,保持 20 min。其间可以观察有的透明状态初步判断脱色的效果,适当调节脱色时长。脱色完成后将原油置于过滤系统进行过滤,去除产生的杂质。

5.9 脱臭

将油温控制在 240℃～250℃的真空条件下,利用直接蒸汽汽提脱除油脂中的臭味,整个过程 1 h 左右。一般采用连续式脱臭,加热介质一般采用导热油。为了提高脱臭时油脂的稳定性,可以根据生产需要加入抗氧化剂,抗氧化剂的选择和用量按 NY/T 392 的规定执行。

5.10 脱蜡

将油脂冷却至 40℃以下或适度冷冻,保持 24 h,待原油中的蜡质结晶析出后采用过滤装置进行过

滤,使油、蜡分离。

5.11 分装

精炼后的产品依据 NY/T 1055 和 NY/T 751 的规定进行产品检验,检验合格后进行分装、充氮保鲜、封盖和贴标签等成为绿色食品物理压榨菜籽油产品。净含量检验按 JJF 1070 的规定进行。

6 包装、运输和储藏

运输、储藏、分装与包装经营过程中的食品安全要求应符合 GB 31621 的要求。

6.1 包装和标签

绿色食品物理压榨菜籽油包装的使用按 NY/T 658 的规定进行,并应印有绿色食品标志,食品标签同时还应符合 GB 7718 的要求,营养标签应按 GB 28050 的规定进行标注。

6.2 储藏和运输

绿色食品物理压榨菜籽油的储藏和运输严格按 GB 31621 和 NY/T 1056 的规定进行。包装储运图示标志应按 GB/T 191 的规定进行标识。经检验合格的绿色食品才能入库进行储藏,入库时对生产日期、保质期、存放位置等重要信息进行详细记录,按照生产日期先后顺序有序存放,做到"先进先出",并定期清理库存,及时清理过期产品。仓库内应配有相应的消毒、通风、照明、防鼠、防蝇、防虫设施及温湿度监控设施。

7 平行生产管理

生产企业同时生产绿色食品和常规产品时,应对原料采购、运输、生产线、包装、储藏等环节进行全程控制,保证绿色食品生产与常规产品生产的有效隔离。

7.1 加工过程管理

7.1.1 加工车间管理

绿色食品的加工由专人管理,进行独立的加工生产,尽量避免同时进行绿色食品和常规产品的加工生产;如确需同时生产,应优先满足绿色产品生产加工,每次加工前后应对所使用的容器、工具和设备进行清洗,以防交叉污染。

7.1.2 原料、配料管理

绿色食品和常规产品的加工原料分开存放并进行明确标识。在生产过程使用的加工辅料一致时,按照绿色食品生产要求进行管理。

7.2 包装、储运成品标识管理

7.2.1 原料运输管理

绿色食品原料采购后,由指定专车来完成运输。混运时,采用易于分区的容器分开存放绿色食品和常规产品用原料。

7.2.2 储藏管理

绿色食品的生产原料应有单独的仓库。如与常规产品的加工原料共用同一仓库时,应分区域储藏。仓储前应对库房进行全面清洁,以防止交叉,并有显著的标识区分两种生产原料。绿色食品产品应存放在专用仓库。

7.2.3 记录与追溯管理

按照生产加工企业追溯制度要求建立产品加工记录,绿色食品应有独立的记录,追溯编号信息应明确,区分于常规产品。

7.2.4 成品包装、标识管理

根据生产日期、生产批号等,按照绿色食品标识规则进行编号、标识,并分时段、分区域存放包装成品。绿色食品的包装、存储区域应设置明显标识,与常规产品分开存放,防止混淆。

7.2.5 销售运输管理

绿色食品成品应按照本规程7.2进行销售运输,不得与常规产品混装混运,保持车辆清洁卫生,每次卸货后都要及时打扫。

8 生产废弃物处理

8.1 废水的处理

生产过程中产生的废水应集中收集,统一进行中和处理后进行无污染排放,严禁直接排放。企业应建立废水处理程序和废水处理质量控制记录章程,对废水处理的方法进行规范,并详细记录每次处理的数量、时间、人员等。

8.2 其他副产物和废弃物的处理

生产过程中用化学脱酸法来中和油脂中的游离脂肪酸形成的皂脚,皂脚是物理压榨菜籽油生产的主要产物,可利用连续分离方法使其与油脂分离,并且与日化厂等进行合作,定期将皂脚运离厂区并进行肥皂等产品的生产,达到较好的副产物综合利用;压榨后的渣饼可继续采用浸出法进一步提取菜籽油,也可用于制作肥料、饲料等产品。

9 生产档案管理

加工企业应单独建立绿色食品物理压榨菜籽油档案管理制度,建立并依据管理制度保存生产档案,为生产活动溯源提供有效的证据。记录主要包括油料来源、油料入库时间、油料保存环境温湿度记录、包装材料来源等所有相关生产记录,以及包装、销售记录和产品销售后的申诉、投诉记录等。记录至少保存3年,并且由专人、专柜保管。

绿 色 食 品 生 产 操 作 规 程

LB/T 103—2020

绿 色 食 品
预榨浸出菜籽油生产操作规程

2020-08-20 发布

2020-11-01 实施

中国绿色食品发展中心 发布

前　言

本规程由中国绿色食品发展中心提出并归口。

本规程起草单位:湖南省农产品加工研究所、湖南省食品测试分析中心、中国绿色食品发展中心、道道全粮油股份有限公司。

本规程主要起草人:何双、李高阳、单杨、张宪、熊巍林、尚雪波、李志坚、袁洪燕、谭欢、林树花、潘兆平、李敏利、肖轲、刘阳、韩晓磊、蒋成、段传胜。

绿色食品预榨浸出菜籽油生产操作规程

1 范围

本规程规定了绿色食品预榨浸出菜籽油生产中的术语和定义,生产过程要求,原料要求,加工工艺流程,操作要点,包装、运输与储存,平行生产管理,生产废弃物处理,生产记录档案。

本规程适用于绿色食品预榨浸出菜籽油的生产加工。

2 规范性引用文件

下列文件对于本文件的应用是必不可少的。凡是注日期的引用文件,仅注日期的版本适用于本文件。凡是不注日期的引用文件,其最新版本(包括所有的修改单)适用于本文件。

GB 1886.52 食品安全国家标准 食品添加剂 植物油抽提溶剂(又名己烷类溶剂)

GB 2716 食用植物油卫生标准

GB 8955 食品安全国家标准 食用植物油及其制品生产卫生规范

GB 14880 食品安全国家标准 食品营养强化剂使用标准

GB 14881 食品安全国家标准 食品生产通用卫生规范

GB/T 17374 食用植物油销售包装

GB 31621 食品安全国家标准 食品经营过程卫生规范

NY/T 391 绿色食品 产地环境质量

NY/T 392 绿色食品 食品添加剂使用准则

NY/T 658 绿色食品 包装通用准则

NY/T 751 绿色食品 食用植物油

NY/T 896 绿色食品 产品抽样准则

NY/T 1055 绿色食品 产品检验规则

NY/T 1056 绿色食品 储藏运输准则

NY/T 2982 绿色食品 油菜籽

3 术语和定义

下列术语和定义适用于本文件。

3.1

预榨浸出菜籽油

油菜籽经过清理、轧坯、蒸炒等预处理后,在一定温度下进行压榨,把油菜籽压缩成饼片。再将上述饼片用六号溶剂提取大部分残留油,然后去除溶剂。上述菜籽毛油再经精炼过程而得到的保留了油菜籽原有的气味、滋味和营养物质的可食用油。

3.2

绿色食品菜籽油

以物理压榨方法生产或浸出工艺制取再经精炼过程并获得绿色食品标志的菜籽油。

4 生产过程要求

4.1 绿色食品菜籽油生产加工厂生态环境符合 NY/T 391 的要求,选址和厂区环境、厂房和车间、设施与设备、卫生管理等应符合 GB 14881、GB 8955、GB 31621 的要求。

4.2 浸出车间入口处应设置人员静电消除设施，人员应穿戴防静电服和鞋并使用防爆器材；浸出车间应有足够的防火防爆设施，严禁易燃易爆物品进入浸出车间；不应在浸出车间、禁区内堆放杂物；浸出车间的危险位置应放危险警示牌，熟练工人应控制好设备参数。

5 原料要求

5.1 原料

油菜籽应符合 NY/T 2982 的要求。油菜籽应来自获证绿色食品油菜籽企业、合作社等主体或国家级绿色食品油菜籽原料标准化生产基地或经绿色食品工作机构认定、按照绿色食品生产方式生产、达到绿色食品油菜籽标准的自建基地。不能使用转基因油菜籽作为生产原料。辅料的选择应符合绿色食品标志许可审查工作规范相关要求。

5.2 食品添加剂和食品营养强化剂

食品添加剂和食品营养强化剂应符合 NY/T 392 和 GB 14880 的要求，不能使用国家明令禁用的色素、防腐剂、品质改良剂、香精、香料等添加剂。产品中不应添加其他品种的油，不应添加矿物油等非食用油、不合格的原料油、回收油。

5.3 加工助剂要求

浸出使用的油提溶剂应符合 GB 1886.52 的要求及有关规定。

5.4 加工用水

加工用水应符合 NY/T 391 的要求。

6 加工工艺流程

6.1 菜籽油预榨浸出毛油生产工艺流程

油菜籽→清理→调质软化→轧胚→蒸炒→榨机→浸出→蒸发→汽提→浸出毛油。

预榨毛油

6.2 菜籽油预榨浸出毛油精炼工艺流程

毛油过滤→脱胶→脱酸→水洗、干燥→脱色→脱臭→成品油。

7 操作要点

7.1 预榨浸出菜籽油操作要点

7.1.1 清理

油菜籽先进行清理。先筛出其中的大杂，再去除原料中的石子、并肩泥等杂质，最后进一步除去其中的轻型杂质。清理后含杂量不超过 0.5%。

7.1.2 调质软化

清理好的油菜籽进行调温、调湿处理。调质后的菜籽通过出料刮板输送至后续设备进入下一个工段的处理，软化料出料温度控制在 60℃～65℃。

7.1.3 轧胚蒸炒

经过调质后的油菜籽原料进入轧胚机进行轧胚，胚片厚度在 0.30 mm～0.40 mm；此时胚片中的残余湿气必须经过除湿风网系统去除，然后通过胚片收集系统收集胚片进入蒸炒系统。蒸炒的过程起到了进一步调节油料水分和温度的作用。

7.1.4 预榨

采用低温压榨工艺，在较低压榨温度下，通过榨机压力将蒸炒后的熟胚压榨出油。低温预榨工艺要求，入榨温度：60℃～65℃，入榨含水量≤10%；出饼温度≤100℃。

7.1.5 浸出

膨化料进入浸出器中,利用有机溶剂对油料进行浸泡、喷淋等处理,浸出油料中的油脂,混合油经长管蒸发器多次汽提蒸发得到浸出毛油,湿粕通过蒸脱机进行蒸脱,再干燥和冷却成为成品粕。浸出工艺和质量参数见表1。

表 1 浸出工艺和质量参数

毛油残溶,mg/kg	成品粕残溶,mg/kg	粕中残油,%
≤100	≤500	≤1

7.2 菜籽油精炼操作要点

7.2.1 除杂

采用沉降、过滤、离心分离等物理方法,要求经过物理方法处理的菜籽毛油含机械杂质<0.2%,水分及挥发物<0.5%。

7.2.2 脱胶

脱除毛油中的磷脂、黏液质、树脂、蛋白质、糖类、微量金属等。采用水化脱胶法,将油加热至85℃后再加85%的磷酸(加磷酸量为毛油的0.1%~0.15%),从而将油中的非水化磷脂转化为水化磷脂,达到脱胶的目的。

7.2.3 脱酸

用碱炼脱酸,脱除油中的游离脂肪酸、酸性色素、硫化物、油不溶性杂质等。使用浓度为11%~13%的NaOH溶液,通过测定油的酸价对加碱量进行预估,然后计算碱液的用量。建议采用连续式生产方式。将碱液缓慢加入,油温控制在85℃~90℃,保持8 min~12 min。之后再采用离心分离的方法(3 200 r/min,10 min)去除皂脚等物质。

7.2.4 水洗、干燥

水洗洗去残留于碱炼油中的皂脚与水溶性杂质,干燥用加热、真空干燥法,脱除精炼后油中的水分。将离心上层油加热到80℃~85℃,同时将去离子软水加热至微沸,按离心油质量的5%~10%加入油中,水洗2 min~4 min,可以进一步脱去原油中残余的皂脚和磷脂然后在真空和加热(105℃~110℃)条件下进行脱水,干燥至含水量≤0.10%。

7.2.5 脱色

采用活性白土、活性炭等吸附剂,脱除油中的各种色素、胶质、氧化物等。在常压条件下,加热原油至油温为110℃~120℃,再往油中添加白土(1.5%~4%)和所加白土量的0.2%~2%的活性炭,保持15 min~25 min。

7.2.6 脱臭

采用真空汽提原理,脱除油中的低分子臭味物质、游离脂肪酸、单甘酯、甘二酯、硫化物及色素热分解产物等。将油温控制在240℃~250℃的真空条件下进行,利用直接蒸汽汽提脱除油脂中的臭味,整个过程1 h~2 h。采用的方法有间歇式和连续式2种,后者采用居多。

7.3 编制批号或编号

每批次加工产品应编制加工批号或编号,批号或编号一直沿用至产品销售终端。

7.4 检验

产品抽样按NY/T 896的规定执行,产品检验应符合NY/T 1055、GB 2716、NY/T 751的要求。

8 包装、运输与储存

8.1 包装

精炼菜籽油经检验合格后对其进行分装、充氮保鲜及包装。包装材料、容器和标志、标签等应符合NY/T 658、GB/T 17374 的要求。

8.2 运输和储存

产品运输、储存应符合 NY/T 1056 的要求。仓库应保持清洁卫生,保持密封,无空洞,防止虫、鸟进入仓库。仓库应要安装适量的黏鼠板防鼠和电子灭虫灯防虫,并及时清洁黏鼠板和电子灭虫灯。仓库应安装温湿度记录表,实时监控库内温湿度,安装除湿机或大功率吹风机,减少潮湿。

9 平行生产管理

菜籽油生产企业进行绿色食品和常规产品同时生产时,应对原料选择、运输、加工生产线、成品包装储运等环节全程有效控制,保证绿色食品生产与常规产品生产的有效隔离。

9.1 加工过程管理

9.1.1 加工车间管理

绿色食品油菜籽的加工由专人管理,进行独立的加工生产,避免同时进行绿色食品和常规产品的加工生产,如需同时生产,应优先绿色产品生产加工,每次加工前后应对所使用的容器、工具和设备进行清洗,以防交叉污染。

9.1.2 原料、配料管理

绿色食品和常规产品的加工原料应分开放置,在生产过程使用的加工辅料一致时,按照绿色食品生产要求进行管理,建立完整的出入库记录,明确配料流向。

9.2 包装、储藏及标识管理

9.2.1 原料运输管理

原料油菜籽采购后,由指定专车来完成运输。混运时,采用易于分区的容器分开存放绿色食品和常规产品用原料。保持运输工具清洁卫生,运输车辆每天清洗 1 次,混运情况应每趟清洗 1 次。

9.2.2 储藏管理

绿色食品油菜籽的生产原料应存放于单独的仓库。如与常规产品的加工原料共用同一仓库时,应分区域储藏。仓储前应对库房进行全面清洁,以防止交叉,并有显著的标识区分两种生产原料。

9.2.3 记录与追溯管理

按照生产加工企业追溯制度要求建立产品加工记录,绿色食品应有独立的记录,追溯编号信息应明确,区分于常规产品。

9.2.4 成品包装、标识管理

根据生产日期、生产批号等,按照绿色食品标识规则进行编号、标识,并分时段、分区域存放包装成品。绿色食品的包装、存储区域应设置明显标识,与常规产品分开存放,防止混淆。

9.2.5 销售运输管理

绿色食品成品应采用专车运输,一般不得与常规产品混装混运,保持车辆清洁卫生,每天至少清理1 次。

9.2.6 人员管理

加工人员应熟悉卫生知识,上岗前和每年度均进行健康检查,取得健康证并经过专业技术培训方能上岗,其中化验员、设备操作员、机修工、锅炉工应按国家规定持证上岗,能较熟练地完成本职工作。

10 生产废弃物处理

生产废弃物分为废水、废气、废渣,包括生产过程的废弃物(如油菜籽清理过程中的杂质、现场清扫

出来的粉尘、不合格产品、废旧包装等）、与生产相关过程的废弃物（如机电维修的含油废棉纱、设备修理废料及工厂产生的其他废料废渣等）、生产人员生活垃圾（如带入现场的塑料袋、一次性饭盒及塑料泡沫板、烟蒂）等。废水、废气应采取合适方法及时进行净化，禁止将废水、废气直接排放至环境中。排放到环境中的水、气应符合相关国家法律法规。对于菜籽油生产过程中产生的废渣等应定期进行清理、分类，并对可利用的垃圾等进行二次回收再利用；对于不能二次利用的垃圾统一由具有相关资质的垃圾处理公司进行集中处理，并做好处理记录。

11 生产记录档案

11.1 生产记录

加工企业应单独建立绿色食品菜籽油档案管理制度。

11.2 检验质量记录

对每批产品进行检验，并及时记录产品的检验结果和检验人员。

11.3 记录控制

所有记录应真实、准确、规范，字迹清楚、不得损坏、丢失、随意涂改，并具有可追溯性。记录内容设计应包含关键点质量控制要素，要求人员、事件、物品一一对应，实现可追溯。

11.4 档案管理

11.4.1 绿色食品预榨浸出菜籽油加工企业应建立档案管理制度。

11.4.2 档案资料主要包括质量管理体系文件、生产加工计划、产地合同、生产加工数量、生产过程控制、产品检测报告、人员档案及其健康体检报告与应急情况处理等控制文件等，内容准确、完整、清晰。

11.4.3 建立可追溯体系，记录生产、加工、储藏、销售等环节。有连续的、可跟踪的生产批号系统，根据批号系统能查询到完整的档案记录。

11.4.4 文件记录至少保存 3 年，档案资料指定由专人保管。

————————————

绿色食品生产操作规程

LB/T 104—2020

青 藏 高 原
绿色食品牦牛养殖规程

2020-08-20 发布

2020-11-01 实施

中国绿色食品发展中心 发布

前　言

本标准由中国绿色食品发展中心提出并归口。

本标准起草单位：西藏自治区农牧科学院农业质量标准与检测研究所、西藏自治区农牧科学院畜牧兽医研究所、中国绿色食品发展中心、四川省草原科学院、中国农业科学院兰州畜牧与兽药研究所、那曲地区草原站、西藏自治区农牧科学院草业科学研究所、西藏农牧学院等。

本标准主要起草人：巴桑旺堆、邱城、次顿、刘平、安添午、张志华、阎萍、朱彦宾、白军平、魏娜、姬秋梅、梁春年、旦久罗布、郭宪、参木友、李家奎、平措占堆、洛桑顿珠、孙广明、达娃央拉。

青藏高原绿色食品牦牛养殖规程

1 范围

本规程规定了青藏高原绿色食品牦牛养殖的产地环境、牛舍建设及设施设备配套、引种、投入品使用、饲养管理、转运、废弃物处理与利用、档案记录各个环节应遵循的准则。

本规程适用于青藏高原绿色食品牦牛养殖。

2 规范性引用文件

下列文件对于本文件的应用是必不可少的。凡是注日期的引用文件，仅注日期的版本适用于本文件。凡是不注日期的引用文件，其最新版本（包括所有的修改单）适用于本文件。

GB 7959　粪便无害化卫生要求

GB 18596　畜禽养殖业污染物排放标准

NY/T 391　绿色食品　产地环境质量

NY/T 393　绿色食品　农药使用准则

NY/T 394　绿色食品　肥料使用准则

NY/T 471　绿色食品　饲料及饲料添加剂使用准则

NY/T 472　绿色食品　兽药使用准则

NY/T 2766　牦牛生产性能测定技术规范

中华人民共和国农业部令〔2010〕第 6 号　动物检疫管理办法

中华人民共和国国务院令〔2011〕第 153 号　种畜禽管理条例

中华人民共和国国务院令〔2013〕第 643 号　畜禽规模养殖污染防治条例

农医发〔2017〕25 号　病死及病害动物无害化处理技术规范

3 术语和定义

下列术语和定义适用于本文件。

3.1

投入品　inputs

牦牛饲养过程中投入的饲草、饲料、饲料添加剂、水、疫苗、兽药等物品。

3.2

养殖废弃物　yak production waste

牦牛养殖过程中产生的粪尿、病死牛及相关组织、垫料、失效兽药、残余疫苗、一次性使用的畜牧兽医器械及包装物和污水等。

4 产地环境

4.1 场址选择与布局

4.1.1 牛场建设前应经环境评估，产地环境应符合 NY/T 391 的要求。

4.1.2 应选择地势较高、向阳、背风、干燥地域；水源充足且符合 NY/T 391 的要求。

4.1.3 距离生活饮用水源地、动物饲养场、养殖小区和城市居民区等人口集中区及公路、铁路等和主要干线 2km 以上；距离动物隔离场所、无害化处理场所、动物屠宰加工场所、动物和动物产品集贸市场、动物诊疗场所 5 km 以上。

4.1.4 场区应选择在居民点的下风向或侧风向,远离化工厂、屠宰场、制革厂等容易造成环境污染企业及居民点污水排出口;远离畜禽疫病常发区及山谷、洼地等易受洪涝威胁的地段;以及水源保护区、环境污染区、检疫隔离场等。

4.2 规划布局

4.2.1 场区整体布局合理,场内分区设置生活管理区、生产区及粪污无害化处理区,不同区域相对隔离,场区周围应设立防疫隔离带,场内应设有人员、物品、车辆消毒设施,定期更换消毒液。

4.2.2 生活管理区应设在地势较高的上风向,生产区应设在生活管理区常年主导风向的下风向,无害化处理区应设在地势较低且在生产区、生活管理区的下风向或偏离风向区域。

4.2.3 生活管理区入口要设置消毒池,消毒池长度不小于大型机动车车轮周长的 1.5 倍,宽度与大门宽度相等,深度能保证入场车辆所有车轮外延充分浸在消毒液中,同时建立消毒间,消毒间安装相关消毒设施。

4.2.4 生产区入口应设置消毒室。各圈舍门口应设置消毒池。

4.2.5 无害化处理区应兼有粪污储存设施、粪污处理设施、病死牛无害化处理设施等,并有单独通道将粪污或其他处理物运出场区。

4.2.6 场内净道和污道、雨水管道和污水管道要严格分开。人员、牦牛和物资运转采用单一流向。

5 牛舍建设及设施设备配套

5.1 根据牦牛的生物学特性及青藏高原气候条件,建造牦牛棚圈。

5.2 建筑材料和设备应选用高效低耗、便于清洗消毒、耐腐蚀的材料;地面、墙壁和屋顶应坚固、防水、防火、防风、防雪压。墙表面应光滑平整,不含有毒物质。

5.3 饲养设备宜选用牦牛专用产品。圈舍、通道、地面、储存装置不应有尖锐突出物。

5.4 饮水设施应安装合理,坚固无渗漏,冷季饮水应防冻结或安装恒温饮水设施。

6 引种

6.1 种牛引进

应从具有种畜禽经营许可证的种牛场或来自非疫区的符合种用标准,并经过防疫检疫的健康牛群中引进,要严格执行中华人民共和国国务院令〔2011〕第 153 号第 7~9 条,并按照中华人民共和国农业部令〔2010〕第 6 号的规定进行检疫,附有检疫证、消毒证和非疫区证明,并对引进种牛进行编号。

6.2 隔离观察

引购的牦牛应在隔离舍(区)内隔离观察饲养 15 d 以上,经兽医检查确定为健康合格后,转入生产群。

7 投入品使用

7.1 饲草饲料

7.1.1 饲草的产地环境应符合 NY/T 391 的要求,生产用种子来源于绿色食品生产管理系统生产的牧草与饲料作物种子,并符合种子质量标准。生产过程中施用农药、肥料应分别符合 NY/T 393 和 NY/T 394 的要求。

7.1.2 购置饲草饲料应来源于绿色种植基地的农作物秸秆或绿色牧草基地的优质牧草。饲料原料如玉米、麸皮、豆粕等应来源于绿色食品生产基地。

7.1.3 饲草饲料应品质优良、无污染、无霉变,并符合 NY/T 471 的要求。

7.1.4 精料原料来源及组成应符合 NY/T 471 的要求,玉米、豆粕等不能为转基因品种。

7.1.5 应建立用草用料记录和饲草饲料留样记录,使用的饲草饲料样品至少保留 3 个月,对饲草、饲料原料及其产品采购来源、质量、标签情况等进行记录。

7.1.6 不同种类饲草饲料应分类存放、清晰标识,防止饲草饲料变质和交叉污染。

7.1.7 使用自制配合饲料的牦牛养殖场应保留饲料配方。

7.2 兽药

7.2.1 兽药使用应符合 NY/T 472 的要求。

7.2.2 使用时应按照产品说明操作,处方药应按照兽药出具的处方执行,参见附录 A。

7.2.3 建立兽药采购记录和用药记录。采购记录应包括产品名称、购买日期、数量、批号、有效期、供应商和生产厂家等信息。用药记录应包括用药牛只的批次与数量、兽药产品批号、用药量、用药开始时间和结束日期、休药期、药品管理者和使用者等信息,同时应保留使用说明书。

7.2.4 兽药应按照药品说明书要求进行储藏,过期药物应及时销毁处理。

7.2.5 应严格遵守休药期的规定。

8 饲养管理

8.1 放牧

8.1.1 放牧场

放牧场应进行科学规划,划区轮牧。依据地域差别,可分为冬春牧场(草场)和夏秋牧场(草场),也可分为冬春牧场、夏季牧场和秋季牧场 3 种。放牧场严禁使用可能二次中毒和有残留的除草剂、杀虫剂、灭鼠剂等农药。

8.1.2 冬春季放牧管理

冬春季放牧要晚出牧,早归牧,充分利用中午温暖时间放牧和饮水,上午在阳坡山腰地段放牧,下午在阴坡地段放牧,日落后收牧并进行饲草饲料补饲。晴天放较远的山坡;风雪天近牧,放避风的洼地或山湾。放牧牛群朝顺风方向行进。

8.1.3 夏秋季放牧管理

夏秋季放牧要早出牧、晚归牧,延长放牧时间,让牦牛多采食。天气炎热时,中午让牦牛在凉爽的地方反刍和卧息。出牧后由低逐渐向通风凉爽的高山放牧。夏秋放牧要及时更换牧场和搬迁,每隔 15 d～20 d 轮牧 1 次。

8.2 不同生长发育阶段牦牛的饲养管理

8.2.1 牦牛犊的饲养管理

牦牛犊出生后,做好防寒保暖,出生后尽量早吃初乳,吃足初乳,初乳全部供犊牛采食。牦牛犊在 2 周龄后即可开始采食牧草,3 月龄可大量采食牧草。从出生到 6 月龄,牦牛犊宜全哺乳饲养,哺乳至 6 月龄后,应断奶并分群饲养。

8.2.2 成牛的饲养管理

成牛应按性别单独组群,防止早配;夏季安排较好的草场放牧,放牧时控制牛群,距离不应太远;在冬春季,除放牧外,还应补饲精料,每头牛每天补饲 0.5 kg～1 kg。

8.2.3 种公牛的饲养管理

配种季节的放牧管理:牦牛配种季节一般在 6 月～10 月。在配种季节应每天或每隔几天补饲一次谷物、豆科粉料或碎料加曲拉、食盐、脱脂乳等蛋白质丰富的混合饲料,每头牛每天补饲 1 kg～1.5 kg。在自然交配情况下,公、母比例为 1:(14～25)。

非配种季节放牧管理:在非配种季节应种公牛和母牦牛分群放牧,与育肥牛、阉牦牛组群,在远离母牦牛群的牧草场放牧。

8.2.4 参配母牛的饲养管理

在母牦牛发情前一个月内完成参配母牦牛组群。参配牛群集中放牧,及早抓膘。

8.2.5 妊娠母牦牛的饲养管理

妊娠母牦牛放牧时要避免在冰滩地放牧,注意避免剧烈运动、拥挤及其他易造成流产的事件发生,不宜在早晨及空腹时饮水。在怀孕前 5 个月可和空怀母牛一样以放牧为主,怀孕最后 2 个~3 个月每头牛每天应补饲干草 1 kg~2 kg 或精料 0.8 kg~1 kg。

8.2.6 牦牛育肥的饲养管理

牦牛育肥,冷季采取"放牧+半舍饲+补饲+驱虫健胃"的半舍饲模式与"驱虫健胃+晴天放牧+补饲+棚圈保暖"的防掉膘模式,夏季采取"驱虫健胃+强度放牧+补饲"强度放牧模式。

8.3 饲养人员管理

管理人员和饲养人员应具有相关管理和饲养经验,熟悉牦牛生活习性,定期进行健康检查,并依法取得健康证明后方可上岗工作。传染病患者不得从事饲养和管理工作。场内兽医人员不对外诊疗牛羊及其他动物的疾病,配种人员可以到场外服务,但必须要满足场内相关规定。

8.4 牛群观察

8.4.1 应对牛只和生产设施定期巡视、检查,以便及时发现和诊治或隔离处理病牛、死牛、伤牛。

8.4.2 日常应仔细观察牦牛的食欲、精神状态、饮水、粪便和行为表现等。一旦发现异常情况,应立即处理。

8.5 消毒

8.5.1 制定严格消毒制度,定期检测消毒效果。

8.5.2 选用的消毒剂应符合 NY/T 472 的要求。

8.5.3 消毒剂使用应按照说明书操作,各种不同类型的消毒剂宜交替使用。

8.5.4 消毒应包括环境消毒、用具消毒、饮水消毒等。

8.5.5 带牛消毒时应选用对皮肤、黏膜无腐蚀、无毒性的消毒剂。

8.5.6 所有牛舍在牛群转入前应彻底清洗、消毒完后,至少空置 1 月。

8.6 疫病防控

8.6.1 疫病监测

8.6.1.1 定期对牛群进行检测,对环境、管理制度进行安全评估,及时调整饲养管理制度和免疫预防措施。

8.6.1.2 对口蹄疫、炭疽、包虫病等对牦牛威胁较大及当地常发疫病进行监测。

8.6.2 免疫接种

8.6.2.1 根据当地疫病流行情况和牛群免疫抗体检测结果制订免疫接种计划并严格实施。

8.6.2.2 超过免疫保护期或免疫效果不佳的牛只应及时补充免疫。

8.6.2.3 建立免疫档案,记录免疫的疫苗种类、厂家、有效期、产品批号、接种日期、接种量等信息,应存档备查。

8.6.2.4 疫苗保管应符合疫苗保存条件。

8.6.3 重大疫病应急措施

制订重大疫病应急预案,如发现重大疫病倾向,迅速封锁疫区,对感染牛只及疑似感染牛只立即进行隔离。并尽快向当地畜牧业行政管理部门报告疫情。

9 转运

9.1 牦牛离开饲养地和外运前,应经动物检疫部门实施产地检疫合格,并出具检疫证明和标识,合格者方可外运。

9.2 应根据当地的自然地理、交通路程、季节等不同条件及牛群种类选择合适的运输方式。

9.3 销售或转群前禁饲 12h,运输时要加装防护栏,厢内不能有钉子等尖锐物品,同时要采取防滑措施。

9.4 运输途中应备足所需的药品、器具,并携带好检疫证明和有关单据,运输过程车速平稳,防止剧烈颠簸及急刹车等。

10 废弃物处理与利用

10.1 养殖废弃物处理应遵循减量化、无害化、资源化的原则,符合 GB 18596 的要求。按照中华人民共和国国务院令〔2013〕第 643 号的要求采用粪肥还田、制取沼气、制造有机肥等方法处理,对固体废弃物进行综合利用。粪便经无害化处理后应达到 GB 7959 的相关规定要求。

10.2 过期的疫苗等生物制品及其包装不得随意丢弃,应按照要求进行无害化处理。

10.3 对病死牛要按农医发〔2017〕25 号的要求,进行无害化处理。

10.4 对非正常死亡的牛只应由专门的兽医进行死亡原因鉴定和处理。

11 档案记录

11.1 购牛档案

在购牛后,应及时建立购牛档案,记录购牛日期、购牛产地、购入数量、牛只年龄、体重、饲养员姓名等信息。

11.2 种牛记录

种牛来源、品种、类群、特征、系谱、主要生产性能等。

11.3 生产记录

包括日期,牛舍内温湿度、光照度、二氧化碳含量、氨气含量,引种、发情、配种、妊娠、流产、产犊和产后监护、哺乳、断奶、分群、存栏数量,饲料来源及配方、各种添加剂使用情况、喂料量,牛群健康状况、免疫记录、用药记录、发病及治疗情况、死亡数、死亡原因等。

11.4 出场记录

应记录出场牛号、出售日期、数量和销售地记录等,以备查询。

11.5 生产性能记录

牦牛生产性能测定按照 NY/T 2766 的规定执行。

11.6 资料存档

建立养殖规程技术档案,做好生产过程的全面记载,资料应妥善保存,至少保存 3 年以上,以备查阅。

附　录　A

（资料性附录）

青藏高原绿色食品牦牛允许使用的部分兽药目录

青藏高原绿色食品牦牛允许使用的部分兽药目录见表 A.1。

表 A.1　青藏高原绿色食品牦牛允许使用的部分兽药目录

类别	药名	剂型	途径	剂量	停药期
抗寄生虫药	伊维菌素	注射液	皮下	0.2 mg/kg	35 d,产奶禁用
		浇泼剂	外用	0.5 mg/kg	2 d,产奶禁用
	左旋咪唑	片剂	口服	7.5 mg/kg	3 d,产奶禁用
		注射液	肌内	7.5 mg/kg	20 d,产奶禁用
抗菌药	氨苄西林	钠盐	肌内静脉	5 mg/kg～10 mg/kg	10 d,产奶 2 d
	苄星青霉素	注射剂	肌内	2 万单位/kg～3 万单位/kg	30 d,产奶 3 d
	普鲁卡因	注射剂	肌内	1 万单位/kg～2 万单位/kg	10 d,产奶 3 d
	硫酸小檗碱	片剂	口服	3 g～5 g	0 d
		注射液	肌内	0.15 g～0.4 g	0 d
	氯唑西林	注射剂（钠）	乳管	200 mg/乳室	泌乳期 10 d,产奶 3 d
				200 mg/乳室～500 mg/乳室	干乳期 30 d
	红霉素	乳糖酸注射剂	静脉	3 mg/kg～5 mg/kg	21 d,产奶禁用